水利项目招投标

钟鸣辉　编著

内 容 提 要

本书全面系统地介绍了水利项目招标投标的特点和类型，招标的范围、规模标准、组织形式、工作程序、内容、资格预审和文件编制，投标的条件、工作步骤、分析决策和文件编制，各类评标方法和标准、成本价判定，行政监督，合同谈判、签订及履行管理等内容；特别对近年来新出现的代建单位招标、项目法人招标、河砂开采权招标，以及设计施工总承包招标作了专门论述。

本书可作为水利工程项目法人、行政监督、科研、勘察设计、施工、监理、咨询、招标代理等单位和个人从事项目招标投标管理的学习资料，也可作为水利项目评标专家的培训教材和有关专业院校的教学参考书。

图书在版编目（CIP）数据

水利项目招投标 / 钟鸣辉编著. -- 北京 : 中国水利水电出版社, 2011.7
ISBN 978-7-5084-8852-3

Ⅰ. ①水… Ⅱ. ①钟… Ⅲ. ①水利工程－招标②水利工程－投标 Ⅳ. ①TV512

中国版本图书馆CIP数据核字(2011)第148797号

书　　名	**水利项目招投标**
作　　者	钟鸣辉　编著
出版发行	中国水利水电出版社 （北京市海淀区玉渊潭南路1号D座　100038） 网址：www.waterpub.com.cn E-mail：sales@waterpub.com.cn 电话：(010) 68367658（营销中心）
经　　售	北京科水图书销售中心（零售） 电话：(010) 88383994、63202643 全国各地新华书店和相关出版物销售网点
排　　版	中国水利水电出版社微机排版中心
印　　刷	北京瑞斯通印务发展有限公司
规　　格	184mm×260mm　16开本　12.75印张　302千字
版　　次	2011年7月第1版　2011年7月第1次印刷
印　　数	0001—2200册
定　　价	**35.00**元

序

水利项目作为国民经济的基础设施，全面实行以公开、公平、公正和诚实信用为原则的招标投标制，是改革开放的要求，也是社会进步的表现。广东是我国最早实行改革开放的地区，也是较早全面推行招标投标制的省份。目前我省水利行业招标范围不断扩大，从勘察设计、建设监理、施工、安装、设备材料采购招标，扩展到了项目法人、设计施工总承包和河砂开采权等项目招标。对水利项目招标投标进行系统的研究，是一项十分重要而紧迫的工作。

钟鸣辉编著的《水利项目招投标》一书，对水利行业涉及的招标范围类型、招投标过程、行政监督、合同管理等作了全面系统的论述，特别是对近年来水利行业最新出现的设计施工总承包、代建单位、项目法人和河砂开采权招标以及施工成本价判定等方面的论述，理论联系实际，具有开拓性、建设性和可操作性。

作者是长期从事水利建设管理和技术审查工作的专家，书中许多内容都是作者理论和实践相结合的经验总结。希望此书的出版能为水利行业特别是广东水利深化招标投标改革，规范招标投标行为，提高招标水平，保证项目质量，提供有益的参考和借鉴，起到积极的促进作用。

广东省水利厅厅长 黄柏青

2011年2月

于广州

前言

水利水电行业是我国最早实行招标投标和合同管理的行业。这最早可追溯到20世纪80年代我国第一个全面实行招标投标制的项目——云南鲁布革水电站工程。《招标投标法》于2000年颁布实施，从此我国才全面实行招标投标制。招标投标制的实行，对于保障社会公共利益和当事人合法权益，对于改善企业经营管理、提高经济效益、保证项目质量和促进生产力发展，都起到了极大的推动作用。

目前，招标投标制普遍实行已成为全社会的共识，但在实际操作中也存在一些规避招标、串通招标、围标、不合理设置资格条件和评标标准、限制投标、管理不规范等问题。因此，研究如何规范招标投标行为、合理进行资格审查、选择评标方法、提高合同管理水平，以及行政监督部门如何更好地履行监督管理职责，是目前面临的新挑战。水利项目作为国民经济的基础设施，其招标投标具有广泛的代表性和参考价值。

本书以水利行业为背景，以招标实践为基础，着重介绍了招标范围、招标程序、招标条件与类型、资格审查、投标决策、招标和投标文件编制、评标方法和标准、成本价判定行政监督、合同管理等内容；特别对近年来新出现的设计施工总承包、代建单位、项目法人和河砂开采权招标等作了专门论述，可为从事项目管理、评标实践、行政监督、咨询、科研、勘察设计、施工、监理、招标代理、学校教学等单位、个人提供借鉴和参考。

本书初稿多次作为广东省水利系统纪检监察干部培训和评标专家培训教材使用，本次出版作了较大的修改。广东省水利厅总工程师何承伟教授级高工对本书进行了审阅，徐晶教授对部分章节编写提供了材料和帮助；本书稿编写过程中参考和引用了部分文献内容。在此，谨向以上师长和有关文献作者一并表示衷心的感谢。

限于作者水平和经验，书中难免有缺点和不足之处，敬请读者批评指正。

编者

2011年2月

目　　录

第一章　招标投标概论

第一节　招标投标的起源及其在我国的发展

一、招标投标的起源

招标投标最早起源于 230 多年前市场经济比较发达的英国。资本主义国家的购买市场按照购买人的标准可分为公共市场和私人市场，相应地，采购行为也分为公共采购行为和私人采购行为。私人采购行为的方法和程序一般不受约束（除非涉及国家和公共利益）。而政府机构和公用事业部门进行公共采购的开支来源主要是税收，来源于广大的纳税人。因此，如何管好、用好纳税人的钱关系到对公众负责的问题。政府和公共事业部门有义务保证其采购行为合理、有效、公平，保证其采购行为公开、透明、公正，保证其采购产品的质量和服务的优良。在这种情况下，招标投标便产生了。英国于 1782 年首先设立了皇家文具采购局，它作为办公用品采购的官方机构，采用了公开招标这种形式。该部门后来发展为物资供应部，专门负责采购政府各部门所需物资。由于招标投标制度具有公开、公平、公正的特点，招标竞争是政府采购的核心原则，因此它在许多国家都得到蓬勃发展，不少国家都效仿成立了专门机构，或者通过制定专项法律确定了招标采购的法律地位。美国、法国、比利时、瑞士、新加坡、韩国、日本等国家的法规中都有关于招标投标的详细规定。

1861 年，美国制定的一项法案要求每一项采购至少有三个投标人；1868 年，美国国会又通过立法确立公开开标和公开授予合同的程序；1947 年，美国以《武装部队采购法》确立了国防采购的方法和程序；1949 年，美国国会又通过《联邦财产与行政服务法》，该法为联邦服务总署提供了统一的采购政策和方法。美国联邦政府招标采购的商品和劳务在生产中的总值从 1948 年的 12%上升至 20 世纪 60 年代的 23%，而 80 年代政府采购总额已达 3000 亿美元。

韩国于 1995 年先后制定了《政府合同法》、《政府合同法实施细则》等一系列有关招标投标的法规；新加坡于 1997 年加入关贸总协定后，政府采购实行《政府采购协定》，并制定了《政府采购法案》，对招标投标作了较为详细的规定。

从工程承包的国际市场看，公开招标是工程承包的一种最常用方式。1957 年，国际咨询工程师联合会（FIDIC）在总结各国实践的基础上，首次编制出版了标准的《土木工程施工合同条件格式》，专门用于国际工程项目。1963 年、1977 年又分别出版了第二版、第三版。1987 年在瑞士洛桑举行的 FIDIC 年会上发行了第四版。1999 年，FIDIC 根据不断变化发展的新形势又重新编写了新版《施工合同条件》，即 1999 年第 1 版。1999 版包括四种合同条件，分别为：用于由雇主设计的建筑和工程的《施工合同条件》；用于由承包商设计的电气和机械设备以及建筑和工程的《生产设备和设计施工合同条件》，以及《设计采购施工（EPC）/交钥匙工程合同条件》；用于多种管理方式的各类工程项目和建筑工程的《简明合同格式》。这些《合同条件》以招标承包制为基础，规定了工程承包过程中的管理条件和承发包双方的权利义务，由于《合同条件》比较规范、公平、公正，目前已广泛应用于国际建筑工程市场。

二、招标投标在我国的发展

1949 年新中国成立以后，由于当时所处的特殊历史环境，从建国起到 20 世纪 80 年代前，我国基本上不存在招标投标，政府所有的采购和发包基本上照搬前苏联计划经济一整套制度，采用指令性计划的形式对工程和服务按照国家批准的计划进行分配和实施。20 世纪 80 年代初，我国开始逐步实行招标投标制度，先后在利用国外贷款、机电设备进口、建设工程发包、科研课题分配、出口商品配额分配等领域推行。1980 年世界银行提供给我国第一笔贷款（即大学发展项目贷款）时，即以国际竞争性招标方式在我国开展其项目的采购和建设。在以后几年里，我国先后利用国际招标完成了许多大型项目的建设和引进，如中国南海莺歌海盆地石油资源的开采、华北平原盐碱地改造项目、八城市淡水养鱼项目等，其中最著名、在全国工程界影响最大的就是云南鲁布革水电站工程。鲁布革水电站工程是我国水利水电系统第一个全面实行招标投标制的项目。

1984 年 11 月 20 日，原国家计划委员会（即现在的“国家发展和改革委员会”，以下简称“原国家计委”）和原城乡建设环境保护部（即现在的“住房与城乡建设部”，以下简称“原建设部”）联合颁发了我国工程建设领域的第一个规章——《建设工程招标投标暂行规定》。1989 年 4 月 9 日，水利部颁发了《水利工程施工招标投标工作的管理规定（试行）》，在全国水利系统拉响了招标投标的进军号角。1992 年 11 月 6 日，原建设部颁发了 23 号令《工程建设施工招标投标管理办法》。1995 年 4 月 21 日，水利部根据全国水利系统招标投标的实践对 1989 年颁发的暂行规定进行修改和补充，正式颁发了《水利工程建设项目施工招标投标管理规定》。根据国务院产业政策的有关规定，原国家计委于 1997 年 8 月 18 日颁发了《国家基本建设大中型项目实行招标投标的暂行规定》。

从上述部门规章的制定和颁布实施情况来看，原国家计委、水利部、原建设部均对工程招标投标作了规定，但显然缺乏全国统一的、层次较高的法律，全国的建设项目招标投标存在一些突出问题，主要表现在：①推行招标投标力度不够，不少单位不愿意招标或想方设法规避招标。②招标投标程序不规范，做法不统一，漏洞较多，不少项目有招标之名无招标之实。③招标投标中的不正当交易和腐败现象比较严重，招标人虚假招标、私泄标底，投标人串通投标、贿赂投标，中标人中标后擅自切割标段、转包、分包，吃回扣、钱权交易等违法行为时有发生。④政企不分，对招标投标活动的行政干预过多，有的招标人既是管理者，又是经营者，有的国家机关随意改变招标结果，指定招标代理机构或者中标人。⑤行政监督体制不顺，职责不清，一些地区和部门自定章法，各行其是，在一定程度上助长了地方保护主义和部门保护主义，有的地方和部门甚至只许本地区、本系统的单位参加投标，限制公平竞争。这些问题，亟待通过立法加以解决。

基于以上原因，原国家计委根据八届全国人大常委会的立法规划，于1994年6月开始组织起草工作，在认真调查研究、广泛征求意见、总结经验并借鉴国外做法的基础上，数易其稿，完成了《招标投标法》送审稿，于1996年7月上报国务院。送审稿上报国务院后，原国务院法制局（即现在的“国务院法制办”）征求了有关部门、地方的意见，并进行了研究。1998年国务院机构改革后，国务院法制办会同原国家计委就法律涉及的几个重要问题，进一步征求了国务院有关部门和专家的意见并到一些地方调研，在此基础上经过反复研究、修改形成了《招标投标法（草案）》。1999年3月17日，国务院第15次常务会议原则通过《招标投标法（草案）》，3月27日，国务院正式提请全国人大常委会审议《招标投标法（草案）》。1999年4月26日，九届全国人大常委会对《招标投标法（草案）》进行了初步审议；会后，全国人大财经委员会、全国人大法律委员会、全国人大常委会法制工作委员会联合召开国务院有关部门和部分专家参加的座谈会，并普遍征求了国务院有关部门和地方的意见；根据各方面的意见，对《招标投标法（草案）》进行了修改，并经全国人大法律委员会审议通过后，提请九届全国人大常委会第十一次会议审议。1999年8月30日，九届全国人大常委会第十一次会议经表决，通过《中华人民共和国招标投标法》，以第二十一号国家主席令发布，从2000年1月1日起施行。

第二节　招标投标的意义和水利项目招标投标的特点

一、实行招标投标制的意义

《中华人民共和国招标投标法》（以下简称《招标投标法》）是规范市场活动的重要法律之一，是招标投标法律体系中的基本法律。它的制定和颁布，是我国经济生活中的一件大事，也是我国公共采购市场管理逐步走向法制化轨道的重要里程碑。国家通过法律手段推行招标投标制度，要求基础设施、公用事业，以及使用国有资金投资和国家融资的工程建设项目，包括项目的勘察、设计、施工、监理以及与工程建设有关的重要设备、材料等的采购，达到国家规定的规模标准的，必须进行招标。这部法律的制定颁布，对于规范招标投标活动，保护国家利益、社会公共利益，提高公共采购效益和质量，具有非常重要的现实意义。

1. 保护合法权益，维护公共利益

国家通过法律的形式实施招标投标制度，对参与招标投标的程序、各方权利义务、法律责任进行规范，保障了招标投标活动的规范性，对于提高建设项目的经济效益、保证建设项目质量具有重要作用，最终是保护国家利益、社会公共利益和招标投标活动当事人的合法权益。只有在招标投标活动得以规范、经济效益得以提高、项目质量得以保证的条件下，国家利益、社会公共利益和当事人的合法权益才能得以维护。

2. 有利于控制建设工期，保证项目质量

计划经济时期，由于所有工程建设项目都是国家指令性计划下达的，承建单位没有经济合同的约束，也没有激励机制，企业干多干少一个样，各个企业之间也没有竞争，工程质量、进度与企业效益不挂钩，造成吃大锅饭。实行招标投标制后，企业必须靠自己的技术、设备、信誉、质量、进度、报价等去竞争，靠投标才能获得项目，这就极大地激励各企业必须严格按照招标文件规定的工期和质量等要求去完成合同项目，从而保证了工期目标、质量目标或服务经营目标的实现。

3. 有利于降低项目造价，提高经济效益

招标的最大特点是通过集中采购，让众多的投标人进行竞争，以最低或较低的价格获得最优的工程、货物或服务。在建设领域中推行招标投标，发包人可以选择技术好、力量强、管理水平高、设备先进、报价较低的投标人，促使投标企业不断改进技术，提高劳动生产率，提高经营管理水平；使得投标人在投标报价时，能够以合理的价格去竞争，从而降低了项目造价，提高了经济效益。以工程建设和机电设备为例，据不完全统计，通过招标，工程建设的节资率为1%～10%，工期缩短10%；进口机电设备的节资率达15%，节汇率达10%；一般国内设备节资率为10%～25%。

4. 有利于合同管理，实现建设目标

通过招标投标活动，工程建设项目、服务项目、经营项目的两个主体——招标人和投标人就转变为发包人和承包人。而在招标投标过程中形成的一系列文件，如招标中的合同条件、工期、质量、投资控制等建设目标、服务经营范围、承包方式等，投标文件中的技术方案、组织机构（技术力量）、机械设备、报价等一系列文件都必须是具有法律效力的，受《招标投标法》和《合同法》的规范和约束，在工程建设或服务、经营过程中所有问题的解决，都必须按照招标投标文件中具有法律效力的合同文件约束。这样就使建设项目或服务经营实施过程中，减少了纠纷和扯皮，促使承发包方严格按照合同办事，全面履行合同，承担合同义务，保证按合同目标完成建设或服务任务，也就确保了合同目标的顺利实现。

5. 有利于规范市场秩序，促进廉政建设

实行招标投标制，是社会主义市场经济的需要。市场经济本质是法制经济，市场经济要求一切经济活动都必须在法律的范围内进行，建设市场、经营服务市场领域也是如此。通过招标投标，可以更好地克服计划经济的种种弊端，可以更好地避免领导打招呼、写条子等，更好地避免投标人找关系、走后门等带来的行政干预，防范招标投标中的不正当交易和腐败现象的发生。实行招标投标，可以更好地克服行政监督体制不顺、职责不分、地方保护等。规范招标投标活动，可以使招标人按照项目法人责任制的原则，使招标人在招标投标法律规范的框架内自主、公开、公平、公正地选择好中标人。

二、水利建设项目的特点

水利作为国民经济建设的重要组成部分，其项目建设有其固有的行业特殊性。

(1) 水利的国民经济基础属性，决定了水利工程和相关项目具有公益性特点。

(2) 水利是农业的命脉，具有很强的公益性和基础性决定了水利面向社会、服务社会、服务群众，事关千家万户，直接关系到社会公共利益、公众安全的特点。

(3) 水利工程绝大多数属于户外工程，以河流、山川为对象，河流、山川、地质、地貌的多样性，决定了水利工程建设项目复杂多样的特点。

(4) 水利工程建设地点的不同，水文、地质、气候、环境条件不同，决定了水利工程具有不可复制性的特点。

(5) 水利工程建设大都规模较大，对环境的影响较大，同时水利工程受外界自然环境影响也较大。

(6) 水利工程建设项目特别是大中型水利工程，由于受水文地质和社会环境因素影响大，涉及的专业多，技术要求高，一旦失事，后果严重，决定了水利工程的专业性强，设计、施工、管理运行都要求较高。

(7) 水资源开发利用、河道采砂经营权或开采权等项目，由于其具有唯一性并涉及公共利益，决定了其具有垄断性和公益性的特点，必须按照市场经济规律，采取公开招标方式进行。

三、水利项目招标投标的特点

由于水利工程建设项目、水利资源开发利用、河砂开采经营权具有公益性、垄断性和专业特殊性的特点，决定了水利建设项目、水资源开发利用、河砂开采经营权的招标投标也具有其行业的固有特点。

1. 公益性

水利工程是国民经济的基础设施，特别是公益性水利工程，其建设投资主体绝大多数是各级政府，国有资金投资占了绝对比重。从项目性质来说，水利基础设施大多关系到社会公共利益和公众安全。因此，水利工程建设项目的招标投标也就具有了公益性的特点，属于《招标投标法》第三条规定和原国家计委 3 号令规定的必须强制招标的项目。

2. 垄断性

水资源开发利用和河道采砂经营权，一旦确定其投资主体或经营主体，就相当于排除了其他任何投资者或经营者，因此对于水资源开发利用或河道采砂经营权来讲，具有唯一性、垄断性的特点。

3. 复杂性

由于每一宗水利工程项目所处的水文、地质、自然环境、社会环境的不同，它的规划、勘察、设计、施工、监理、运行、管理都有其固有的规律和特点，而且其建设受自然条件影响较大，涉及的因素也较多，所以水利工程建设项目招标投标的范围较广、种类较多，招标投标文件、合同文件的编写也较复杂。

4. 受国家政策法规影响大

水利项目，特别是公益性的水利建设项目，由于基本上是国有资金投资为主，其项目立项、投资计划安排直接受国家法规、政策调控。因此，水利建设项目的招标投标必须执行国家制定的一系列强制性规范，其招标人必须满足法律规定的条件，投标人的资格也必须严格按照规定，招标的范围、内容、组织、方式均必须经国家项目审批部门核准。招标程序、招标条件都必须执行国家招标投标法规的强制性规定，如招标必须符合法规规定的前提条件，履行相应的法定手续，招标人在招标前应报相应水行政主管部门备案，确定中标人后 15 天内应按项目管理权限向水行政主管部门提交招标投标情况的书面报告等。

5. 招标范围广、类型多

水利项目招标包括工程建设、水资源开发利用、河道采砂经营等，涉及面广，招标范围宽、类型多。既有勘察、设计、咨询等服务招标，也有建设施工招标和设备材料采购招标，还有特许经营和项目法人招标，基本涵盖了所有招标类型。

6. 专业性强、技术要求高

大中型水利工程、水资源开发利用或采砂经营等，项目复杂多样，专业性强，技术要求高，事关社会公共利益和公众安全，决定了水利招标大多注重质量、技术，并不以造价节约为唯一目标，追求技术经济的和谐统一，评标时大都采用综合评估法、二阶段评标法等方法。

7. 项目招标人类型多样

水资源的国家所有，水利工程建设管理体制形式多样，水利投资主体日益多元化，决定了水利项目的招标人类型多样，既有国家机关、流域机构、事业法人，也有项目法人或其他组织。

8. 水利投标人必须是法人

由于水利项目的公益性、专业性、复杂性和垄断性，国家规定参加水资源开发利用、采砂经营权取得，以及水利建设项目勘察、设计、施工、监理、设备采购等投标人必须取得国家相应的资格、资质和经营条件。就现行法律法规来说，还不允许个人参加水利工程建设项目、水资源开发利用或河砂开采权的投标，必须具有相应资质和条件的法人才能参加投标。

9. 承包合同必须是书面合同

水利工程建设项目招标投标所形成的合同，基本上均属于《合同法》规定的建设工程合同。根据《合同法》的有关规定，建设工程合同、水资源开发利用项目和河道采砂经营权合同等均必须采用书面形式，不允许采用其他形式。合同内容上必须合法，形式上必须采用书面并且经由法定代表人或委托代理人签署和加盖单位法人公章才有效。

第三节 招标投标的基本概念和基本原则

一、招标投标的基本概念

招标投标制度在我国于2000年才上升为法律，全面贯彻落实招标投标制度才十年时间，有关招标投标的法规也还处于不断发展和完善之中。招标投标的基本概念，是招标投标工作从业者必须领会和掌握的基本知识。根据国家有关规定，将一些在招标投标过程中常用的概念和含义介绍如下。

招标投标：一般是指在市场经济条件下进行大宗货物的买卖、工程建设项目的发包与承包，以及服务项目、特许经营项目的采购与提供时所采用的一种交易方式。

项目法人：是指根据《公司法》成立的，对项目的策划、资金筹措、建设实施、生产经营、债务偿还和资产的保值增值，实行全过程负责的有限责任公司（包括国有独资公司）和股份有限公司。

法人：是指具有民事权利能力和民事行为能力，依法独立享有民事权利和承担民事义务的组织。《民法通则》第三十七条规定，法人成立有四个条件：①依法成立；②有必要的财产或者经费；③有自己的名称、组织机构和场所；④能独立承担民事责任。

建设单位：是指代表项目法人对项目的实施建设进行组织、协调管理的单位，如项目法人自己，或其他法人组织、管理处、指挥部、筹建处等。

招标人：是指依照《招标投标法》的规定，提出招标项目、进行招标的法人或其他组织，可包括国家机关、事业单位、企业单位等组织。

投标人：投标人是响应招标、参加投标竞争的法人或者其他组织。对于水利工程建设项目来说，项目的勘察、设计、监理、施工、设备采购都要求必须有专门的资质（资格）并且必须有独立的法人组织。

发包人：是指在建设项目或开发经营权等招标发包过程中，合同条款中指明的合同当事人。一般是指对建设项目的项目法人或对该项目拥有产权管理权的法人，或代表国家行使管理权的国家有关单位或部门，也就是在合同签订过程中代表法人在合同上签字的单位。

承包人：是指与发包人签订合同协议书的当事人，即通过招标获得承包项目资格或经营权的中标企业法人。

监理人：是指工程建设项目实施过程中，通过招标选定或发包人直接委托的，对合同项目实施监理的当事人。

招标代理人：是指依法设立、从事招标代理业务并提供相关服务的社会中介组织。招标代理机构应当具备下列条件：①有从事招标代理业务的营业场所和相应资金；②有能够编制招标文件和组织评标的相应专业力量；③有符合《招标投标法》第三十七条第三款规定条件、可以作为评标委员会成员人选的技术、经济等方面的专家库。

公开招标：是指招标人以招标公告的方式邀请不特定的法人或其他组织投标。

邀请招标：是指招标人以投标邀请书的方式邀请特定的法人或其他组织投标。一般应邀请不少于 3 个有相应资质或资格的特定投标人。

自行招标：是指依照《招标投标法》和原国家发展计划委员会 2001 年第 9 号令的有关规定，招标人具有编制招标文件和组织评标能力的，可以自行办理招标事宜，但必须在上报可行性研究报告时经过项目审批部门核准。自行招标能力包括：①具有项目法人资格或法人资格；②具有与招标项目规模和复杂程度相适应的工程技术、概预算、财务和工程管理等方面专业技术力量；③有从事同类工程建设项目招标经验；④设有专门的招标机构或者拥有 3 名以上专职招标业务人员；⑤熟悉和掌握《招标投标法》及有关法规、规章。

委托招标：是指招标人委托具有相应资质的招标代理机构办理招标事宜。委托招标事宜一般包括：招标前期咨询，编制招标文件，代理发布招标公告，参加资格审查，组织现场考察，协助招标文件答疑和澄清，组织开标、评标、定标，协调合同的签订等。目前我国的招标代理机构只分甲、乙两级。《招标投标法》规定，任何单位和个人均不得指定招标代理机构。

二、招标投标的基本原则

《招标投标法》第五条规定，招标投标活动应当遵循公开、公平、公正和诚实信用的原则。本条规定是对所有招标投标活动普遍适用的基本原则，也是市场经济活动中必须遵循的原则。水资源开发利用、河道采砂经营权、水利工程建设项目（包括勘察、设计、监理、建筑、安装施工、设备材料采购等）的招标投标活动，无疑必须遵循这一原则，而且必须将这一原则贯穿于整个招标投标活动过程之中。

1. 公开原则

所谓公开原则，就是要求工程建设项目和开发经营项目招标投标活动具有规定的高透明度，实行招标信息公开和招标程序公开，也就是必须把将要进行招标的建设项目、开发经营项目公开发布招标公告、公开开标、公开中标结果等，使每一个投标人（包括潜在的投标人）获得同等程度的信息，知悉招标的一切条件和要求。当然，评标是保密的。

2. 公平原则

所谓公平原则，就是要求工程建设项目、开发经营项目的招标人和招标代理机构给予所有投标人平等的机会（当然也包括进行代理机构招标时，招标人应当给予参加投标的代理机构以平等的机会），使投标人享有同等权利，同时也要求投标人履行同等的义务，既不歧视任何一方，也不偏佑任何一方。

3. 公正原则

所谓公正原则，是指招标人或招标代理机构在招标投标过程中，严格按法律、法规、规章以及招标文件的规定公正对待所有投标人，评委在评标时按事先制定和公布的评标标准公正对待所有投标人，招标人严格按照事先制定的定标原则择优确定中标人。

4. 诚实信用原则

所谓诚实信用原则，也称诚信原则，是民事活动的基本原则之一。《民法通则》第四条规定："民事活动应当遵循自愿、公平、等价有偿、诚实信用的原则。"诚信原则的含义是：招标投标活动的当事人应当以诚实、守信的态度行使权利、履行义务，维护双方的利益平衡，以及自身利益与社会利益的平衡。在当事人之间的利益关系中，诚信原则要求尊重他人利益，以对待自己事务的态度对待他人事务，保证彼此都能得到自己应得的利益。在当事人与社会的利益关系中，诚信原则要求当事人不得通过自己的活动损害第三人和社会的利益，必须在法律范围内以符合其社会经济目的的方式行使自己的权利。

按照这一原则，《招标投标法》规定："不得规避招标、串通投标、泄露标底、骗取中标、非法律允许的转包合同诸多义务"，要求当事人遵守，并规定了相应的罚则。这些就是诚信原则的法律体现。

第四节 招标投标制与"三制"的关系

1999 年，国务院办公厅在"关于加强基础设施工程质量管理的通知"（国办发［1999］16 号）中指出：基础设施项目，必须实行项目法人责任制、招标投标制、工程监理制；必须实行合同管理制，建设工程的勘察设计、施工、设备材料采购和工程监理都要依法订立合同。水利部在"关于切实加强水利基础设施建设管理工作的通知"（水建［1998］331 号）中也指出：项目建设要严格实行项目法人责任制、招标投标制、建设监理制和合同管理制。可见，我国对在水利工程项目建设中实行项目法人责任制、招标投标制、建设监理制和合同管理制（即"四制"）有非常明确的规定，它们是我国在工程建设领域强制推行的四项建设管理制度。在招标投标过程中，正确认识“四制”的关系具有重要的现实意义。

所谓招标投标，一般是指在市场经济条件下进行大宗货物的买卖、工程建设项目的发包与承包，以及服务和经营项目的采购与提供时所采用的一种交易方式。工程建设项目实行招标投标制就是指招标人（法人或其他组织）对工程建设项目的各种建设任务以公开或邀请招标的方式，通过竞争选择符合资格、经济合理、信誉可靠的承包商完成建设任务或开发经营目标，达到控制建设工期、确保工程质量、控制工程造价、提高投资效益和公平、合理地开发利用资源的目的，是一种以竞争为特征，体现优胜劣汰、促进技术进步和生产力发展的科学管理制度。

项目法人责任制，是指项目法人对工程建设项目的策划、资金筹措、建设实施、生产经营、债务偿还和资产保值增值的全过程负责的建设管理制度。

建设监理制，是指招标人在工程建设过程或资源开发利用中，通过竞争招标或委托方式选择高智能的建设监理单位，通过订立合同授权监理工程师根据合同控制工程进度、质量、安全、造价等，协调各方面关系，保证工程顺利建成的一种建设管理制度。

招标人（项目法人）对整个项目负最终责任，对工程建设的质量、进度、投资负总责。显然，在项目法人责任制、招标投标制和建设监理制这三种制度中，项目法人责任制居于核心地位。但是，由于项目法人要以工程项目取得最优的整体经济效益为最终目标，必然要采取各种措施来缩短建设工期、提高工程质量、控制工程造价、最优配置资源，其最有效的措施就是在工程建设过程中引入竞争机制，靠市场的力量来合理配置资源，用合同来明确项目法人与各个承包单位（主要包括勘测设计、监理、施工、设备材料采购、开发经营、移民征地等）的责、权、利，通过加强对合同的管理来保证项目建设或经营目标的顺利实现。在水利工程建设项目、水资源开发利用、河道采砂权招标过程中，无论是项目法人，或者是监理人，还是其他投标人，都必须以经济合同为基础进行管理，可以说，合同管理制是四项建设管理制度中核心的核心。

第五节 水利项目招标投标的主要类型

一、水利项目招标主要类型

水利项目的招标种类繁多，一般可按承包内容、合同方式、招标对象、招标国界四种方式分类。

1. 按承包内容分类

（1）总承包招标，根据招标的范围又可以分为项目全过程招标，即从可行性研究、勘察、设计、施工、材料设备采购、监理、生产准备到竣工投产交钥匙一条龙服务的招标，以及项目实施过程招标，即初步设计批准后至施工完成、试运行、竣工投产的招标（也叫项目施工总承包招标）。

（2）单项（或单位）招标，指将一个整体项目按单位工程和招标对象性质分成若干标段进行分别招标。

2. 按合同方式分类

(1) 总价合同招标，指招标项目按照招标文件和招标图纸的规定要求，按照投标人的总报价进行招标承包，项目实施过程的所有成本、管理费、税金、利润、风险等都包含在投标总价中。总价合同招标根据项目实际情况的不同，又可以分为固定总价合同招标和可调总价合同招标两种方式。

(2) 单价合同招标，指招标项目按照招标文件的规定，所有列入招标范围的项目都必须按照综合单价的方式进行招标承包，招标工程量清单只是评标的基础，不是最终结算工程量，最终结算工程量是按照招标文件的计量规定进行计量的工程量。单价合同招标也可以分为固定单价招标和在一定条件下部分可调单价招标两种方式。

(3) 单价＋部分总价合同招标，一般指招标项目在招标文件中规定永久工程项目按照固定单价计量结算、临时工程按照总价承包方式计量结算的招标方式。

(4) 成本＋酬金合同招标，指招标项目按照招标文件规定的具体成本核算办法、酬金的计算依据、奖励办法进行招标承包。招标文件规定的工程量清单，只是报价评标的统一基础；结算按照招标文件规定的成本核算后再加招标文件规定的酬金计算。

3. 按招标对象分类

(1) 施工招标，包括建筑工程招标和安装工程招标。

(2) 采购招标，包括设备采购招标和材料采购招标。

(3) 服务招标，包括勘察招标、设计招标、监理招标、咨询招标、科技招标、银行贷款招标、代建招标。

(4) 特许经营权招标，包括选择投资主体招标、项目法人招标、河砂开采权招标等。

4. 按招标国界分类

(1) 国际招标，即在世界范围内发布招标公告，邀请全世界符合资格条件的投标人参与竞争，选择技术好、力量强、信誉好的承包商来承建项目。在我国，利用世界银行、亚洲开发银行等外资的项目一般才要求进行国际招标。国际招标一般适用国际工程合同条款和国际惯例。

(2) 国内招标，即只在国内媒体发布招标公告，只允许在国内注册的企业法人或其他组织参加投标的项目招标。国内招标项目适用《招标投标法》、《合同法》、地方法规和部门规章的有关规定。

二、水利项目投标主要类型

根据现行法规和招标类型，水利项目投标可按投标组织、承包范围、承包对象、投标国界四种方式分类。

1. 按投标组织分类

(1) 独立投标，是指投标人以自己的身份、资质资格、技术设备、资信信誉等条件，按照投标公告和招标文件规定进行的独立投标。

(2) 联合投标，是指两个或两个以上单位组成联合体进行投标。投标人按照招标公告和招标文件规定，并根据自身投标策略，联合其他符合条件的投标人达成协议进行联合投标；或者是单一投标人独立投标时不能满足招标公告和招标文件的条件，而按照招标公告和招标文件的规定，与其他符合条件的投标人达成协议组成联合体进行的投标。联合投标按照合作方式不同，可分为法人型联营、合伙型联营、合同型联营三种形式。

2. 按承包范围分类

(1) 总承包投标，即通常所说的设计施工总承包投标，承包内容一般包括初步设计、施工、设备采购和项目试运行。

(2) 单项投标，即根据招标公告和招标文件确定的对象，对一个整体项目的单位工程、若干标段或单一承包内容进行投标，如水利枢纽中的大坝项目投标、隧洞项目投标、水轮机发电设备投标等。

3. 按承包对象分类

(1) 施工投标，包括建筑工程施工投标和设备安装工程投标。

(2) 货物投标，包括设备供应投标和材料供应投标等。

(3) 服务投标，包括勘察投标、设计投标、监理投标、咨询投标、科技项目投标、代建单位投标等。

(4) 特许经营权投标，包括项目法人投标、河砂开采权投标、BOT或BT项目投标、选择投资主体投标等。

4. 按投标国界分类

(1) 国际投标，即根据世界范围内发布的招标公告，全球符合资质、资格条件的投标人均可参与竞争的投标。在我国，利用世界银行、亚洲开发银行等外资的项目一般才要求进行国际招投标。国际投标一般适用FIDIC合同条款和国际惯例。

(2) 国内投标，即根据只在国内媒体发布的招标公告，只允许在国内注册的本国企业法人或其他组织参加竞争的项目投标。国内招标项目适用我国《招标投标法》、《合同法》等法律法规、部门规章和地方规章等有关规定。

第二章　水利项目招标

第一节　招标范围和规模标准

进行水利项目招标，首先应明确什么样的项目需要招标？什么规模标准的项目必须公开招标？什么项目可以邀请招标？什么项目又可以不招标？

一、水利项目招标范围和规模标准

根据《招标投标法》、国家发展和改革委员会（以下简称“国家发改委”）有关规定、水利部14号令对水利工程建设项目的招标范围和规模标准所作的具体规定，符合下列具体范围并达到规模标准之一的水利工程建设项目必须进行招标。

1. 具体范围

（1）关系社会公共利益、公共安全的防洪、排涝、灌溉、水力发电、引（供）水、滩涂治理、水土保持、水资源保护等水利工程建设项目。

（2）使用国有资金投资或者国家融资的水利工程建设项目。

（3）使用国际组织或者外国政府贷款、援助资金的水利工程建设项目。

（4）水利科技项目的招标范围。

根据科技部有关规定，涉及政府财政拨款投入为主的技术研究开发、技术转让推广和技术咨询服务等目标内容明确、完成时限明确、评审标准确定的科技项目，应当实行招标。

2. 规模标准

（1）施工单项合同估算价在200万元人民币以上的。

（2）重要设备、材料等货物的采购，单项合同估算价在100万元人民币以上的。

（3）勘察设计、监理等服务的采购，单项合同估算价在50万元人民币以上的。

（4）项目总投资额在3000万元人民币以上，但分标单项合同估算价低于第（1）、（2）、（3）规定标准的项目原则上都必须招标。

以上规定中，水利工程招标的范围和规模标准与《招标投标法》、国家发改委的规定是一致的。国家还规定，省、自治区、直辖市人民政府根据实际情况，可以规定本地区必须进行招标的具体范围和规模标准，但不得缩小规定确定的必须进行招标的范围。一些地方规定（如广东省），国家垄断或者控制产品的经营权出让项目、选择社会投资主体的政府特许经营项目、国有自然资源的经营性开发项目，也必须进行公开招标。

二、必须公开招标的范围

（1）全部使用国有资金投资或者国有资金投资占控股或者主导地位的招标项目。

（2）国务院发展和改革部门确定的国家重点项目和省、自治区、直辖市人民政府确定的地方重点项目。

三、可以进行邀请招标的范围

（1）依法必须进行勘察设计招标的工程建设项目，经批准后，在下列情况下可以进行邀请招标：

1）项目的技术性、专业性较强，或者环境资源条件特殊，符合条件的潜在投标人数量有限的。

2）如采用公开招标，所需费用占工程建设项目总投资的比例过大的。

3）建设条件受自然因素限制，如采用公开招标，将影响项目实施时机的。

招标人采用邀请招标方式的，应保证有3个以上具备承担招标项目勘察设计能力，并具有相应资质的特定法人或者其他组织参加投标。

国家重点建设项目的邀请招标，应当经国务院发展与改革部门批准；地方重点建设项目的邀请招标，应当经各省、自治区、直辖市人民政府批准。

全部使用国有资金投资或者国有资金投资占控股或者主导地位的并需要审批的工程建设项目的邀请招标，应当经项目审批部门批准。

（2）必须招标的工程建设项目的施工，有下列情形之一的，经批准可以进行邀请招标：

1）项目技术复杂或有特殊要求，只有少量几家潜在投标人可供选择的。

2）受自然地域环境限制的。

3）涉及国家安全、国家秘密或者抢险救灾，适宜招标但不宜公开招标的。

4）拟公开招标的费用与项目的价值相比，不值得的。

5）法律、法规规定不宜公开招标的。

国家重点建设项目的邀请招标，应当经国务院发展计划部门批准；地方重点建设项目的邀请招标，应当经各省、自治区、直辖市人民政府批准。

全部使用国有资金投资或者国有资金投资占控股或者主导地位的并需要审批的工程建设项目的邀请招标，应当经项目审批部门批准，但项目审批部门只审批立项的，由有关行政监督部门批准。

（3）与工程建设有关的货物（设备材料）采购招标，有下列情形之一的，经批准可以进行邀请招标：

1）货物技术复杂或有特殊要求，只有少量几家潜在投标人可供选择的。

2）涉及国家安全、国家秘密或者抢险救灾，适宜招标但不宜公开招标的。

3）拟公开招标的费用与拟公开招标的投资相比，得不偿失的。

4）法律、行政法规规定不宜公开招标的。

国家重点建设项目货物的邀请招标，应当经国务院发展和改革委批准；地方重点建设项目货物的邀请招标，应当经省、自治区、直辖市人民政府批准。其他项目货物的邀请招标应按项目审批权限由各级发展改革部门批准。

四、经批准可以不招标的情况

1. 建设项目的勘察与设计

按照国家规定需要政府审批的项目，有下列情形之一的，经批准，项目的勘察设计可以不进行招标：

（1）涉及国家安全、国家秘密的。

（2）抢险救灾的。

（3）主要工艺、技术采用特定专利或者专有技术的。

（4）技术复杂或专业性强，能够满足条件的勘察设计单位少于3家，不能形成有效竞争的。

（5）已建成项目需要改建、扩建或者技术改造，由其他单位进行设计影响项目功能配套性的。

批准不招标的勘察设计项目，按照项目审批权限由国家发改委或各省级人民政府或其授权的发展改革部门审批。

2. 建设项目的施工

需要审批的工程建设项目，有下列情形之一的，经审批部门批准，可以不进行施工招标：

（1）涉及国家安全、国家秘密或者抢险救灾而不适宜招标的。

（2）属于利用扶贫资金实行以工代赈需要使用农民工的。

（3）施工主要技术采用特定的专利或者专有技术的。

（4）施工企业自建自用的工程，且该施工企业资质等级符合工程要求的。

（5）在建工程追加的附属小型工程或者主体加层工程，原中标人仍具备承包能力的。

（6）法律、行政法规规定的其他情形。

以上不招标项目属于国家重点建设项目的，应当经国务院发展改革部门批准；属于地方重点建设项目的，应当经各省、自治区、直辖市人民政府批准。

全部使用国有资金投资或者国有资金投资占控股或者主导地位的并需要审批的工程建设项目的不招标项目，应当经项目审批部门批准，但项目审批部门只审批立项的，由有关行政监督部门批准。

不需要审批但依法必须招标的工程建设项目，有上述规定情形之一的，可以不进行施工招标。

3. 与建设项目有关的货物（设备材料）采购

根据国家发改委有关规定，依法必须进行招标的工程建设项目，按国家有关投资项目审批管理规定，凡应报送项目审批部门审批的，招标人应当在报送的可行性研究报告中将货物招标范围、招标方式（公开招标或邀请招标）、招标组织形式（自行招标或委托招标）等有关招标内容报项目审批部门核准。因此，与工程建设有关的货物如果不招标，必须按项目审批权限由项目审批部门批准。国家对全部使用国有资金投资或者国有资金投资占控股或者主导地位的，并需要审批的工程建设项目或重点项目的货物采购没有规定不招标的情况，也就是说国家对这几类项目规定必须进行公开招标或邀请招标，一般不批准不招标。

4. 科技项目

根据科技部国科发计字［2000］589号有关规定，具备下列条件之一的科技项目，可以不实行招标：

（1）目标不确定性较大（项目指标不易量化），难以确定评审标准的。

（2）涉及国家安全和国家秘密的。

（3）只有两家以下（含两家）潜在投标人可供选择的。

（4）没有引起有效竞争或者对招标文件未作实质性响应，或发生其他情形而导致废除所有投标的。

（5）法律法规规定的其他情况。

第二节　招标组织形式和规定

一、招标人和招标组织

根据《招标投标法》和国家有关规定，建设项目的招标由招标人负责，任何单位和个人不得以任何方式非法干涉招标投标活动。招标人是指依照《招标投标法》规定提出招标项目、进行招标的法人或其他组织。从《招标投标法》的规定来看，目前国家对招标人的要求是比较低的，这可能是考虑到我国目前的实际情况；从水利工程建设招标实际看，目前绝大多数水利工程都实行了项目法人责任制，但也有部分水利工程特别是地方水利项目，不少还没有实行项目法人责任制，或者项目法人或法人由于技术力量、经验等原因，没办法实行；有些项目从项目建议书或可行性研究阶段开始进行勘察设计招标时，项目法人或法人单位还没有成立，因此，招标人可以是其他组织，是符合目前我国实际情况的。

招标人是法人，是指具有民事权能力和民事行为能力，并依法享有民事权利和承担民事义务的组织，包括企业法人、机关法人、事业法人和社会团体法人。法人必须具备以下条件：①必须依法成立；②具有必要的财产或经费；③有自己的名称、组织机构和场所；④能够独立承担民事责任。

招标人是其他组织，是指不具备法人条件的组织，主要包括：法人的分支机构；企业之间或企业、事业单位之间不具备法人条件的组织；合伙组织；个体工商户；农村承包经营户等。对于水利工程建设项目，招标人是其他组织的，主要形式有工程建设指挥部、工程筹建处、筹建办公室、建设领导小组、项目部等。

二、招标组织形式

建设项目或特许经营的招标均由招标人负责，但招标人根据自身条件和实际，可以采用自行招标或者委托招标这两种不同的组织形式，但无论采用何种招标组织形式，都应该在报送可行性研究报告时附送招标范围、招标组织形式和招标方式的报告给项目审批部门批准。因特殊情况在报送可研前先行开展招标活动的，在报送可研报告时应予以说明。

三、自行招标有关规定

1. 自行招标条件

招标人自行办理招标事宜的，应当具有编制招标文件和组织评标的能力，具体要求如下：

（1）具有项目法人资格或者法人资格。

（2）具有与招标项目规模和复杂程度相适应的工程技术、概预算、财务和工程管理等方面专业技术力量。

（3）具有从事同类工程建设项目招标的经验。

（4）设有专门的招标机构或者拥有 3 名以上专职招标业务人员。

（5）熟悉和掌握《招标投标法》及有关法规规章。

2. 自行招标核准

水利工程建设项目招标人自行招标时，项目法人或组建中的项目法人或法人单位应当在向项目审批部门（各级发展改革部门）上报项目可行性研究报告时一并报送符合自行招标条件的书面材料，书面材料应当至少包括以下内容：

（1）项目法人营业执照、法人证书或者项目法人组建文件。

（2）与招标项目相适应的专业技术力量情况，如水利工程师、咨询工程师、造价工程师、经济师、会计师等。

（3）内设的招标机构或者专职招标业务人员的基本情况，主要是成立招标机构的文件、组成人员学历、技术职称、从事招标工作的经验等。

（4）拟使用的专家库情况，对于使用国有资金和国家融资的水利工程项目，应使用国家水行政主管部门和省级水行政主管部门提供的专家库。

（5）招标人以往编制的同类工程建设项目招标文件和评标报告，以及招标业绩的证明材料。

（6）其他有关自行招标的材料。

（7）如果招标人在报送可行性研究报告前，确需通过招标方式或其他方式确定勘察、设计单位开展前期工作的，应当在报送材料中一并说明。

应该注意的是，自行招标需要每次核准，一次核准手续仅适用于一个工程建设项目。

3. 自行招标备案

招标人经批准实行自行招标时，应当自确定中标人之日起十五日内，按照项目管理权限，向国家项目审批部门（发展改革部门）和水行政主管部门提交招标投标情况的书面报告。书面报告至少应包含如下内容：

（1）招标方式和发布招标公告的媒介。

（2）招标文件中投标须知、技术条款和要求、评标标准和方法、合同主要条款等内容，实际就是报送招标文件。

（3）评标委员会的组成和评标报告。

（4）中标结果，也就是中标通知书。

四、委托招标有关规定

当项目招标人不符合自行招标条件，或虽然符合自行招标条件但招标人由于各种原因不想进行自行招标时，就应该委托具有相应资质的招标代理机构进行委托招标。招标人有权自行选择招标代理机构，任何单位和个人不得以任何方式为招标人指定招标代理机构。

所谓委托招标，就是招标人委托具有招标代理资质的代理机构代理招标人从事有关招标事宜。委托招标代理事宜主要包括：

（1）招标前期咨询。

（2）编制招标文件（包括编制资格预审文件和标底）。

（3）代理发布招标公告。

（4）审查投标人资格。

（5）组织现场踏勘。

（6）答疑招标文件。

（7）组织开标、评标、定标。

（8）协调签订合同。

从委托代理的事项可以知道，招标代理机构的职责较多，地位也很重要。因此国家对招标代理机构实行资质管理制度。根据《招标投标法》和国家有关规定，招标代理机构应当具备下列条件：①是依法成立的中介组织；②与行政机关和其他国家机关没有行政隶属关系或者其他利益关系；③有固定营业场所、开展招标代理业务所需设施及办公条件和相应资金；④有健全的组织机构和内部管理的规章制度；⑤有能够编制招标文件和组织评标的相应专业力量；⑥有符合法律规定条件（从事相关领域工作满八年，并具有高级职称或有同等专业水平）可以作为评标委员会成员人选的技术、经济等方面的专家库。

第三节　招标工作程序和内容

水利项目招标，属于国家规定的必须招标的范围，由于水利建设项目公益性的特点，《招标投标法》和国家发展改革委、水利部等规定了一系列的招标投标条件、招标程序、开标规定、评标定标办法等。根据有关规定，水利工程建设项目招标工作程序和内容分述如下（水资源开发利用招标和河道采砂经营权招标程序相类似）。

一、水利项目招标工作程序

（1）按项目管理权限向水行政主管部门提交招标报告备案。

（2）编制招标文件。

（3）发布招标公告或投标邀请书。

（4）发售资格预审文件。

（5）按规定日期接受资审文件并对资审文件进行审核。

（6）发投标邀请书，售卖招标文件。

（7）组织现场查勘和举行标前会。

(8) 接受投标人对招标文件的澄清函件，修改招标文件或回答投标人提问。

(9) 成立评标委员会。

(10) 接受投标文件。

(11) 开标、评标。

(12) 评标委员会写出评标报告，推荐中标人，招标人根据评委会推荐意见，确定中标人。

(13) 颁发中标通知书，并将中标结果通知所有投标人。

(14) 向水行政主管部门提交招标投标情况的书面报告。

(15) 合同谈判，与中标人签订书面合同。

二、水利项目招标各阶段的主要内容

(一) 准备阶段

1. 递交招标备案报告

根据国务院国办发［2004］34号文规定，水利项目招标投标的监督执法由水行政主管部门负责。因此，水利项目招标备案报告必须按项目管理权限向水行政主管部门提交，备案内容包括：招标条件，招标组织和方式，分标方案，招标计划安排，投标人（资质）资格条件，评标方法，评标委员会组建方案，采用的专家库情况，开标评标的工作安排。

2. 编制资格预审文件

采用公开招标时，招标人必须对申请投标者进行资格预审。资格预审文件由招标人或委托招标代理机构等单位编写。

3. 编制招标文件

如果招标人具有自行招标的能力，并且经过项目审批部门批准，招标文件（设标底时含标底）可以招标人自己编写；如果招标人委托招标，则招标文件由招标代理机构编写，或者由项目设计单位、咨询单位编写。特别要注意的是标底编制，目前国家发改委鼓励实行无标底招标，是否设标底由招标人自主决定，不允许任何单位和个人审查标底，如果设标底，必须做好保密工作。

(二) 招标阶段

1. 发布招标公告或投标邀请书

水利部2001年14号令规定：大型水利工程公告时间至少在10天以上；对于中小型工程，公告时间一般也不应少于5天。

2. 发售资格预审文件

如果采用邀请招标，则无此步骤。资格审查分两种：资格预审和资格后审。公开招标一般采用资格预审，邀请招标一般采用资格后审。

3. 资格预审

资格预审由招标人组建的资格预审委员会负责。投标人编制资格预审文件的时间，目前的所有招标投标法律法规均没有对资格预审文件的编制时间作出强制性规定，从公平角度考虑，对于大型工程至少要给潜在投标人7～10天，一般项目要给潜在投标人5～7天时间编制资格预审文件。

4. 发投标邀请书和售卖招标文件

对通过资格预审的投标人，招标人应发出投标邀请书，通知投标人前来购买招标文件。招标文件出售的时间根据国家发改委、水利部等七部委2003年颁发的第30号令第十五条规定：自招标文件或资格预审文件出售之日起至停止出售之日止不得少于5个工作日。至于招标文件的工本费，水利部14号令规定：大型水利工程招标文件售价一般可按1000～3000元人民币标准控制。其他项目建议按500元标准控制。

5. 现场查勘和标前会

现场查勘也叫现场考察，时间一般在售卖招标文件1～5天后，因为要给投标人一定的时间阅读招标文件，考察时才有针对性。标前会一般在现场考察后一起进行，较简单的项目也可以在出售完招标文件后即同时进行现场考察和标前会。标前会的目的是解答投标人在现场考察过程中提出的问题或招标文件中的问题，或提供一些资料给投标人。必须强调的是，现场考察或标前会中的提问、解答或提供的资料都仅限于参考，所有提问和正式解答均须以书面为准。

6. 对招标文件进行澄清、修改或补充

投标人对招标项目现场考察或对招标文件提出质疑问题应在招标文件中规定的时间内进行，一般最迟应在投标截止时间的15天前提出；实际操作上应在投标截止时间的18～20天前提出，因为还要给招标人或招标代理人一定的时间回答提问；修改或澄清招标文件必须在递送投标文件截止前15天。必须注意的是：不管是修改招标文件还是回答投标人的质疑提问，修改或补充文件一定要在投标截止时间的15天前同时发给所有的合格投标人，并且不能将提问的投标人信息告诉任何人。

（三）开标、评标、定标阶段

1. 成立评标委员会

评标委员会由招标人负责组建，评标委员会成员为5人以上单数（水利部2001年14号令规定：水利工程评标委员会一般为7人以上单数），其成员名单必须在中标结果确定前保密。评标委员会组成为：招标人或代理机构占1/3，随机抽取的评标专家占2/3以上（即不得少于评委总数的2/3）。

2. 接受投标文件

必须在招标文件规定的时间和地点收取投标文件。接受投标文件时必须开具写有递交投标文件时间和份数的收据给投标人，或者由投标人在投标文件递送登记表中签名登记。注意：投标截止时间是一个法律时间，必须严格执行招标文件的规定，不能随意提前或推后，只要时间一到，任何投标人的投标文件均不能接受，投标截止时，应请监督人或公证人签字确认。

3. 开标与评标

开标应在招标人或招标代理人主持下进行，开标时间和地点应当与招标文件规定投标截止时间的同一时间、同一地点公开进行。开标时应邀请所有投标人、监察人员、主管部门、行政监督人员、公证机关（是否公证由招标人自主决定）参加。开标时必须现场公开投标人名称、投标书的密封情况、投标价格和投标文件的其他主要内容（主要有：法定代表人证明书、授权委托书、工期、投标保证金、法定代表、授权代表的签字、单位盖章等)。开标结果必须记录并且由各投标人和监督人签字确认。开标后即全封闭保密进行评标，评标地点也必须保密。

4. 确定中标人

水利项目招标，招标人应根据评标委员会的评标报告中推荐的中标人，确定中标人，也可以授权评标委员会直接确定中标人。

必须注意的是，凡使用国有资金或者国家融资的项目（水利项目一般都是此类），招标人应当确定评标委员会推荐的排名第一的中标候选人为中标人，只有在以下三种情况下才可以选择第二中标候选人为中标人：①排名第一的中标候选人放弃中标；②排名第一的中标候选人因不可抗力提出不能履行合同；③排名第一的中标候选人未能按照招标文件的规定期限内提交履约保证金。排名第二的中标候选人因同样原因不能签订合同时，招标人可以确定排名第三的中标候选人为中标人。

评标、定标应当在投标有效期结束日 30 个工作日前完成。

5. 向主管部门提交招标投标情况的书面报告

水利项目招标工作结束后，招标人必须在确定中标人之日起 15 日内，按项目管理权限向有管辖权的水行政主管部门和其他监督部门提交招标投标情况的书面报告。

6. 颁发中标通知书

颁发中标通知书后，应同时将中标结果通知所有未中标的投标人。中标人和未中标人的投标保证金，必须在招标人与中标人签订合同后 5 个工作日内退还。

7. 签订书面合同

订立合同必须自中标通知书发出之日起 30 日内完成。必须注意的是，根据《招标投标法》的规定，在确定中标人前，招标人不得与投标人就投标价格、投标方案等实质性内容进行谈判。

第四节　项目招标准备

项目招标工作由招标人负责，任何单位和个人除法律另有规定外，不得以任何方式非法干涉招标投标活动。水利项目招标正式实施招标前，招标人首先必须检查水利工程建设项目是否符合法律、法规、规章规定的各种前提条件，有无履行法定的手续。无论采取自行招标或是委托招标、公开招标还是邀请招标，都应该符合法定的条件才能进行。

一、各类型项目的招标条件

1. 勘察设计招标条件

(1) 招标项目已经确定，按照国家规定需履行审批手续的，已履行审批手续并取得批准。建设项目在报送可行性研究报告时，将招标项目的招标范围（全部或部分招标）、拟采用的招标组织形式（委托招标或者自行招标）、拟采用的招标方式（公开招标或者邀请招标）按照项目管理权限向项目审批部门报送核准。在特殊情况下，水利工程经项目审批部门批准，项目在报送可行性研究报告前先行开展招标活动的，应在报送的可行性研究报告中予以说明。

（2）勘察设计所需资金已经落实。

（3）所必需的勘察设计基础资料已经收集完成。

（4）法律法规规定的其他条件。

2. 建设监理招标条件

（1）项目可行性研究报告或者初步设计已经批复。

（2）招标范围、招标方式和招标组织形式等应当履行核准手续的，已经核准。

（3）监理所需资金已经落实。

（4）项目已经列入年度计划。

3. 施工招标条件

（1）招标人已经依法成立。

（2）初步设计及概算应当履行审批手续的，已经批准。

（3）招标范围、招标方式和招标组织形式等应当履行核准手续的，已经核准。

（4）有相应资金或资金来源已经落实。

（5）有招标所需的设计图纸及技术资料。

4. 货物（设备材料）采购招标条件

（1）招标人已经成立。

（2）按照国家规定应履行项目审批、核准或者备案手续的，已经审批、核准或者备案。对于水利工程来说，其初步设计已经批准。

（3）技术经济指标（使用和技术要求）已经基本确定。

（4）有相应的资金或资金来源已经落实。

5. 科技项目招标条件

（1）需要招标的科技项目已确定。

（2）科技项目的投资资金已落实。

（3）招标所需要的其他条件已达到。

6. 设计施工总承包招标条件

（1）招标人已依法成立。

（2）项目已立项确定，项目建议书或可行性研究报告已经批复。

（3）按照国家规定需履行审批手续的，已履行审批手续。

（4）招标所需资金已经落实。

7. 代建单位招标条件

（1）招标项目已经确定，符合国家有关法规和政策。

（2）按照国家规定需履行审批手续的，已履行审批手续。

（3）招标所需资金已经落实。

“招标项目已经确定”一般指项目建议书或可行性研究报告已经国家有关主管部门批准。

8. 项目法人招标条件

（1）项目符合流域综合规划或专项规划要求。

(2) 招标项目和范围确定，符合国家和地方有关规定。

(3) 国家或地方规定需履行审批或备案手续的，完成相应手续。

(4) 招标所需资金已经落实。

9. 河砂开采权招标条件

(1) 招标内容范围已经确定，符合国家或地方采砂规划和有关规定。

(2) 按照国家或地方规定需履行审批或备案手续的，完成相应手续。

(3) 招标所需资金已经落实。

二、项目招标前的准备工作

招标工作全过程在招标人或招标人委托的招标代理机构主持下进行，招标机构的专业工作水平如何，直接影响招标工作的成效，因此，水利项目招标前的准备工作的首要任务就是精心组建招标工作机构或选择好招标代理机构。

(一) 组建或选择招标机构

根据《招标投标法》规定，凡具有编制招标文件和组织评标能力的招标人，可以自行组建招标工作机构，经项目审批部门批准后可以自行招标。自行招标机构的成员不应少于3人以上的单数，以技术、经济等方面的专业人员为宜。

1. 选定招标机构的工作人员

招标机构成员的素质决定着招标机构的工作水平和效率。招标工作过程比较复杂，涉及到的技术领域较广，要求招标人员具有较强的工作能力和宽广的专业技术知识。因此，招标机构成员必须具备如下基本条件：

(1) 熟悉国内（外）工程招标投标的法律、法规、政策，了解国内（外）工程承包市场及劳务承包市场行情。

(2) 具备工程技术、施工管理、财务、法律、金融、贸易等方面的专业知识。

(3) 具有较强的文字写作能力，对于涉外的水利工程项目，还要求成员精通一门至几门外语。

2. 选择招标代理机构

如果项目审批部门没有批准招标人自行招标，或者在涉外项目中，如世界银行和一些国际金融机构对其成员国发展项目的贷款，要求项目法人（即招标人）必须聘请一家得到世界银行认可的、有工程咨询经验的代理公司来协助项目法人进行招标的全部或部分工作时，招标人就应委托有资质的招标代理机构进行招标。水利项目涉及面比较广、项目多、合同多，还可能涉及进口设备、征地移民等法律性、政策性比较强的问题，招标时最好聘请律师事务所协助解决法律问题。中央投资项目招标代理和工程招标代理资格均分甲、乙两级，甲级可以代理任何项目，中央投资项目乙级招标代理机构可以代理总投资2亿元及以下的项目，乙级工程招标代理机构只能承担工程总投资1亿元以下的业务。

(二) 招标机构的职责

招标机构（包括招标人自行招标或委托招标）的主要职责如下：

(1) 确定工程项目招标发包范围以及承包方式，代理机构协助。

(2) 选择招标拟采用的合同类型及相应计价方式，代理机构协助。

(3) 向项目审批部门申请招标范围、组织形式、招标方式等核准事项。

(4) 制定招标工作计划，代理招标时由代理机构负责报招标人审定。

(5) 发布招标公告及投标人资格审查信息，委托招标时可由代理人负责。

(6) 编制并发售招标文件（含招标标底），委托招标时由代理人负责。

(7) 负责投标人资格审查，确定合格投标人，可与代理机构联合审查。

(8) 组织投标人勘察现场，并释疑招标文件，委托招标时由代理人负责。

(9) 按规定选择专家库，附机抽取专家，组建评标委员会。

(10) 接受并保管投标文件，代理人协助或负责。

(11) 组织开标，委托招标时由代理人负责。

(12) 组织评标，委托招标时由代理人负责。

(13) 定标，颁发中标通知书，由招标人负责。

(14) 组织合同谈判，代理人可以协助。

(15) 签订合同。

（三）选择合同类型

合同类型的选择涉及工程项目投资金额大小、工期长短和项目法人承担的风险等重大问题，因此，招标工作首先应根据项目法人（招标人）对招标的要求，综合各有关因素，认真比较分析，妥善选择合同类型，以维护项目法人（招标人）的经济利益。

1. 勘察设计招标合同类型

水利工程建设项目勘察设计承包合同主要有以下三种形式：①按审定勘察设计费总价下浮率承包；②按实物工作量，固定单价计算；③总价承包。

大中型水利工程的设计招标大多数采用按下浮率计价承包，下浮率就根据原国家计委计价格［2002］10号文规定，在0～－20%之间选择，具体可根据招标项目的实际情况选定。

2. 监理招标合同类型

水利工程建设项目监理服务合同主要有以下四种形式：①按报价的监理费下浮率承包；②按报价的监理费费率承包；③总价承包；④按监理人员年平均费用承包。

大中型水利工程的监理招标主要采用按监理费费率承包和按审定的监理费总额的下浮率承包两种形式。

3. 施工承包合同类型

水利建筑工程承包合同主要有四种形式：总价合同、单价合同、单价与部分总价合同，以及成本补偿合同。相应的价格形式可以为：固定总价、可调总价、固定单价、可调单价、固定单价与固定总价、成本加酬金（详见第八章内容）。不同的合同类型及其价格形式对工程项目产生不同的影响，合理地选择承包合同类型是招标工作最为策略性的工作内容之一，是必须谨慎处理好的关键性问题。

一般来说，施工招标合同类型的选择与水利工程的设计阶段密切相关，不同的合同类型及其价格形式适应不同的设计阶段。水利工程设计一般要经历几个阶段：项目建议书、可行性研究、初步设计、招标设计和施工图设计等。水利工程施工招标应在初步设计或招标设计、施工图设计完成后进行。

水利项目建设在不同的设计阶段工作深度是不同的，随着项目建设的进程，项目的技术经济条件就愈加明确。从水利工程的初步设计到施工图设计，工程项目的技术经济条件逐步明了，价格概算逐步明确。因此，在选择招标合同类型时，要认真分析招标阶段所提供的设计文件内容及深度、招标项目的水文地质环境条件等情况，结合合同类型的特点进行比较选择。

（1）当工程设计深度达到初步设计阶段时，一般选择单价合同、单价与部分总价合同、成本补偿合同形式比较适宜。

（2）当工程设计深度达到招标设计阶段时，一般选择单价合同、单价与部分总价合同形式比较适宜。

（3）当工程设计深度达到施工图设计阶段时，一般应考虑采用总价合同，或与之相应的固定总价的价格形式。

4. 货物（设备材料）采购合同类型

根据设备的重要性、特殊性、成套性和分散性等特点，水利工程建设项目重要设备材料采购承包合同类型一般有三种：

（1）总价合同，主要适用于设备制造周期短、成套的、通用设备的招标采购。

（2）单价合同，主要适用设备制造周期长（一年以上）、专用设备、同类设备台套数较多、备品、备件的采购招标。

（3）可调总价或可调单价合同，主要适用于设备制造周期一年以上、设备较重要、招标人注重质量的设备采购招标。

5. 科技项目招标合同类型

科学研究项目招标也是近年来开始进行探索的招标类型，由于水利科研单位具有公益性特点，水利科研项目招标开展较晚、普遍性不足。对于公益性或利用各级财政资金的科技项目，由于资金的计划性和时限性，科技项目的招标基本采用总价合同形式。

6. 设计施工总承包合同类型

水利项目设计施工总承包是近年来开始试点进行的招标类型，总承包招标范围一般包括初步设计、施工图设计、施工承包、设备材料采购到完工试运行全过程，基本相当于国际项目EPC招标承包（交钥匙工程）。其合同类型一般有两种：

（1）固定总价合同，一般以国家批准的可研阶段投资估算为控制标准，按照初步设计批准的概算数下浮一定比例进行设计施工总承包，建设过程不调整承包价格。其往往不包括征地移民部分，这部分由项目所在地地方政府负责。

（2）可调总价合同，其建立在设计施工总承包的基础上，当规定项目实施过程遭遇不可抗力或重大地质问题导致变更设计时，可对相应部门调整部分价格。

7. 代建单位招标合同类型

代建单位招标是根据国务院关于《投资体制改革的决定》而出现的一种新型招标类型。代建招标一般采用总价承包方式，根据国家批准的初步设计概算中建设单位管理费为基础进行项目管理的总承包。当然合同可能会规定一定的奖惩措施，当代建单位项目管理达到投资控制目标时，会对代建单位进行奖励。

8. 项目法人招标合同类型

项目法人招标是近年来出现的新招标类型，一般在具有垄断性、经营性并有一定经济效益的水利项目选择投资主体和项目经营人时采用。项目法人招标一般采用总承包合同类型，根据国家批准的投资概（估）算为基础进行总承包。

9. 河砂开采权（特许经营权）招标合同类型

河砂开采权（特许经营权）招标，也是水利行业近年来出现的招标类型。此类招标性质特殊，往往具有垄断的性质，一般情况下均采用总价承包合同类型，即在招标时确定固定总价，除非出现国家法律调整或项目实施过程出现危及公共安全的事件，否则不对合同价格进行调整。

（四）招标方式与评标方法选定

1. 招标方式选定

建设工程招标的方式有公开招标和邀请招标两种。对于水利工程建设项目来说，由于大多数水利工程都是使用国家资金或国家融资，是公益性基础设施，根据《招标投标法》和国家发改委、水利部有关规定，此类工程都必须公开招标。实际上，招标人在报送可行性研究报告时就要附送招标内容和核准招标事项，项目审批部门（即发展改革部门）核准招标方式、范围和招标组织形式。公益性水利工程或使用国有资金和国家融资的水利项目的招标方式经项目审批部门核准后就必须按规定招标。根据国家有关规定，水利工程招标方式的审批权限如下：

（1）勘察设计招标方式的批准。全部使用国有资金投资或者国有资金投资占控股或者主导地位的工程建设项目，以及国务院发展和改革部门确定的国家重点项目和省、自治区、直辖市人民政府确定的地方重点项目，应当公开招标。

依法必须进行勘察设计招标的建设项目，在下列情况下，经项目审批部门（发展改革部门）或有审批权的人民政府批准后，可进行邀请招标：

1）项目的技术性、专业性较强，或者环境资源条件特殊，符合条件的潜在投标人数量有限的。

2）如采用公开招标，所需费用占工程建设项目总投资的比例过大的。

3）建设条件受自然因素限制，如采用公开招标，将影响项目实施时机的。

（2）工程施工招标方式的批准。国务院发展和改革部门确定的国家重点项目和省、自治区、直辖市人民政府确定的地方重点项目，以及全部使用国有资金投资或者国有资金投资占控股或主导地位的工程建设项目，应当公开招标；有下列情形之一的，经批准可以进行邀请招标：

1）项目技术复杂或有特殊要求，只有少量几家潜在投标人可供选择的。

2）受自然地域环境限制的。

3）涉及国家安全、国家秘密或者抢险救灾，适宜招标但不宜公开招标的。

4）拟公开招标的费用与项目的价值相比，不值得的。

5）法律、法规规定不宜公开招标的。

国家重点建设项目的邀请招标，应当经国务院发展和改革部门批准；地方重点建设项目的邀请招标，应当经各省、自治区、直辖市人民政府批准。

全部使用国有资金投资或者国有资金投资占控股或主导地位的并需要审批的工程建设项目的邀请招标，应当经项目审批部门批准，但项目审批部门只审批立项的，由有关行政监督部门批准。

(3) 货物（设备材料）采购招标方式的批准。国务院发展和改革部门确定的国家重点建设项目和省、自治区、直辖市人民政府确定的地方重点建设项目，其货物采购应当公开招标；有下列情形之一的，经批准可以进行邀请招标：

1) 货物技术复杂或有特殊要求，只有少量几家潜在投标人可供选择的。

2) 涉及国家安全、国家秘密或者抢险救灾，适宜招标但不宜公开招标的。

3) 拟公开招标的费用与拟公开招标的投资相比，得不偿失的。

4) 法律、行政法规规定不宜公开招标的。

国家重点建设项目货物的邀请招标，应当经国务院发展和改革部门批准；地方重点建设项目货物的邀请招标，应当经省、自治区、直辖市人民政府批准。

(4) 其他项目招标方式选定。凡国家和有关主管部门没有明确可以实行邀请招标的项目，一般就应采用公开招标方式进行招标。

2. 评标方法选定

评标方法主要有一阶段评标法和二阶段评标法两大类。（一阶段评标法又可以分为合理最低投标价法、综合评估法、综合评议法等。）这几种评标方法都是有关法规规定可以采用的，评标方法的确定必须考虑如下几种主要因素：

(1) 工程项目的设计精度和深度（设计招标主要看前期工作的进展和基本资料的准备情况）。

(2) 水文、地质条件等不可预见因素如何。

(3) 工程规模的大小、施工条件、技术难易程度。

(4) 工程估算的价格（投资估算）高低、工期长短。

(5) 招标人资金筹备情况及时间限度。

(6) 当时、当地的工程承包市场竞争程度。

(7) 当地的物价水平和劳动力供应情况。

(8) 交通运输条件和当地建筑材料供应情况。

(9) 涉外项目，还应考虑汇率风险、国际市场情况等。

招标人和代理人应根据以上各因素，结合工程实际，认真分析各种招标形式和评标方法所需的费用、时间以及可使招标人取得报价的优劣程度，权衡各种招标形式所导致业主经济利益的得失，谨慎选择评标方法使招标人获得较好的经济利益，保证国家利益和社会公共利益的实现。以下列出水利项目的常用评标方法：

(1) 水利工程勘察设计招标评标方法，一般采用综合评估法，侧重评审投标人的技术力量、资源配置、经验业绩和设计方案的优劣。

(2) 水利工程建设监理评标方法，一般采用综合评估法，主要评审投标的技术资源配置、监理经验业绩和监理方案。

(3) 水利施工招标评标方法，对于大型项目以及技术要求高、施工条件差的项目一般采用综合评估法或二阶段评标法，评审时同时关注投标人的技术方案、经济报价和商务业绩资信；对于小型项目和技术简单、施工条件好、工期短的项目，可采用经评审的最低投标价法。

(4) 水利工程设备材料即货物招标评标方法，大中型水利工程重要专用设备采购大多采用综合评估法，小型工程设备和通用设备采购可采用经评审的最低投标价法。

(5) 设计施工总承包招标和项目法人招标评标方法，可采用二阶段评标法或综合评估法。

(6) 资源开发、特许经营权招标评标方法，基本上采取二阶段评标法。

(7) 代建单位招标、科技项目招标评标方法，一般采用综合评估法。

(五) 制定招标工作计划

招标项目经项目主管部门批准，确定项目招标范围、形式、方式，并达到招标投标法规规定的招标条件后，招标人或其委托的招标代理人应根据我国现行法规和国际惯例对整个招标工作进行安排，具体内容主要包括：

(1) 拟定完成编制招标文件时间（含标底编制）。

(2) 发布招标公告的时间、媒体。

(3) 潜在投标人报名时间、地点。

(4) 发售资格预审文件的时间、地点。

(5) 潜在投标人交送资格预审文件的时间、地点。

(6) 完成投标人资格预审的时间。

(7) 发售招标文件的时间、地点。

(8) 招标文件答疑、澄清的时间规定。

(9) 现场考察时间、地点。

(10) 开始投标到截止投标的时间。

(11) 投标文件递送的时间、地点。

(12) 选用的专家库和评标专家随机抽取时间。

(13) 开标时间、地点。

(14) 评标到决标的时间（地点保密）。

(15) 颁发中标通知书时间。

(16) 合同签订时间。

招标文件（设置标底时，含标底编制）编制完成时间应根据工程项目的大小、复杂程度和招标机构工作情况来确定。如果设置标底，标底编制的时间不能太早，否则难于保密，目前国家鼓励实行无标底招标。公告时间，根据《招标投标法》以及国家发改委、水利部有关规定和惯例，从发布招标公告到报名时间，大中型水利工程不少于10日，小型水利工程一般不少于5日。资格预审文件编制时间从发售资格预审文件之日起截止提交资格预审文件时间，一般为5～10日。资格预审文件或招标文件发售时间为：从开始发售资审文件或招标文件之日起至停止发售资审文件或招标文件时间不少于5个工作日。招标人对已发出的招标文件进行必要的澄清或者修改的，应当在招标文件要求提交投标文件截止时间至少15日前。从招标文件开始发出之日至投标人截止投标文件之日，最短不少于20日，大中型水利工程建议一般不少于30～45日，技术特别的复杂工程建议不少于60日。

开标时间与提交投标文件的截止时间同一时间公开进行。评标应在开标后立即进行，评标时间根据工程规模大小、技术复杂程度、投标人数的多少，一般为 1～10 日。评标到决标时间一般为 30 天（具体要按照招标文件规定的投标有效期确定）。招标人和中标人应当自中标通知书发出之日起 30 天内，按照招标文件和中标人的投标文件订立书面合同。依法必须进行招标的项目，招标人应当自确定中标人之日起 15 天内，按隶属关系向有关行政监督部门提交招标投标情况的书面报告。

第五节　招标公告和资格预审

发布招标公告，进行资格预审，是项目招标投标的一个重要环节，对实行公开招标的项目来说，资格预审关系到潜在投标人是否获得投标资格的重大问题。对于实行邀请招标的项目来说，一般进行资格后审。采用公开招标方式的，招标人应当发布招标公告，邀请不特定的法人或者其他组织投标。依法必须进行招标项目的招标公告，应当在国家指定的报刊和信息网络上发布。采用邀请招标方式的，招标人应当向 3 家以上具备承担招标项目能力、资信良好的特定的法人或者其他组织发出投标邀请书。资格预审时应首先按照规定在指定媒体上发布资格预审公告或招标公告。

一、招标公告的编制和发布

1. 招标公告编制

根据《招标投标法》，建设项目凡实行公开招标的，应发布招标公告。水利工程建设项目的招标，大多数属于应依法公开招标的范围。可以说，招标公告的发布是水利工程招标投标的开始，是招标投标程序启动的标志。根据国家招标投标法规的有关规定，招标公告至少应包含如下内容：

（1）招标人的名称和地址。

（2）招标项目的内容、规模、资金来源。

（3）招标项目的实施地点和工期。

（4）获取招标文件或者资格预审文件的地点和时间。

（5）对招标文件或者资格预审文件收取的费用。

（6）对投标人的资质等级和条件要求。

2. 招标公告的发布

对于依法必须实行公开招标的项目来说，国家发改委、各省发改委及有关部门对此有明确的规定：

（1）招标公告由招标人或其委托的招标代理机构负责拟定。

（2）招标人或其委托的招标代理机构应当保证招标公告内容的真实、准确和完整。

（3）拟发布的招标公告文本应当由招标人或其委托的招标代理机构的主要负责人签名并加盖单位公章。

（4）招标人或其委托的招标代理机构发布招标公告，应当向指定媒介提供营业执照（或法人证书）、项目批准文件的复印件等证明文件。

(5) 招标人或其委托的招标代理机构应至少在一家指定的媒介发布招标公告。有些省级政府要求在两家以上指定媒体发布公告。指定报纸在发布招标公告的同时，应将招标公告如实抄送指定网络。

(6) 招标人或其委托的招标代理机构在两个以上媒介发布的同一招标项目的招标公告的内容应当相同。

(7) 对于中央或省级审批的建设项目，必须招标的项目应同时在国家发改委和省级发展和改革部门指定的媒体上发布招标公告；地（市）、县审批的项目，应在省级发展和改革部门指定的媒体发布招标公告，也可以同时在地方发展和改革部门指定的媒体上发布相同的招标公告。

(8) 指定报纸和网络应当在收到招标公告文本之日起7日内发布招标公告。指定媒介应与招标人或其委托的招标代理机构就招标公告的内容进行核实，经双方确认无误后在规定的时间内发布。

(9) 根据国务院授权，目前国家发改委指定的发布招标公告的媒体有4家，分别是《中国日报》、《中国经济导报》、《中国建设报》、《中国采购与招标网》（http://www.chinabidding.com.cn）。其中，依法必须招标的国际招标项目的招标公告应在《中国日报》发布。

二、资格预审

（一）资格预审基本含义

所谓资格预审，是指在项目招标过程中对潜在的投标人是否具有适合承担本项目的能力和资格条件，按国家有关规定和招标项目的特点对其进行审查的一种程序。资格预审适用于公开招标，资格预审合格的投标人将获得投标资格。

（二）资格预审目的

对投标人资格预审就是投标之前对参与本项目的各投标人资格、能力、经验等进行审查。目的是确保本项目的全部投标人具有符合国家规定的、与本项目相适应的资质或资格，具有足够的技术资源、设备物力、财力和经验承担招标项目的承包任务。

对投标人进行资格预审有以下作用：

(1) 有利于招标人选择到技术实力雄厚、信誉好、有经验的承包人。通过资格预审，可以将投标竞争控制在技术力量强、财务状况良好、有信誉、有经验的承包人范围内，经过他们之间的公平、合理的竞争，使招标人获得较为合适的价格，保证招标项目实现质量、安全、进度的统一。

(2) 有利于招标人节省评标阶段的费用和时间。进行资格预审，对投标人进行初步筛选，保证投标人的质量，同时也减少投标人数量，因此必然会大量减少评标所需的费用和时间。

(3) 有利于后期招标工作的顺利进行。通过对投标人的资格预审，可以间接了解投标人对本工程项目的重视程度，以及各潜在投标人的技术力量、经验、信誉、财务状况、市场竞争状况等，进一步弄清本项目招标条件的合理性，使招标人对招标文件和合同条款进行改进，从而更好地做好招标工作，有利于后面的合同管理。

（三）资格预审组织机构

根据项目法人责任制的原则，项目招标资格审查应由招标人（项目法人）负责，任何部门、机构和个人均不得干预。但对于资格预审的组织机构究竟如何设置、有哪些人参与比较合适，目前各地有不同做法，甚至比较混乱。基于目前水利工程项目的实际，根据有关法规，水利项目资格预审的组织机构可有如下两种方式组建：

（1）由招标人和招标代理机构中的工程技术人员、经济管理人员、财务人员和法律顾问人员以及监理工程师组成（当然监理招标时，监理工程师肯定不能参加）资格预审委员会，成员为5人以上单数。此种方式适用于小型项目的招标资格审查。

（2）招标人代表或招标代理人代表占1/3，在有关专家库中抽取或聘请工程、经济、法律等方面的专家不少于2/3，组成资格预审委员会。建议采用：①招标人＋招标代理＋专家的方式；②全部由专家担任资格评审委员。评审委员会人数应根据工程规模大小和技术复杂程度来决定，一般为5人以上单数。这种方式适用于大中型水利工程和资源开发利用项目或特许经营项目的招标资格审查。

（四）资格预审文件的主要内容

无论是设计、监理、施工、设计施工总承包招标，还是设备材料采购、科技项目、代建单位、项目法人、特许经营、河砂开采、资源开发利用招标，资格预审文件一般包括如下内容：

（1）招标项目概况。

（2）招标项目规模和主要技术参数。

（3）招标项目和招标范围。

（4）招标项目的审批情况。

（5）招标工作准备情况。

（6）资金来源及落实情况。

（7）对潜在投标人权利能力要求，即要求潜在投标人提供的具有独立订立合同的资格，包括企业法人营业执照、资质证书和项目经理资格等。

（8）对潜在投标人履行合同能力的证明，包括技术、人员、机械设备、管理服务水平、资信证明等。

（9）要求投标人提供其没有被法律法规禁止的各种情况证明。

（10）对项目质量和安全的要求。

（11）对投标人业绩和经验的要求。

（12）对投标人各种认证的要求。

（13）资格预审的各种格式文件要求。

（五）资格预审文件编制时间

水利工程资格预审文件的编制时间，目前的法规都没有明确规定，应根据工程规模大小和要求的情况来定，一般5～10天，大型或技术较复杂的工程项目应有15天以上。这样，潜在投标人才有时间做好资格预审文件，特别是对于外地的投标人来说，不给予一定的时间，其根本不可能来，实质上也是对外地投标人的歧视表现，不符合《招标投标法》

规定的公平原则。

资格预审文件的递交时间和地点，预审文件一定要明确一个时间段，使潜在投标人能够按规定准时递交，也可避免发生纠纷；地点要注明详细的县、区、镇、路名、街道、门牌号、建筑物名称、楼层、房间号等。

（六）资格预审主要评审方法

对于水利项目来说，一般有简单评审法和综合评审法，前者适用于小型水利工程，后者适用于大中型或条件复杂、技术要求高的项目或资源开发利用、特许经营项目。

（1）简单评审法，是指在实行公开招标的小型水利工程的资格审查过程中，对资格预审文件作简单的规定，或将资格预审文件内容直接刊登在招标公告上，招标人和其委托的招标代理人组成评审组或评委会对潜在投标人递交的资审文件作直接的判断。根据有关法规的规定，对照资格预审文件规定的条件，直接判断决定合格投标人。

（2）综合评审法，是指在实行公开招标的大中型项目、技术要求较高的项目、资源开发利用和特许经营项目招标的资格审查过程中，招标人根据项目规模、等级和技术复杂程度，按照国家资质管理规定或资格要求，编制完善的资格预审文件，对潜在投标人的组织机构、技术、人员、设备、管理服务水平、履约能力、资信证明、资质等级、法人资格、各种认证条件、业绩、经验、财务状况等，分别赋予一定的分值，以综合评分达到资格预审文件规定的分值（如 60 分、70 分、80 分）为合格投标人的一种评审方法。综合评审法一般采用百分制，各项评审指标分值累计为 100 分。

（七）资格评审标准

水利项目招标资格预审采用综合评审法，具有可操作性，可更好地贯彻公平、公开、公正和诚实信用的原则。对于大中型工程和技术要求高的项目应该采用此法。综合评审法的评分项目和标准一般包括：投标人的资格和机构、投标人的资源配置、投标人的经验、投标人的质量安全体系、投标人的资信和信誉五大部分。各部分所占的权重分值，应根据不同的工程等级、水文条件、地质条件、施工条件、技术复杂程度来决定：对于技术要求高、地质条件复杂的工程，资格预审的评审标准重点应放在技术力量、配套设备和经验方面，即这几方面的分值权重应较高，反之则较低；对于规模大、等级高、技术要求高的项目，应咨询有关专家的意见后再决定各部分所占权重。

对资格审查的合格标准分数线，应在充分咨询专家意见的基础上，全面考虑国内的市场情况、工程的难易、潜在投标人的数量、竞争情况等因素后综合确定。以下对主要评审项目给出分值（百分制），供参考。

1. 投标人的资格和机构（建议 10～15 分）

（1）投标人的资质和资格。

（2）投标人总部的组织机构。

（3）与本项目有关的组织机构。

（4）对本项目基本情况的了解和分析。

（5）组织机构的总体经验。

（6）组织机构在当地的适应能力。

2. 投标人资源配置（建议 25～35 分）

（1）参加本项目的项目负责人资格和经验。

（2）参加本项目主要人员的资历和经验。

（3）投入本项目的技术力量和专业配备。

（4）对参加本项目人员的培训计划。

（5）投入本项目的各种机械设备。

（6）计划分包商或协作方的资格和能力。

（7）其他可利用的各种资源。

3. 投标人经验（建议 25～35 分）

（1）投标人的一般水利项目经验。

（2）投标人的类似项目经验。

（3）投标人正在实施的项目情况。

（4）投标人创优的经验。

（5）文明服务的经验。

4. 投标人的质量安全体系（建议 10～20 分）

（1）投标人的质量资格和质量体系。

（2）投标人的安全认证和安全保证体系。

（3）投标人对员工质量、安全的培训计划。

（4）投标人在近期无发生质量、安全事故的证明。

5. 投标人资信和信誉（建议 8～15 分）

（1）投标人的资信等级。

（2）投标的履约信誉。

（3）投标人的财务状况。

（4）投标人的业绩证明。

（5）投标人的履约能力证明。

（6）投标人无违法违规情况的证明。

（八）资格预审过程中应注意的问题

1. 预审公告必须充分公开

项目公开招标的资格预审公告必须按照原国家计委 4 号令、水利部 14 号令的有关规定编制，公告必须在国家和省有关部门指定的媒体上公开发布。对于公告发布的时间，从招标公告发布之日起至报名之日止，大中型项目和资源开发利用、特许经营项目招标一般应不少于 10 天，小型项目应不少于 5 天。至于是否在国家和省指定的媒体之外发布公告，由招标人自主决定。

2. 必须贯彻合法公正原则

资格预审文件必须严格按照国家有关法律法规的规定并结合项目实际来编制，不得故意限制潜在的投标人。按照国家有关招标投标法律和国务院、国家发改委等有关规定，以下几种行为都是不合法的：

（1）以在当地主管部门注册、登记、备案、投标许可，作为报名条件。

(2) 以在当地的工程经验作为资格预审评分加分条件。

(3) 以获得当地主管部门或行业部门的奖励作为加分条件。

(4) 以进入当地建筑市场时间的长短作为报名条件。

(5) 以行政手段作为限制投标人数量的依据。

(6) 以超过一定数量的投标人后就以报名的先后顺序作为合格条件。

(7) 以投标人获得国家有关部门颁发的双重资格(如同时具备监理和招标代理资格)作为加分条件。

(8) 以抽签、摇号等博彩性方式进行资格审查。

(9) 限制有资质、有能力投标人报名若干个标段。

3. 必须坚持公平原则

在项目公开招标过程中,资格预审是一个非常重要的阶段,它直接关系到潜在投标人的投标资格,是一个入门的条件。资格审查的标准必须在资格预审文件中完全公开,不得隐瞒,不能针对不同投标人提出不同的资格审查条件;不得在资格评审过程中另搞一种评审办法;没有公开的资格预审方法和标准不得成为评审依据。只有这样,对潜在投标人才公平、公正。

4. 贯彻诚实信用原则

由于水利项目的特殊性和公益性,水利项目资格预审文件编制,除必须按国家规定编制资审文件之外,对项目的实际情况必须如实披露,如项目审批情况、资金落实情况、工程前期准备情况等;另外,对潜在投标人资格预审材料也必须贯彻实事求是原则,对于提供虚假资料的潜在投标人必须在资格预审文件中明确规定:凡提供虚假资料的,一经发现应按资格审查不合格处理。

5. 执行保密和回避制度

由于资格评审直接关系到投标人的投标资格和可能获得的经济效益,可能使一些投标人想尽办法对评审委员施加影响。因此,为了避免不必要的干扰,招标人应采取必要的保密措施,对评审委员的名单和评审的地点严格保密,使评审委员会能够公平、公正地评出真正合格的投标人。同时,为了公平起见,资格预审委员会也应实行回避制度,对于符合原国家计委、水利部等七部委 12 号令第十二条规定的评标专家的回避条件,同样适用于参加资格评审的委员。

第六节 几种新招标类型介绍

随着项目投资体制和建设管理体制改革,特别是 2004 年 7 月《国务院关于投资体制改革的决定》颁发实施以来,出现了几种新型的招标项目和类型,最主要的几种招标类型有:代建单位招标、河道采砂权招标、项目法人招标、设计施工总承包招标等,这里对近几年水利行业新出现的招标形式作一介绍。

一、代建单位招标

(一) 代建制及其招标性质

所谓政府投资项目“代建制”,是指政府投资项目经过规定的程序,委托有相应资质的工程管理公司或具备相应工程管理能力的其他企业，代理投资人或建设单位组织和管理项目建设的制度。可见，代建单位招标就是选择一个项目管理企业在建设过程中代行项目业主的职能，负责对代建项目的建设组织实施，其实质就是建设管理服务。因此代建单位招标属于服务招标的性质，其标的就是项目服务。

（二）代建制的基本模式和实施方案

1. 代建制的基本模式

目前，实施代建制的模式主要有以下三种。

（1）直接代建模式，即由政府投资主管部门采用招标投标方式选定一个项目管理公司作为代建单位，然后由作为“代理人”的该代建单位，与作为“被代理人”的使用单位签订“代建合同”，投资主管部门不参与到具体代建合同中去。这主要是重庆、宁波、厦门和贵州等地代建制试点采用的模式。

（2）项目法人模式，即在政府投资主管部门下面，设立具有法人资格的建设工程项目法人，或者指定一个部门作为“项目业主”，由项目法人采用招标方式选定一个项目管理公司作为“代建单位”，再由项目法人作为委托方与“代建单位”（受托方）签订“代建合同”。这主要是上海、安徽、海南、深圳等地的代建制试点采用的模式。

（3）三方代建模式，即由政府投资主管部门出面招标，并由投资主管部门作为招标人与代建单位、使用单位签订“三方代建合同”，投资主管部门直接参与到代建合同中去。这主要是北京、武汉、浙江等地代建制试点采用的模式。

2. 代建制管理方案

在具体实施代建制的各种模式中，主要存在以下两种代建管理方案和形式：

（1）全过程代建，是指代建单位根据批准的项目建议书（或者直接从项目建议书开始），从工程的可行性研究报告、初步设计、建设实施至竣工验收实行全过程代建管理。代建开始的节点可以安排在编制项目建议书或可行性研究报告这一点上，代建结束的节点安排在项目竣工验收合格之后或合同中设定为项目保质期满之时，整个项目建设全过程均由代建人负责完成。

（2）两阶段代建，也叫两段式代建，是将建设项目拆成项目前期代建和项目后期代建两个阶段。项目前期代建是从编制项目建议书开始至项目施工总包、监理通过招标方式确定为止；项目后期代建即工程代建一般从报批开工报告（或申领项目开工许可证）开始至项目竣工或施工保质期结束。这两个阶段的代建分二次委托二次招标选定代建单位。

（三）代建单位招标人与投标人

1. 代建项目招标人

根据我国现行工程项目投资建设管理体制，就公益性水利项目来说，其项目立项和管理，主要由各级发展改革行政部门和水行政主管部门负责，水行政主管部门负责项目的技术审查审批和行业监督管理，发展改革行政主管部门负责水利项目的立项批准、投资计划安排和重大项目的稽查，是水利项目的投资主管部门。因此，对于水利项目代建制的推广实施，发展改革行政主管部门和水行政主管部门都负有直接的责任和管理的权利。对于代建项目招标人来说，现阶段我国主要有两种形式：一种情况是由各级发展改革行政主管部门和水行政主管部门作为国家出资人代表履行项目联合招标人的角色，这是合适而且必需的。根据《招标投标法》对招标人的规定："招标人是依照本法规定提出招标项目、进行招标的法人或者其他组织。"法律对招标人的要求较为宽松，因此现阶段发展改革部门和水行政主管部门作为水利工程实施代建制招标是合法的，也是符合目前我国国情的。另一种情况是由政府成立代表国家出资人的事业法人（如代建管理局）作为代建单位招标人和出资人，这更能体现政事分离的改革方向，也避免了自己管自己的缺陷和弊端。

2. 代建项目投标人

代建制的实施，较好地解决了政府投资项目中"投资、建设、管理、使用"四不分的问题，但是如何确定代建人资格条件，关系到代建招标的成败。目前国家对代建人（单位）没有规定专门的资质条件，对于专业性很强的水利工程建设，代建人究竟应该具备什么资格条件？其法律地位又如何？根据原建设部《建设工程项目管理试行办法》规定，结合水利工程的专业性、复杂性等特点，承担水利工程项目的代建单位，其资格条件应该具备水利水电工程勘察设计、施工、咨询、监理的一项或几项资质，同时应有与水利水电工程代建项目规模相适应的勘察设计、施工、咨询、监理的一项或多项经验，具有良好的经营业绩和资信能力。

中标后代建人的法律地位方面，应授予代建人相当于业主的管理职能，公益性项目授予相当于"代政府业主"的一定职能，规定其必要的职权和相应的义务，这样才有利于代建项目的有效管理和专业化管理。当然，代建人的具体法律地位最好应由法规或政府主管部门给予明确规定，并在代建合同中予以体现。

（四）代建单位招标需注意的问题

1. 选择代建的模式和合同形式

代建单位招标，首先应该确定采用哪一种代建模式和合同形式。代建模式和合同形式直接关系到代建招标文件的编写和确立。基于水利工程建设工期长、技术复杂、程序严格、涉及部门多、关系复杂等特点，在现行水利工程建设管理体制下，水利项目代建制模式宜采用二阶段代建模式或全过程代建模式。前者较适宜于大型、技术复杂的水利项目，后者较适宜于规模适中的项目。在代建制的试点阶段，建议采用二阶段代建模式，在水利工程的初步设计批准后才开始进行代建招标。

代建合同可采用三方代建模式，即由出资人、代建人与使用人三方签订代建合同，合理确定投资人、代建人和使用人的权利与义务，出资人应敢于放权，充分发挥代建人的能动性，并明确使用人一定的协助责任和义务，调动其积极性，正确处理好出资人、代建人、使用人之间的关系，这样才能真正克服"投资、建设、管理、使用"四不分的体制缺陷，体现代建制的优势。

2. 合理划分联合招标人的事权

在水利工程代建单位招标中，如果由履行投资人职能的发展与改革部门和水行政主管部门作为代建招标的联合招标人，那么必须在招标文件中合理确定联合招标人的事权，这样有利于项目建设的顺利进行。根据现行投资与建设管理体制，作为国家投资主管部门的发展与改革部门在水利代建制实施过程中主要负责国家投资的计划安排和落实，并对代建单位进行监管，协调项目实施过程涉及的有关政府部门关系，对重大水利建设项目进行稽查；水行政主管部门负责代建项目的技术审查，提出投资计划建议，负责建设项目实施过程的监督管理，对代建方和建设各方进行监督，协调有关关系。

3. 代建单位的职权问题

代建单位在代建制实施过程中居于何种地位，被赋予什么样的权利，直接关系到代建制的实施效果，关系到代建目标能否顺利实现，是代建招标过程中必须明确的事情。代建制的实施就是要解决投资建设管理中“投、建、管、用”四不分的问题，引入专业化的代建单位行使建设管理的重任，其法律地位有待国家政策法规来明确。就水利工程代建项目而言，应赋予代建人如下职能：

(1) 受出资人及业主委托，全面实施代建项目建设管理。

(2) 负责项目报批，办理各种审批手续。

(3) 负责组织各种招标，选择勘察、设计、施工、监理、咨询、材料设备等单位。

(4) 协调征地拆迁和移民安置。

(5) 承担工程建设过程中各种合同签约权。

(6) 对投资、质量、进度、安全、文明施工进行控制，负责合同及信息管理。

(7) 全面协调建设过程的各方关系。

(8) 工程价款的审核支付权。

(9) 负责建设过程各种资料记录并整理归档，组织竣工验收。

(10) 负责工程完工移交。

4. 代建投标保证和履约保证

考虑到承担代建项目的单位大多数均为设计、监理或咨询单位，都属于咨询服务类的企业，国家对此类企业的注册资金要求比较低（大多只有几百万元），因此这些单位参加代建单位投标时，要求他们按代建项目的总投资比例来出具投标保证和履约保证是不现实的。一般认为：代建单位招标应该在规定一定资质和注册资金的基础上，按照代建费总额的一定百分比来确定履约保函金额，建议按不高于代建费合同价的2%、最高不超过30万元确定；代建人履约保函金额建议按不高于代建费合同价的2%、最高不超过100万元，或者按代建人注册资金的一定百分比确定。

5. 代建费用和奖惩机制

目前国家价格主管部门还没有对代建单位的收费标准作出规定，根据代建人在代建过程中履行建设单位职能的情况，现阶段较有借鉴意义的标准就是项目概算中建设单位的管理费。因此，建议代建费用标准按项目的建设单位管理费来控制。对于一些工期较长、建设单位管理费较少、代建费用不够的项目，建议报经有关主管部门批准后在招标节余款或预备费中开支。

根据市场经济规律，在代建合同中应引进对代建人的奖惩机制，例如可在代建合同中明确：如果代建人在确保达到合同规定的质量、进度、安全等目标的前提下，节约了投资并低于合同规定的投资控制数，则应按节余数额给予一定比例的奖励，奖励的额度应该经国家投资和财政主管部门批准；如果决算投资超过投资控制数、低于批准概算投资数，则不奖不罚；如果决算投资超过批准概算投资数，超过部分由代建单位从银行履约保函中抵扣。对因代建单位原因造成工期拖延或工程质量等问题的，应予以罚款，罚款金额在代建合同中明确，但不应高于其注册资金数额。

二、河砂开采权招标

（一）河砂开采权招标性质

河砂开采权（以下简称“采砂权”）招标，是国家河道主管部门按照法规有关规定对国家所有的河流范围内的砂土，按照国家有关法规规定和招标要求，出让采砂权，收取采砂权出让金，选择采砂权人的一种方式。由于河砂属国家所有，其具有较高经济价值，又有资源稀缺性的特点，其采掘和供应既关系到各行各业的经济建设，也事关河道安全、行洪安全和航道安全等，因此河砂采掘经营权招标实际上属于特许经营权招标的范畴，是一种资源型的特许经营招标。其招标既要符合国家招标投标的法规要求，也要符合国家和地方有关河道管理和采砂管理的规定。

（二）采砂权招标范围和经营期

1．采砂权招标范围

由于河砂属于国家所有的稀缺性资源，因此凡在国家管理的河道范围内，用于经营性的河道采砂，均应实行招标方式选择采砂权人。具体到某个省市，应根据地方性法规规定来确定采砂范围。一般地，国家和省管河道以及各市、县水行政主管部门规定颁发采砂许可证的河道均应实行招标。从采砂数量上来说，建议经营性采砂达到市场价值100万元以上的均应通过招标选择采砂权人。

2．采砂权经营期限

采砂权的招标经营期限，应根据河砂的形成规律和对河道采砂许可证的管理规定，按照确保河道安全、有利经营、有利招标的原则决定。采砂权的期限一般不应短于半年，以半年到一年为宜，最长不超过一年。采砂权授予应符合有关河道采砂许可证有效期的管理要求，并在招标文件上明确办理条件和管理办法。

（三）采砂权招标人与投标人

1．采砂权招标人

根据《河道管理条例》和有关地方规定，河道采砂许可证由各级人民政府水行政主管部门颁发，因此，河道采砂权招标人应该为：具有相应河道管理权和采砂许可证发证权的各级水行政主管部门或者其委托的部门。

2．采砂权投标人

由于国家没有对采砂实行资质管理制度，因此根据招标投标的有关规定和地方有关规定，采砂权投标人至少应满足如下条件：

（1）有经营河砂业务的营业执照。应该是法人营业执照。

（2）有符合规定的采砂作业方式和作业工具。

（3）没有违法采砂记录，应有投标人所在地水行政主管部门出具的证明材料。

（4）用船舶采砂的，船舶证书齐全，并且要求投标人自己所有。

（5）具有与采砂经营相适应的技术和管理人员。

（6）财务状况良好，应提供注册会计师事务所出具的近年财务审计报告。

（四）采砂权招标应注意的问题

1. 投标人资格审查

对采砂投标人的资格审查是一项十分严肃的工作，事关采砂权招标的成败和投标人的权利，必须按照公开、公平、公正的原则对投标人进行资格审查。资格条件、内容、评审方法和标准应该全部公开，不得有所隐瞒，招标公告应该根据发展改革部门的规定在指定的媒体上公开，公告时间一般不应低于5天。资格审查可以采用简单评审法和综合评估法。为保证采砂的有效管理，应要求具有企业法人资格和符合其他资审条件要求的单位才能参与，个人和非法人单位不能参加投标。

2. 投标保证和履约保证

投标保证和履约保证，是《招标投标法》规定的投标人应该履行的一项投标履约义务，也是为了保证招标顺利和合同履行的一个重要条件。采砂权投标保证金可按采砂出让金的百分比来确定。考虑到采砂权的垄断性，可适当提高投标保证金比例，但一般不超过投标价的50％并且不超过投标企业注册资金总额；对于标的较小的采砂权招标，投标保证金比例可提高至投标价的70％。履约保证金也可按照采砂权出让金的百分比来确定，一般为采砂权出让金（即合同价）的10％～20％。

3. 关于标段划分

采砂权招标不宜划分太多的标段，标段太多不利于河道安全和管理，标段太少则不利于适度竞争。一般应根据河流管辖范围、地理位置、市场供应、主管部门批准的采砂规划、保证河道安全、有利监督管理的原则进行标段划分。

4. 关于投标报价

鉴于河砂开采权招标的垄断性和资源稀缺性，采砂权投标竞争较为激烈。而为了确保河势稳定和防洪安全，采砂数量是确定的，不能无限制挖取河砂，因此，采砂权招标应控制最高限价，同时为了招标可控、有利评标，对最低报价也应进行限制，即规定最低限价。最高和最低限价的确定，应根据流域所在地区河砂开采条件、运输条件、市场情况，以及河砂单价预测、专家评估、有利竞争等因素综合确定。

三、项目法人招标

（一）项目法人招标性质

所谓项目法人招标，一般是指对具有垄断性、经营性、有合理回报及有一定投资回收能力的公益事业、公共基础设施项目的开发利用和经营管理权，通过招标来确定投资主体、开发权人和经营管理人即项目法人的行为。实质上，基础设施项目法人招标就是为吸引非政府投资主体参与经营性基础设施项目投资、建设和经营，政府或其授权机构在确定项目的建设目标、建设规模、建设标准以及政府出资方式（包括直接投资、补贴、贷款、贴息或担保等多种方式）等内容后，通过公开或邀请招标的方式择优确定项目的投资者（或项目法人），并由中标的投资者自主进行项目决策、融资、建设以及今后的运营和维护。

（二）项目法人招标范围

对水利行业来说，项目法人招标主要涉及水资源开发利用、保护、供水、发电和综合利用项目，通过招标择优选取该项目法人，由该项目法人负责对项目的策划、资金筹措、建设实施、生产经营、债务偿还和资产的保值增值等实行全过程负责。水利项目法人招标范围主要包括：

(1) 以发电为主要任务，兼有防洪灌溉效益的项目。

(2) 以防洪为主，兼有发电灌溉航运效益的水利枢纽。

(3) 以供水为主，兼有防洪灌溉发电效益的供水枢纽。

(4) 以灌溉供水为主，兼有防洪发电效益的水利枢纽。

(5) 纯供水项目。

(三) 招标人与投标人

1. 项目法人招标人

对水利项目法人招标而言，其招标范围主要是供水、发电或兼有防洪灌溉供水发电的项目，而水行政主管部门代表国家对水资源实施统一管理，因此，水利项目法人招标人一般就是各级水行政主管部门或各级政府的授权机构（如流域管理机构或其他水管单位）。

2. 项目法人投标人

在项目法人招标中，中标的项目法人要自主进行项目决策、融资、建设以及后期的运营和维护，因此项目法人招标的投标人必须具有企业法人资格，具有一定资金实力、融资能力和技术力量，如针对水利行业项目法人招标，投标人须具备水利技术管理力量，并有经营管理的相关经验。具体要求由招标人根据项目的实际情况和市场竞争条件等因素决定，并在招标公告或资格预审文件中规定。

(四) 项目法人招标应注意的问题

1. 投标人资格审查问题

由于水利项目法人招标一般是针对具有垄断性、经营性、有合理回报及一定投资回收能力的水利基础设施项目，确定其投资开发利用和经营管理主体即项目法人，一旦确定了项目法人，就意味着招标项目的投资开发经营权由该项目法人垄断经营，因此，项目法人招标的投标人必须慎重选择，应设置较高的资格条件门槛和严格的资格审查程序。资格审查方法一般采用综合评估法，除首先具备企业法人资格外，审查的主要侧重点应为注册资金、流动资金、融资能力、技术力量、管理能力、水利项目经验等。

2. 投标保证和履约保证问题

由于项目法人招标的垄断性和经营性特点，笔者建议其投标保证金应为项目投资总额的5%～10%，并且可规定投标人应有一定的融资能力，即具有银行授予的授信额度。一般来说，其银行授信额度应不少于该项目应投入经营的资金额度（即除去政府补助资金后的项目建设需要资金额）。

项目法人招标的履约保证金关系到合同目标能否顺利实现，结合项目招标的特殊性，建议项目法人招标的履约保证金为项目投资总额的10%～30%。

3. 招标项目经营期限问题

目前国家对水利项目法人招标项目的经营期限还没有具体规定，参照原建设部和有关地方规定，水利项目法人招标项目的经营期限一般为30年，最长不超过40年期限。

4. 公共利益保证问题

水利项目法人招标项目一般都兼有防洪、灌溉、发电、供水、改善水环境等综合社会效益与经济效益，因此，在项目法人招标合同中，应明确防洪、灌溉、供水、改善水环境任务的保证落实措施条款，应明确在任何情况下中标项目法人应该服从政府防汛抗旱指挥机构和水行政主管部门的调度指挥，首先保证防汛抗旱和灌溉任务完成，确保人民群众的生命财产安全和社会稳定。同时，合同中也应明确政府补助资金的使用与管理办法，确保政府投资不被挪用，明确项目法人违反合同条款的制约措施，保证项目按期顺利完成。

第三章　招 标 文 件 编 制

第一节　招标文件编制概述

一、招标文件编制组织

招标文件是招标人向投标人（即供应商或承包商）发出的，旨在向其提供编写投标文件所需资料并向其阐明招标投标的规则、程序、评标标准和方法、合同条款等内容的书面文件。招标文件是招标投标过程中最重要的文件之一。招标文件的编制，是项目整个招标过程的基础准备，也是招标工作的重要环节。招标文件的编写，涉及专业技术、造价、商务、经济、法律等各方面的专门知识，是一门综合性的工作，因此国家对不同类型招标项目的招标文件编制有相应的要求。可以编写招标文件的组织机构有四类：

（1）有能力的招标人。

（2）有相应资质的招标代理机构。

（3）有招标咨询资质的咨询机构。

（4）有相应资质的设计单位。

一般情况下，招标文件的商务部分由招标代理人或招标人编写，技术部分由项目设计单位提供。当然，也可全部由招标人或代理人编写。通常在发布招标公告或发出投标邀请书前，招标人或其委托的招标代理机构就应根据招标项目的特点和要求基本编制好招标文件。

二、招标文件编制的主要依据

一般地，无论哪类项目的招标文件，其编制依据主要有如下内容。各类招标文件编制的具体依据详见本章各节内容。

（1）《招标投标法》和有关招标投标行政法规、部门规章和地方性法规等。

（2）与招标投标有关的工程征地移民、质量法规、安全法规、劳动法规、环保法规、保险法规、税收法规以及与招标项目相关的各专门法规。

（3）国家技术规范和行业技术规范、标准。

（4）国家有关部门颁布的招标文件范本和标准合同条款。

（5）招标项目的国家批准文件，主要有规划批文、项目建议书批文、可行性研究报告批文、初步设计批文等。

（6）招标项目的各种设计文件，主要是项目建议书、可行性研究报告、初步设计文件、招标设计文件和图纸、施工图设计文件和图纸等。

（7）有关项目所在地的社会、经济、地形、水文地质、环境条件、建筑材料供应情况、交通运输条件、物价水平、劳动力供应情况等。

（8）国家、部门和地方有关部门颁布的有关概预算定额和编制规定，以及设备材料价格信息等。

（9）招标人对项目进度计划要求、投资控制要求、质量安全目标等其他要求。

（10）招标人签订的与招标项目有关（如先期招标项目等）的合同文件。

（11）与招标文件编制有关的其他资料。

三、招标文件编制的主要步骤

无论是项目法人自行编制招标文件，还是招标代理机构、咨询单位、设计单位编制招标文件，其一般包括如下步骤：

（1）成立招标文件编写工作组或项目组。

（2）明确招标文件编写分工，一般可分为技术条款编写、商务文件编写和报价文件编写等三个小组。

（3）收集招标文件编写资料，主要包括：相关法律法规，技术规范，项目设计文件和图纸，项目审批文件、审查文件、咨询文件，项目所在地社会经济资料，当地水文、气象、交通、劳动力、原材料供应、水电供应等条件，当地市场竞争情况、物价水平，有关报价资料，项目法人或上级有关部门对项目质量、投资、进度控制和安全管理等方面的要求。

（4）按照分工，分别进行技术、商务和报价文件的编写。

（5）各部分、各专业招标文件编写沟通与协调。

（6）就有关内容征求有关部门（如项目法人、设计单位）意见。

（7）编写项目负责人对招标文件统稿。

（8）招标文件校对与审核。

（9）招标文件出版。

四、招标文件编制的基本要求

任何项目的招标文件都必须包括招标项目的技术要求、商务要求、对投标人的资格条件要求、投标报价要求、合同主要条款、评标方法和标准等所有实质性要求和条件。招标文件的内容要求大致可分为五类，各类招标文件编制的内容要求详见本章各节相关规定。

（1）关于编写和提交投标文件的规定。其目的是尽量减少符合资格的承包商或供应商由于不明确如何编写投标文件而处于不利地位或其投标遭到拒绝的可能性。这也是招标公平竞争的要求。

（2）关于对投标人资格审查的标准或要求、对投标文件的评审标准和方法。这是为了提高招标过程的透明度和公平性。

（3）关于商务性条款，主要是合同的主要条款。这有利于投标人了解中标后签订合同的主要内容，明确双方各自的权利和义务。

（4）关于投标报价的要求和格式。这是正确评审各投标人投标报价的基础要求，是评标委员会比较和判断报价是否低于成本价的依据。

(5) 关于招标项目的技术条款和技术要求等。

本章主要对水利项目的勘察设计、监理、施工、设备材料采购、施工标底编制、科技项目、设计施工总承包、代建单位、项目法人、河砂开采权出让等招标文件的编制进行论述。

第二节 勘察设计招标文件编制

勘察设计招标是整个工程建设项目的开始，没有勘察设计就没有工程建设项目的实施。水利工程建设项目勘察设计一般包括项目建议书阶段、可行性研究报告阶段、初步设计阶段、招标设计阶段、施工图设计阶段、施工期间的设计服务和竣工验收服务。通过勘察设计，将招标人对水利工程建设项目的设想转变为可实施的蓝图。

一、勘察设计招标的主要特点

(1) 水利工程是公益性的基础设施，其勘察设计招标基本属于必须公开招标的范围。

(2) 勘察设计招标属于服务招标的范畴。这决定了勘察设计招标的重点是服务，是方案、技术、实力的择优。

(3) 勘察设计招标可以是勘察、设计分开招标，也可以是勘察设计一次性总体招标，具体应根据工程实际、市场情况来确定。水利工程的勘察招标一般不再分标，规模大、线路长的线性工程可适当分标。在保证项目完整性的前提下，设计招标还可以按设计阶段分开招标，但对于水利工程来说，设计招标最好不分阶段招标而实行整体招标，这样有利于节约招标费用和时间。

(4) 勘察设计招标一般只有总的设想、思路和总体要求，没有具体的技术方案和详细指标，不像施工或货物招标那样有比较具体的技术条款、方案和指标，其招标目的就是要选择最优方案、最优设计人。

(5) 水利工程勘察设计招标大多采用综合评估法评标，不设置标底，不以报价为主要评价因素。当然，在一些特殊的大型水利工程中，也可采用设计竞赛方式来招标选取设计人的。

(6) 水利工程勘察设计招标大多从初步设计阶段开始进行，项目建议书和可行性研究一般由政府主管部门或项目法人直接委托有资质的勘察设计单位进行。当然也可以从项目建议书或可行性研究报告开始招标，目前逐渐有从可行性研究开始整个设计阶段招标的趋势。

二、勘察设计招标文件编制的依据

水利项目勘察设计招标文件的编制依据主要有：

(1) 国家有关招标投标的法律、行政法规、部门规章、地方性法规规章和主管部门的规范性文件等。

(2) 政府或主管部门批准的规划文件，如地区社会发展规划、江河流域综合规划、区域规划和有关专项规划等。

(3) 国家和行业有关勘察设计的技术规范和技术要求，如 GB 50201—94《防洪标准》(正在修订)、DL 5020—93《水利水电工程可行性研究报告编制规程》(正在修订)、DL 5021—93《水利水电工程初步设计编制规程》(正在修订) 和相关技术规范等。

(4) 项目审批部门批准的项目建议书、可行性研究报告批文和相应的报告附件、图纸等。

(5)《合同法》和国家主管部门或合同综合管理机构颁发的有关标准合同条款、招标示范文本。

(6) 国家主管部门的投资计划安排。

(7) 招标项目所在地的水文、地质等资料。

(8) 招标人对勘察设计招标项目的特殊技术要求。

(9) 招标人对勘察设计招标项目的投资、进度、质量等控制性要求。

(10) 其他有关文件和资料。

三、勘察设计招标文件编制的主要内容

勘察设计招标文件是指导投标单位正确投标的依据，也是对投标人提出要求的文件。招标文件一经发出，招标人不得擅自修改。如果确实需要修改，应以补充文件的形式通知每一个投标人，补充文件与招标文件具有同等的法律效力。

水利项目勘察设计招标文件应包括的主要内容有：

(1) 投标邀请书或投标通知书。

(2) 投标须知。其主要内容包括：项目基本情况，工程名称、地址，招标人，招标内容、范围，资金落实情况，投标人资格审查标准和要求，招标文件的组成，投标文件编制、递送、包装、份数，投标截止时间、地点，投标文件的有效期，招标文件答疑，投标报价要求，投标保证金和履约保证要求，组织现场考察的安排，开标时间、地点，评标、定标安排，合同授予条件，未中标是否给予补偿及补偿标准等。

(3) 项目说明书。其主要包括：项目内容、资金来源、勘察设计范围，对勘察设计进度、阶段和深度的要求，设计标准、等级，工程水文、地形测绘、地质勘察和试验资料，工程总进度计划等。

(4) 勘察设计专门要求。其主要包括：规划要求，总体布置要求，设计方案要求 (含比较方案)，结构 (含设备) 要求，安全等级要求，生态、环保要求，外观设计要求、与市政项目的配合要求，与环境的协调要求，工程造价控制或限额设计要求等。设计特别要求或专门要求，应遵循三个原则：①严格性，文字表达清楚、严谨、准确；②完整性，任务要求明确、全面，不遗漏；③灵活性，为设计工作发挥创造性留有充分的自由度。

(5) 项目审批部门或审查部门批准的项目建议书或可行性研究报告批文、审查意见、中介机构的咨询评估报告和有关勘察设计基础资料等。

(6) 勘察设计合同主要条款。最好能采用主管部门已经颁布实施的合同文本。合同条款一般包括通用合同条款和专用合同条款。目前，水利工程勘察设计招标，水利部尚未制定颁发标准合同文本。但无论如何，合同主要内容应包括：项目名称，建设地点，勘察设

计范围、标准、等级，勘察设计内容、包含的设计阶段，设计深度要求，设计依据和主要应遵循的规范、法规，设计基础资料供应方式，勘察设计文件和图纸提交数量要求，勘察设计进度要求，勘察设计成品审查方式、验收方式，勘察设计费的支付方式，进度款的支付，设计阶段的结算，最终结算付款的条件，设计代表和中间阶段的服务规定，对勘察设计文件的修改、补充、变更的约定，设计专利技术或专有技术的采用规定，发包人与承包人的各项权利义务规定，各方违约的规定，纠纷与争议的解决方式，不可抗力的约定等。

(7) 勘察设计文件编制依据的主要法规、规范和强制性规定等。

(8) 投标人资格审查文件格式。

(9) 投标文件编制和格式要求。

(10) 要求投标人提供的资信、财务状况、经验证明文件要求。

(11) 投标报价要求。

(12) 评标方法和标准（详见第六章）。

水利项目勘察设计招标一般采用综合评估法，即根据项目的性质、重要性、竞争性等分别对技术、商务、报价三方面赋予不同的权重分值（重点在技术标），以综合得分最高者为推荐中标人。招标人必须将评标方法和标准全部公开在招标文件中，不得在评标时另搞一套，也不得在评标时对招标文件上的评分标准再搞一套评标细则。

第三节 监理招标文件编制

水利项目监理招标，一般在建设项目可行性研究报告批准或初步设计批准后，并在施工招标前进行。通过监理招标，选择到技术力量雄厚、监理经验丰富、信誉好、责任心强的监理人，可以较好地协助招标人对建设项目的设计、施工、设备采购等的质量、进度、投资进行控制，进一步加强合同管理、协调好建设各方的关系。监理招标是否成功，能否选择到优秀的监理人，监理招标文件的编制起着基础性作用。

一、监理招标的主要特点

(1) 监理招标与勘察设计招标一样，均属于服务招标范畴，但招标的侧重点不同，监理招标的重点在于监理人的综合素质、能力、资源、方案和经验。

(2) 除招标项目规模和范围较大，施工面较宽或线性工程外，监理招标一般不宜分标；确要分标的，应当有利于管理和竞争，有利于监理工作的连续性和相对独立性。

(3) 监理招标一般不宜设置标底，但可根据国家批准的监理费总额设置最高限价，或根据国家规定的监理费率范围设置最高、最低限制。

(4) 大型或技术较复杂的水利工程大多采用综合评估法或二阶段评标法评标，中小型或技术较简单的项目可用综合评议法评标。

(5) 监理招标可以分为勘察设计监理招标、施工监理招标、设备监理招标、征地移民监理招标、水土保持监理招标等五类。目前，所有必须招标的水利工程都进行施工监理招标，但勘察设计监理招标和征地移民监理招标，则主要在国家和地方重点项目及大中型水利项目中实行。

(6) 勘察设计监理招标一般在可行性研究报告批准后进行，而施工监理招标、征地移民监理招标一般在初步设计批准后进行，也可以在可行性研究报告批准后进行。

二、监理招标文件编制的依据

(1) 国家有关招标投标的法律、行政法规、部门规章、地方性法规规章和主管部门的规范性文件等。

(2) 审批部门批准的项目可行性研究报告或初步设计报告批准文件。

(3) 可行性研究报告或初步设计报告设计文本和图纸。

(4) 国家和行业主管部门颁发的有关勘察设计和施工技术规范、行业规范。

(5)《合同法》和有关经济法规、征地移民、质量法规、劳动法规、安全生产法规、保险法规和规范性文件。

(6) 项目法人已经与勘察、设计、咨询、设备制造单位、征地单位、地方政府等有关单位、部门和个人签订的合同协议。

(7) 招标人对项目的质量、进度、投资、安全等控制性要求。

(8) 招标人对项目的特殊技术经济要求等。

三、监理招标文件编制的主要内容

水利工程建设监理招标文件的内容主要包括以下几个方面：

(1) 投标邀请书或投标通知书。

(2) 投标人须知。其主要内容包括：监理工程项目概况，监理招标范围和内容，监理服务期限，招标人提供的现场工作生活条件（包括交通、通信和住宿等）和试验检测条件，资金来源和落实情况，投资控制目标、进度控制目标、质量目标、安全目标，对投标人资格和现场监理人员的要求，对投标联合体的要求，保密要求，招标文件的组成，招标文件的答疑和修改、补充，投标文件编制、份数、签署、有效期要求，投标报价要求，投标保证金规定，现场考察和标前会，投标截止时间，投标文件的递送方式和地点，开标时间、地点，评标时间，重大偏差的规定，开标、评标程序，评标定标依据，中标通知和履约保证金规定等。

(3) 合同条款和附件。其主要条款包括：监理内容、范围，监理期限，监理人权利义务，发包人权利义务，监理报酬，价款支付和结算办法，违约责任，争议和纠纷的解决办法等。对于大中型水利项目监理招标，应采用水利部颁布的 GF—2000—0211《水利工程建设监理合同示范文本》；小型工程也可参照使用。

(4) 投标报价要求及其计算方式。

(5) 监理投标书格式和有关投标文件格式要求，如报价书、保证金、协议书、法定代表证书、授权委托书、履约保函格式等。

(6) 投标辅助资料格式。

(7) 资格审查资料要求和格式。

(8) 评标方法和标准。水利工程建设监理评标方法主要有综合评估法和二阶段评标法（详见第六章）。水利部对水利工程建设监理的评标规定了较为详细的标准，具体可参阅水利部《水利工程建设项目监理招标投标管理办法》（水建管［2002］587号），大中型水利工程监理招标应该按照此管理办法执行。

（9）招标项目基本情况说明。主要包括：工程地址、建设规模、投资估算、设计（洪水）标准、工程等级、工程所在地社会经济水平、工程现状、施工条件、物价水平、水文、气象、地质情况、环境条件、主要设计方案、建筑物布置、结构形式、有关技术经济指标、移民征地情况、建设目标、计划建设工期等。

（10）项目审批部门和主管部门对招标项目立项或初步设计批准文件复印件及有关咨询报告、资料。

（11）必要的文件和监理招标图纸。其主要包括工程总体布置图、主要建筑物结构图、地质剖面图等。

第四节　施工招标文件编制

施工招标是水利工程建设项目招标中最普遍、最广泛的招标类型，也是建设项目招标中最引人注目、最敏感的招标。由于土建施工招标的普遍性，施工队伍的广泛性，建设市场僧多粥少，造成施工招标投标市场竞争极其激烈；又由于水利工程大部分是公益性的基础设施，其质量、安全要求高，施工工期短，施工具有很强的专业性、季节性，水文地质和施工条件复杂，使水利工程特别是大中型水利工程施工具有特殊性，因此水利工程施工招标文件的编制必须更加严格、规范，必须坚决贯彻公开、公平、公正和诚实信用的原则。如何结合水利工程建设项目的实际，结合国家有关主管部门制定的各类招标文件范本，编制出科学、规范、公平、公正、有利竞争的招标文件和评标方法、标准，无疑是摆在招标人和招标代理机构面前的重要课题。

一、施工招标的主要特点

（1）水利工程施工招标既有普遍性又有特殊性，是普遍性与特殊性的统一。

（2）水利施工招标投标竞争激烈，容易出现围标、串标、挂靠等情况。

（3）水利施工招标一般应采用主管部门颁发的招标示范文本和合同条款。

（4）水利施工招标可设置标底，财政性投资项目一般不设置标底，但要设置最高限价。国家发改委鼓励实行无标底的评标方法。

（5）水利工程施工招标评标方法多样，一般性（小型和技术较简单的）工程可以采用经评审的最低投标价法，大中型工程一般采用综合评估法和二阶段评标法。

（6）施工招标评标现场比较难于判断投标人报价低于其成本价的情况，特别是大中型和技术复杂的水利工程，应在招标文件中采取公开的措施尽量避免最低价中标，以确保水利工程的质量和安全。

（7）大中型水利工程一般分多个标段招标，但分标应有利于施工、有利于管理、有利于竞争，不造成过多的干扰，不影响工程的整体性、安全性和结构完整性。招标时，一个标段编制一个招标文件。分标主要考虑的因素有：

1）工程特点，指工程规模、技术难易程度、工程施工场地的分布情况等因素。工程规模大、技术复杂、工程场地分布广的工程应采用分标方式，有利于加快进度和适度竞争。

2）对工程造价的影响。一般情况下，一个承包商来总包易于管理，便于人力、物力、设备的调配与调度，因而有利于降低工程造价。但对大型、复杂的工程项目如果不进行分标，使有资格参加工程投标的承包商大大减少，竞争减少可能会导致报价上涨，可能反而得不到合理的报价。

3）充分发挥专业承包商的特长。工程项目是由单位工程、单项工程或专业工程组成的，分标时应考虑各部分专业和技术方向的差别，尽量按专业领域和技术方向来划分，以便充分发挥各承包商的专业、技术特长。

4）施工组织管理是否方便。在分标时应考虑施工组织管理两个方面的因素：施工进度的衔接和施工布置的干扰。分包时应充分考虑施工进度的衔接和施工现场布置的要求，对各承包商之间的施工场地进行细致周密的安排，避免各承包商之间相互干扰。为了保证施工进度平顺地衔接，关键项目一定要选择施工技术水平高、能力强、信誉好的承包商，以防止影响其他承包商的施工进度。

5）资金筹措情况。分标应考虑到招标人对项目建设资金到位的时间安排。

6）设计进度方面，主要根据设计合同对各部分项目设计进度的要求，按照设计进度的先后顺序来分标。

(8) 大型水利工程大多采用单价承包方式或永久工程单价承包、临时工程总价承包的方式，只有少数水文地质条件好、设计较完善（已经达到施工图设计阶段）的施工招标才采用总价承包方式。

(9) 施工招标一般在监理招标后进行，这样有利于施工合同条件的采用和实施，有利于设计施工的协调，有利于实现工程质量、安全、投资、进度的统一。

(10) 施工招标涉及面广，合同关系较复杂，既与勘察设计单位有关，也与监理单位有关，还涉及移民征地、设备采购与安装等方面。

二、施工招标文件编制的依据

(1) 国家有关招标投标的法律、行政法规、部门规章、地方性法规规章和主管部门合法的规范性文件等。

(2) 项目审批部门批准的初步设计报告批准文件或核准的施工图设计及其附件设计文本、图纸。

(3) 国家和行业主管部门颁发的有关勘察设计规范、施工技术规范、行业规范、地方规范等。

(4)《合同法》和有关经济法规、质量法规、劳动法规、移民征地法规、安全生产法规、保险法规和规范性文件。

(5) 国家和主管部门颁布的各种施工招标与合同条款示范文本。如：国家发改委、财政部、原建设部、铁道部、交通部、原信息产业部、水利部、民用航空总局、广播电影电视总局九部委 56 号令联合颁布并于 2008 年 5 月 1 日开始实施的《标准施工招标资格预审文件》和《标准施工招标文件》；水利部、国家电力公司和国家工商行政管理局在 2000 年以水建管［2000］62号文颁布实施的GF—2000—0208《水利水电工程施工合同和招标文件示范文本》。

（6）招标人对招标项目的质量、进度、投资造价等控制性要求。

（7）招标人对工程创优、文明施工、安全、环保等方面的要求。

（8）招标人对招标项目的特殊技术、施工工艺等要求。

（9）施工招标前项目法人已经与有关单位和部门签订的合同文件。

三、施工招标文件的主要内容

（1）投标邀请书或投标通知书。

（2）投标须知。施工招标文件中，投标须知居于非常重要的地位，投标人必须对投标须知的每一条款都认真阅读。投标须知的主要内容包括：工程概况，招标范围和内容，资金来源，投标资格要求，联合体要求，投标费用和保密，招标文件的组成，招标文件的答疑要求，招标文件使用语言，投标文件的组成，是否允许替代方案、有何要求，投标报价要求，合同承包方式，投标文件有效期，投标保证金的形式要求、有效期和金额要求，现场考察要求，投标文件的包装、份数、签署要求，投标文件的递交、截止时间地点规定，投标文件的修改与撤回规定，开标的时间、地点规定，开标评标的程序，评标过程的澄清或答辩，重大偏差的规定与认定，投标文件算术错误的修正，评标方法，重新招标或中止招标的规定，定标原则和时间规定，中标通知书颁发和合同签订的要求，履约保证金的规定等。

（3）合同条款，包括通用合同条款和专用合同条款。国家有关部门对许多建设项目都制定了规范的合同条款，供招标人使用，如前所述的《标准施工招标资格预审文件》、《标准施工招标文件》和GF—2000—0208《水利水电工程施工合同和招标文件示范文本》。前两者要求在政府投资项目中施行，GF—2000—0208合同范本主要适用于大中型水利水电工程的招标投标，小型水利水电工程可参照使用。

根据水利部有关规定，大中型水利工程应该采用GF—2000—0208中规定的合同条件。同时，水利部规定："除《合同条件》的'专用合同条款'中所列编号的条款外，'通用合同条款'其他条款的内容不得更动。"因此，在大中型水利工程招标文件编制中使用合同条件时，通用合同条款不能修改，专用合同条款可结合招标项目的实际来修改和补充。

（4）投标报价要求及其计算方式。投标报价是评标委员会评标时的重要因素，也是投标人最关心的内容。因此，招标人或招标代理机构在招标文件中应事先规定报价的具体要求、工程量清单及说明、计算方法、报价货币种类等。水利工程基本上是报综合单价，即包括直接费、间接费、税金、利润、风险等。招标文件中还应注明合同类型（总价合同或是单价合同）、投标价格是否固定不变（如果可变，则应注明如何调整），以及价格的调整方法、调整范围、调整依据、调整数量的认定等，否则很容易引起纠纷。

（5）合同协议书和投标报价书格式。水利工程施工合同协议书对组成合同文件的解释顺序作了如下规定：①协议书（包括补充协议）；②中标通知书；③投标报价书；④专用合同条款；⑤通用合同条款；⑥技术条款；⑦图纸；⑧已标价的工程量清单；⑨经双方确认进入合同的其他文件。

（6）投标保函、履约保函格式。招标文件对投标保函和履约保函一般都规定有具体的格式，也是法定的可以规定的废标条件。除非招标文件有明文规定，否则投标人必须提交招标文件规定格式和内容的保函。如果不这样做，可能引起投标文件的无效。

（7）法定代表证明书、授权委托书格式。这两个文件是投标文件中必须随附的法定文件，是招标文件必备的格式文件，投标人必须按照招标文件的规定格式和内容要求填写，否则可能引起投标文件的无效。

（8）招标项目数量、工程量清单及其说明。工程量清单包括报价说明、分项工程报价表和汇总表等，是水利工程招标投标报价的基础。根据国家和水利部有关规定，水利工程应该采用工程量清单报价，只有这样，所有投标人报价比较基础才统一，否则报价无从比较，对报价的评价也有失公平、公正。工程量清单说明应该清楚规定项目的合同承包方式，报价总价或单价包含的内容、范围，算术错误的修正方法等。投标人不能对工程量清单进行修改、补充，因为如果各投标人都对工程量清单进行修改补充，那么，各投标人报价比较的基础就不同。因此招标文件不允许投标人修改工程量清单，否则可能导致废标。

（9）投标辅助资料。其主要包括如下内容：①主要材料预算价格表；②材料价格表；③单价汇总表；④机械台时费计算表；⑤混凝土、砂浆材料单价计算表；⑥建筑、安装工程单价分析表；⑦拟投入本合同工作的施工队伍简要情况表（格式）；⑧拟投入本合同工作的主要人员表（格式）；⑨拟投入本合同工作的主要施工设备表（格式）；⑩劳动力计划表（格式）；⑪主要材料和水、电需用量计划表（格式）。

（10）资格审查或证明文件资料。其主要包括以下内容：①投标人资质文件复印件；②投标人营业执照复印件；③联合体协议书（如有）；④投标人基本情况表（格式）；⑤近期完成的类似工程情况表（格式）；⑥正在施工的新承接的工程情况表（格式）；⑦注册会计师事务所出具的财务状况表（格式）。

（11）投标人经验、履约能力、资信情况等证明文件。施工投标是竞争性非常激烈的投标，特别是对于大型水利工程来说，投标人的经验、能力和资信是招标人非常看重的一个方面。但这些方面的内容也容易出现虚假材料，招标人或招标代理机构应采取措施防止投标人造假，以便于评标委员会审查判断其真伪性。

（12）评标标准和方法。评标方法的选择是施工招标过程中非常重要的一个环节，应根据招标项目的规模、技术复杂程度、施工条件、市场竞争情况等因素来规定评标方法和标准（详见第六章）。招标文件中必须非常明确地表达施工招标的评标标准和方法，发出招标文件后，除非有错误，否则不要随便更改评标标准和方法，因为招标文件是在资格审查完成后发出的，此时已经知道所有的投标人，如果随意修改评标标准和方法，很容易引起不必要的误解。

对于水利项目来说，评标的方法主要有三种：经评审的最低投标价法、综合评估法和二阶段评标法。

评标的标准，一般包括价格标准和非价格标准。价格标准比较容易确定，非价格标准应尽可能客观和量化，按货币或相对权重（即系数或得分）进行量化。一般，对于服务和特许经营评标，非价格标准主要有：投标人资格、主要技术或服务人员资格资历、经验、信誉、可靠性保证、专业技术方案、管理能力、资金实力、类似经验、服务能力与保证等因素；对于工程施工评标，非价格标准主要有：工期、质量、安全、文明施工、技术人员和管理人员素质、资信、经验等因素；对于货物评标，非价格标准主要有：付款计划、交货期、运营成本、货物的有效性和配套性、零配件供应能力、服务承诺及反应、相关培训、质量保证、技术、安全性能、环境效益等因素。

(13) 技术条款。技术规格和要求是招标文件中最重要的内容之一，是指招标项目在技术、质量方面的标准，也就是通常说的招标技术条款。技术规格或技术要求的确定，往往是招标能否具有竞争性、能否达到预期目的的技术制约因素。因此，世界各国和有关国际组织都普遍要求，招标文件规定的技术规格、标准应采用所在国法定的或国际公认的标准。《招标投标法》规定："国家对招标项目的技术、标准有规定的，招标人应当按照其规定在招标文件中提出相应要求"，也就是要求招标人或招标代理机构或设计单位在编制招标文件时对招标项目的技术要求应按照国家规范和标准，国家、行业主管部门或地方有规定的按行业或地方标准，国家、主管部门、地方没有规定的，可参照国际惯例或行业惯例，不能另搞一套。

对于大中型水利水电工程来说，应采用 GF—2000—0208 合同条件；对于一些特殊施工技术、施工工艺或在 GF—2000—0208 中没有论述的，则应由项目设计单位负责编写、补充和完善。

(14) 招标图纸。招标图纸一般由招标项目的设计单位负责提供，内容包含在招标设计中。如果招标文件要求的份数超出原设计合同的数量，则需要另行支付图纸费用。

(15) 其他招标资料。其他招标资料主要指，不构成招标文件的内容、仅对投标人编写投标文件具有参考作用的资料。招标人对投标人根据参考资料而引起的错误不承担任何责任。

第五节 设备材料采购招标文件编制

水利工程特别是大中型水利工程设备材料的采购招标，是一项非常繁杂的招标工作，由于大中型水利工程涉及面广，设备范围宽，材料用量大，设备材料费在整个项目概算中所占比例大，一般有水力发电站的枢纽工程，设备材料费可占到总投资的30%左右。因此，水利工程设备材料的采购招标在整个项目招标中占有非常重要的地位，招标人或招标代理机构必须给予高度重视。

一、设备材料采购招标的主要特点

(1) 采购招标内容多、范围广。根据国家发改委和水利部对水利工程设备材料采购招标的有关规定，凡单项合同估算价在 100 万元以上的或总投资在 3000 万元以上的项目，其重要设备材料必须招标。对于水利工程来说，重要设备是指：直接用于项目永久性工程的机电设备、自动化设备、金属结构及设备、试验设备、原型观测和测量仪器设备等；或者使用本项目资金购置的用于本项目施工的各种施工设备、施工机械和施工车辆等；或者使用本项目资金购置的服务于本项目的办公设备、通讯设备、电气设备、医疗设备、环保设备、交通运输车辆和生活设施设备等。重要材料是指：构成永久工程的重要材料，如钢材、水泥、粉煤灰、硅粉、抗磨材料等；或者用于项目数量大的消耗材料，如油品、木材、民用爆破材料等。

（2）招标类型和标段划分较多。设备材料的种类繁多，技术特点和要求不同，设备材料的生产商或供应商也不同，决定了招标类型和标段划分也较多；一般根据设备材料的性质、技术要求、技术关联度、制造厂家、工程进度、供货时间要求等因素来分标。

（3）设备招标一般不设置标底。设备招标一般很难准确设置标底，因为无论设计单位或是招标人，很难搞清设备的真正制造成本，因此，设备招标一般不设置标底，但要设置最高限价。

（4）设备投标人特点。重要设备一般要求由制造商直接投标，而不允许代理商投标。这主要是为了减少中间环节，有利于招标人、设计人与制造商的沟通，提高效率。

（5）设备评标方法特点。技术复杂或技术规格、性能、制作工艺要求难于统一的设备招标，一般采用综合评估法评标；技术简单、性能、制作工艺要求统一、通用的货物招标，一般采用经评审的最低投标价法评标。

（6）设备招标的二阶段招标程序适用特点。对于无法精确拟定其技术规格的货物（即设备材料），招标人可以采用二阶段招标程序。

1）第一阶段，招标人可以首先要求潜在投标人提交技术建议，详细阐明货物的技术规格、质量和其他特性。招标人可以与投标人就其建议的内容进行协商和讨论，达成一个统一的技术规格后编制招标文件。

2）第二阶段，招标人应当向第一阶段提交了技术建议的投标人提供包含统一技术规格的正式招标文件，投标人根据正式招标文件的要求提交包括价格在内的最后投标文件。

（7）有关涉外招标问题：

1）水利工程使用国有资金时，重要设备采购招标也可能涉及国际招标或采购，招标人或招标代理机构在编制招标文件时除满足于我国招标投标法规外，还应考虑国际惯例和国际市场规则。

2）水利工程使用国际组织或者外国政府贷款、援助资金的项目进行设备招标，贷款方、资金提供方对招标投标的具体条件和程序有不同规定的，可以适用其规定，但不能违背我国的社会公共利益。

（8）特殊专业的专家库采用。水利水电工程专用设备或特种设备招标评标可能遇到评标专家库不能满足招标需要的问题，招标人应及时向主管部门报告、申请和备案，请求同意由招标人直接指定部分专家或采用专门的小专家库。一般情况下，这个小专家库的专家成员人数不少于应抽取专家的三倍。

二、设备材料采购招标文件编制的依据

水利工程重要设备材料采购招标文件的编制依据主要有以下几点：

（1）国家有关招标投标的法律、行政法规、部门规章、地方性法规规章和主管部门的规范性文件等；如果是国际招标则必须按照国际惯例和国际市场法则。

（2）项目审批部门批准的初步设计报告批准文件或核准的施工图设计及其附件设计文本、图纸。

（3）国家和水利水电行业主管部门颁发的有关设备制造和设计规范、安装技术规范、

行业规范、地方规范等。

（4）国家有关部门对招标设备材料的设计和制造资格、资质管理规定，对设备材料的强制性技术要求和使用规定。

（5）《合同法》和有关经济法规、质量法规、劳动法规、安全生产法规、保险法规和规范性文件。

（6）招标设备和材料的设计指标、参数、专门技术规格、质量要求、防火、防雷等级、安全等级要求等。

（7）招标人对招标设备、材料的供货进度要求、特殊使用要求、制造经验要求、售后服务要求等。

（8）招标设备最终管理人的素质情况、正常使用的环境条件等。

（9）招标设备材料的市场供求情况和竞争性。

三、设备材料采购招标文件的主要内容

大中型水利工程重要设备材料采购招标文件的内容主要包括：

（1）招标邀请书或投标通知书。

（2）投标须知。其主要内容包括：招标项目简况，招标范围和内容，招标项目资金落实情况；投标资格要求，是否允许联合体投标，非主体货物是否允许分包，投标费用、招标投标文件保密；招标文件的组成，招标文件的修改、补充和答疑要求；投标文件编制要求，包括编制主要内容、投标文件的份数、包装、签署、盖章要求等，投标文件的有效期，投标报价要求、最高限价的规定，投标报价算术错误的修正；投标保证金要求（包括银行要求、金额规定、有效期、格式、签署、盖章等）；现场考察规定，投标文件的提交要求（包括提交时间、地点、送标要求、投标截止时间），投标文件的修改与撤回规定；延期开标的规定，开标时间地点规定，开标、评标程序，投标文件澄清或答辩规定，重大偏差的规定，对投标文件评比和比较的规定，定标规定；评标结果的公示，中标通知书的颁发，投标保证金的退回，合同签订要求，履约保证金的规定；投标是否有补偿规定等。

（3）合同条款，包括通用合同条款和专用合同条款。目前，水利部尚未制定颁布水利工程设备材料采购招标示范文本和合同条件，根据《合同法》和招标投标的有关规定，设备材料采购招标合同条款应包括：招标范围、数量，交货期限、方式、地点、进度要求，应提供的备品、备件数量和价格要求，设备售前、售后服务要求，质量要求（包括材料质量、技术指标、性能参数、制造技术、工艺要求等，专用、非标准设备应有设计技术资料说明和图纸要求），验收标准要求（包括中间验收），合同预付款、进度款的支付、结算、决算，合同双方的权利义务规定，违约责任，合同争议和纠纷的解决办法，不可抗力规定等。国家对招标货物的技术、质量、标准等有特殊要求的必须遵照执行，招标人也可以提出招标设备的相应特殊要求，并将其作为实质性要求和条件。

（4）报价要求及说明。设备货物招标时，国外的货物一般应报到岸价（CIF）或离岸价（FOB），国内的货物一般应注明出厂价（Exworks）。如果要求投标人承担运输、安装、调试或其他类似服务的话，应要求投标人对这些另外提出报价。成套设备或一揽子设

备招标，应列出设备清单。

(5) 合同协议书（格式），履约保函（格式）。

(6) 投标书格式文件，包括：①法定代表证明书格式；②授权委托书格式；③投标报价书格式；④投标保函格式。

(7) 供货范围清单和价格表，主要包括：①供货范围清单说明；②投标报价汇总表；③分项报价表（设备清单）；④项目报价表。

(8) 招标设备材料性能保证值和技术明细表。其主要包括设备概述、主要性能要求、技术参数指标要求（包括国家强制性要求）、技术明细表等。

(9) 商务与技术规范差异表，合作分工表（应包括合作单位的资质要求、技术力量和经验等情况），交货进度表，设计联络会议、技术交底会议、设备制造中间验收时间安排。

(10) 投标辅助资料要求，主要包括：①拟投入本合同工作的队伍简要情况；②拟投入本合同工作的主要人员表；③拟投入本合同工作的主要制造机械设备清单。

(11) 资格审查资料，主要包括：①投标人基本情况表；②近期完成的类似设备情况表；③正在生产的类似设备情况表；④注册会计师事务所审计的财务状况表；⑤其他材料。

(12) 资格证书、业绩证明、资信证明、履约能力证明等。

(13) 招标人对招标项目的特殊要求。

(14) 评标方法和标准。

第六节 施工招标标底编制*

一、概述

所谓标底，是指招标人对招标项目工程投资的预测价格，是评标委员会对投标报价进行评价的比较基础和参考依据。水利工程建设项目的各项招标类型中，勘察设计招标、监理招标和设备材料采购招标一般不设置标底，仅设置最高限价，对于勘察设计等实行政府指导价的服务招标，则可以根据规定定出报价范围；一般只有施工招标才设置标底，但逐步有不设标底的趋势。我国法律没有对设置标底作出强制性规定，《招标投标法》第二十二条第二款规定：“招标人设有标底的，标底必须保密。”原国家计委计政策［2001］1400号文规定：“招标人编制标底的，其标底只能依法作为防止串通投标、哄抬标价和分析报价是否合理等情况的参考，不能成为决定废标的直接依据。鼓励实行无标底的评标方法。”因此，从国家发改委的政策导向来看，无标底招标评标是一个发展方向。但在一些大型水利工程施工招标中，编制标底还是有其积极意义的，因为水利工程建设项目施工招标标底是招标人对工程投资的预测价格，通过编制标底让招标人对工程造价心中有数，避免盲目决策；标底是评议投标报价的尺度，是选择适合本工程建设中标人的重要参考依据。

---

* 本节主要参考水利部办建管［2003］120号文《水利工程建设项目施工招标标底编制指南》编写。

二、标底编制组织机构

根据《招标投标法》和国家发改委、水利部的有关规定，编制招标标底是招标人的自主权，只有招标人才有权编制或委托有关中介组织编制，任何单位和个人都不得干预标底的编制。根据国家目前有关规定，以下四种组织机构可以编制标底：

（1）有与招标项目相适应资质和技术力量的招标人。

（2）委托有相应资质的招标代理机构。

（3）委托有相应资质的造价咨询机构。

（4）委托有相应资质的勘测设计单位。

三、标底编制的原则和要求

（1）标底编制应遵守国家有关法律、法规和水利行业规章，兼顾国家、招标人和投标人的利益。

（2）标底编制和保管必须采取保密措施，不得泄露标底，所有接触过标底的人都负有保密的法律责任。水利工程如编制标底，一般都在相应纪检监察部门的监督保密状态下进行。

（3）标底由招标人或其委托的有资质能力的中介机构编制，截标前，不允许任何单位和个人审查标底。

（4）一个招标项目标段只能编制一个标底。

（5）不能针对不同投标人编制不同的标底。

（6）标底编制应与招标文件规定的技术、商务、经济条款保持一致。

（7）标底应与社会平均先进工效和管理水平保持一致，鼓励先进，鞭策落后。

（8）标底应符合市场经济环境，力求与工程所在地市场的实际变化相吻合，较真实地反映市场行情，同时也要反映社会平均先进工效和管理水平，既有利于保证招标工程标底的合理性，又有利于保障合理竞争和工程质量。

（9）标底应体现合理工期要求，体现承包商在正常施工组织设计下的施工水平，反映承包商为提前工期而采取施工措施时增加的人员、材料和设备的投入。

（10）标底应体现招标人的质量目标要求，要体现优质优价。

（11）标底应体现招标人对材料采购方式的要求，考虑市场价格变化因素。

（12）标底应体现工程自然地理条件和施工条件因素。

（13）标底应体现工程量大小因素。

（14）标底编制必须在初步设计批复后进行，标底不能突破经批准的初步设计概算、修正概算或投资包干的限额。标底的编制最好在施工图设计的基础上进行，这样编制的标底更加准确。

（15）标底编制应与招标项目的合同承包方式相一致。

（16）当招标项目为总价承包合同时，标底编制应注意总价合同尤其是固定总价合同较为突出的风险问题，如物价波动、气候条件恶劣、地质条件较差及其他意外的困难等。在标底中应充分考虑风险附加费，主要有下述方法：

1）在预计采购的价格水平上，提高各项资源的价格。

2）增大总部管理费、利润和风险附加费的裕量。

3）根据招标项目的资金情况和进度要求，调配工程量清单中各个报价项目的价格。

（17）当招标项目为单价承包合同时，编制标底时要认真做好每个工程单价，其关键是确定每道工序的资源配置和生产工效。生产效率应比通常平均先进水平的劳动生产率要高，以利于竞争。在标底的编制过程中，要注重研究优化工序的施工工艺，比较分析多种劳动组合的工作效率。与总价合同不同，其风险的附加费应恰当地、对应地摊入每个工程单价，同时要注意把各种工程量清单中没有的项目和费用摊入工程单价中。

四、标底编制的主要依据

（1）招标项目立项批准文件和对应的初步设计批准文件或核准的施工图设计，以及相应的设计报告、图纸、工程量清单等。

（2）招标人提供的招标文件，包括商务条款、报价要求、技术条款、图纸以及招标人对已发出的招标文件进行澄清、修改或补充的书面资料等。

（3）现场查勘资料，主要是现场水文气象条件、地质条件、施工条件、道路情况、料场情况、材料实际运距等。

（4）批准的初步设计概算、修正概算。

（5）国家、行业主管部门和地区颁发的现行建筑、安装工程定额及取费标准、规定。

（6）招标项目的施工组织设计或施工规划。

（7）当地建设主管部门和水行政主管部门颁布的材料信息价等编制资料，招标项目的设备及各种所需材料、构配件、设备等的市场价格；施工机械租赁及使用的市场价格。

（8）类似工程的成本、价格和利润等参考资料。

（9）工程建设所在地的劳动力价格和供应情况。

（10）工程建设所在地的税赋水平、银行贷款利息，有关保险费率，担保、保函手续费率等。

（11）有关的其他资料。

五、标底编制的步骤和文件组成

（一）标底编制主要步骤

施工招标标底的编制，一般可分成标底编制准备、标底编制计算、标底汇总、分析评价复核四个步骤。

1. 标底编制准备

（1）研究熟悉有关文件。标底编制准备阶段，最关键的是编制人员应该阅读项目批文，阅读批准的初步设计报告，研究概算或预算；必须认真研究招标文件和图纸，尤其是招标文件商务条款中的投标须知、投标报价要求、合同方式、专用合同条款、工程量清单及说明，技术条款中的施工技术要求、计量与支付、施工材料要求，以及招标人对已发出的招标文件进行澄清、修改或者补充的书面资料等。

尤其须认真阅读工程量清单说明及专用合同条款，因为它规定了该招标项目编制标底基础价格、工程单价和标底总价时必须遵循的条件。

(2) 深入现场勘察。标底编制人员应该深入工程建设现场勘察了解工程布置、地形环境条件、基本地质情况、施工条件、料场开采条件、场内外交通运输条件件等。

(3) 编写标底编制工作大纲。其主要内容应包括：①标底编制原则和依据；②计算基础价格的基本条件和参数；③计算标底工程单价所采用的定额、标准和有关取费数据；④编制、校审人员安排及计划工作量；⑤标底编制进度及最终提交时间。

(4) 调查、搜集基础资料。搜集工程所在地的劳资、材料、税务、交通等方面资料，向有关厂家搜集设备价格资料，搜集工程中所应用的新技术、新工艺、新材料的有关价格计算资料。

2. 标底编制计算

(1) 计算基础单价。基础单价包括人工预算单价、材料预算价格、施工用电风水单价、砂石料预算价格、施工机械台时费以及设备预算价格等。

(2) 分析取费费率、确定相关参数。

(3) 计算标底工程各项单价。根据施工组织设计确定的施工方法计算标底工程单价。工程单价的取费，通常包括直接费、其他直接费、现场经费、间接费、利润及税金等。根据项目规模大小和审批权限，报国家审批的项目一般按现行水利部颁发的水利工程建设项目设计概（估）算的编制规定，地方审批的项目一般按当地水行政主管部门颁发的水利工程概算、预算编制办法等，结合招标项目的工程特点，合理选定费率。税金应按招标当时的国家有关规定计取。

(4) 计算标底的建安工程费及设备费。要注意临时工程费用计算与分摊，临时工程费用在概算中主要由三部分组成：①单独列项部分，如场外供电、导流、道路、房屋等；②含在其他临时工程中的部分，如附属企业、供水、通讯等；③含在现场经费中的临时设施费。在标底编制时应根据工程量清单及说明要求，除单独列项的临时工程外，其余均应包括在工程单价中。

3. 标底汇总

汇总标底，即按招标文件规定的工程量清单格式逐项填入工程单价和合价，汇总分组工程标底合价和总价。标底总价要分别用小写数字和中文大写数字注明。

4. 分析评价复核

标底编制计算、汇总完成，形成最终标底后，标底编制机构应该安排编制人员中有执业资格的、有经验的造价技术人员对编制过程、结果进行复核和审查，并分析标底的合理性，再次明确招标范围、招标内容、工程量清单，分析本次招标的工程项目、合同方式、主要工程量和工程单价，并与初步设计或施工图设计的工程项目、工程量和工程单价进行比较，再将标底与审批的初步设计概算或预算作比较分析，分析标底（包括总价和单价）的合理性，调整不合理的单价和费用。

标底审查时，应注意复核有无严格按照招标文件的规定和要求编制。通常标底工程单价将其他临时工程的费用摊入工程单价中，这与初设概算单价组成内容是不同的；标底总价包括的工程项目和费用也与概算不同。在进行标底与概算的比较分析时应充分考虑这些不同之处。

（二）标底文件组成

标底文件主要由标底编制说明、标底总价、标底附件表格三部分组成。

（1）标底编制说明，主要内容有：①标底编制任务的由来；②工程概况；③编制原则、依据及编制方法；④基础单价编制说明；⑤主要设备价格说明；⑥标底取费标准及税率、费率；⑦需要说明的其他问题。

（2）标底总价，主要包括三部分内容：①招标项目的标底总价；②分组标底汇总表；③招标工程项目单价汇总。

（3）标底附件表格，主要包括：①分组工程标底计算表；②工程单价分析表；③总价承包项目分解表；④人工预算单价计算表；⑤主要材料（设备）预算价格汇总表；⑥施工机械台时费汇总表；⑦混凝土、砂浆材料单价计算表；⑧施工用风、水、电价格计算表；⑨应摊销临时设施费计算表；⑩主要材料用量汇总表；⑪其他表格。

六、标底编制的主要方法介绍

标底不同于投标人报价，虽然两者都必须充分考虑工程技术复杂程度、施工工艺方法、工程量大小、施工条件优劣、市场竞争激烈程度等情况。但投标人报价是以自身拥有的施工设备、技术优势和管理水平确定人工、材料、机械的消耗数量，以自己的采购优势确定材料预算价格，以自己的管理水平确定各项取费费率，即投标人报价是体现具体施工企业工效和管理水平的竞争价格；而标底是按社会平均先进工效和管理水平编制的价格；定额则是体现社会平均水平。

目前，水利工程建设项目招标标底的编制方法基本采用以定额法为主、实物量法和其他方法为辅、多种方法并用的综合分析方法。

（一）定额法概述

所谓定额法，是指参照现行水行政主管部门或其他专业部门、各省市的定额（主要是预算定额）和取费标准（规定），确定完成单位产品的工效和材料消耗量，计算工程单价，以工程单价乘以工程量计算总价的编制方法。定额法的主要优点是计算简单、操作方便，因此目前水利工程的标底编制主要考虑采用定额法。采用定额法编制初设概算时选用的定额是按全国或地方行业平均工效水平制定的；而标底需要考虑具体工程的技术复杂程度、施工工艺和方法、工程量大小、施工条件优劣、市场竞争情况等因素，因此在采用定额法编制标底时，可以根据工程具体情况适当调整现行的定额和取费标准。

一个合理的标底要有一个比较先进、切合实际的施工组织设计，在分析国内的施工水平和可能前来投标的施工企业的实际水平基础上，认真分析现行的各种定额，选用比较合理的标底编制定额和取费标准。

1. 基础价格编制

所谓基础价格主要指人工、混凝土骨料、主要材料（主要包括钢材、水泥、木材、柴油、炸药、粉煤灰、砂、碎石、块石、土工布、土工膜、止水等）、施工用风、用水、用电等的价格。基础价格的编制方法一般参照水利行业现行初设概算编制方法，并保证选取的各种资源的数量和质量均能符合规定并满足招标人的合理要求。

如招标文件规定招标人供应主要材料、设备，提供大部分临时房屋，供应砂石料和混凝土等，在编制标底时，应考虑从这些项目中无获利机会的因素，其余工程项目的单价及费率相对可提高，反之相对可降低。

（1）人工预算单价编制。如招标文件没有特别的要求，人工预算单价一般可参照现行水利行业初设概算人工预算单价的编制方法。

（2）主要材料预算价格。主要材料的品种应结合招标工程项目确定，凡是本招标项目中用量多或总价值高的材料，均应作为主要材料逐一落实价格。编制时首先要确定主要材料的来源地，调查材料的批发价或出厂价；其次要确定运输方式、运输线路和运距，准确计算运杂费；最后，要合理选用采购保管费费率。

（3）施工用电价格。按照招标文件的规定，确定电能损耗范围、损耗率及供电设施维护摊销费。如供电范围没有高压线路，就不应计高压线路损耗，在变配电线路较短、用电负荷较集中时，变配电设备及输配电损耗率及供电设施摊销费均可降低，反之应提高。

（4）施工用水价格。招标文件中常见的施工供水方式有两种：一是招标人指定水源点，由投标人自行供水，应根据施工组织设计所配置的供水系统、设备组时总费用和设备组时总有效供水量计算施工供水价格，计算方法与初设概算相同；二是招标人按指定价格在指定接水口向投标人供水，应以招标人供应的价格为原价，根据供水的具体情况，再计入水量损耗和供水设施维护摊销费，不应简单照搬初设概算中的水量损耗和设施维修摊销费参数。

（5）施工机械台时费。施工机械台时费计算方法可参照初设概算的编制方法。

2. 建筑工程单价编制

水利工程单价一般由直接工程费、间接费、企业利润、税金和临时设施摊销费等组成。水利工程招标项目一般工程量大、项目繁多，工程量清单可能多达百余个单价，在编制标底工程单价时可根据工程的具体情况，集中精力研究主要工程单价。应与施工组织设计人员共同研究施工方案，确定适当的施工方法、运距、辅助人员配备及施工机械的效率等。在编制标底单价时应根据工程量的大小、施工条件的优劣等因素调整定额中人工、材料及施工机械消耗量。当工程规模大、施工条件较好、市场竞争激烈时，人工、机械效率均可适当提高，反之可适当降低。水利工程单价主要有：

（1）土方工程单价。土方工程主要分土方开挖和土方填筑两大类。影响土方工程单价的因素主要有土的级别、取（运）土距离、施工方法、施工条件、质量要求等。

（2）砌筑工程单价。砌筑工程主要指浆砌石、干砌石、反滤料填筑、过渡料填筑、堆石体填筑等。编制标底单价时，要注意：①尽量利用拆除料和从开挖料中拣集石料；②应考虑人工用量较多、材料原价高等因素，在选定各项取费费率和人工数量时可适当调整。

（3）混凝土工程单价。在编制混凝土单价时，要按照招标文件提供的配合比计算。

（4）钢筋制作安装工程单价。钢筋制作安装包括钢筋加工、绑扎、焊接及场内运输等工序。定额中一般包括切断及焊接损耗、截余短头废料损耗以及搭接帮条、架立筋、垫筋等附加量。在编制标底钢筋制作安装工程单价时，根据工程部位不同，依据预算定额，钢筋工程量大小，可适当调整钢筋材料的附加量及人工数量。

3. 设备价格编制

水利工程设备通常是生产厂家制造的产品，通过各种运输方式（铁路、公路、水路等）运至工地，设备费包括设备出厂价、运杂费、运输保险费、采购及保管费及其他费用。金属结构设备有外购与自制两种方式，对于自制的设备，其价格需套预算定额计算单价，根据设计提出的重量，计算金属结构的设备费。招标时一般只编制设备最高限价，但要注意：

(1) 向多家设备生产厂商询价，确定有竞争力的设备出厂价格。

(2) 对于进口设备要计算到岸价、进口征收的税金、手续费、商检费及港口费等，加上国内段的运杂费、保险费、采保费等各项费用。

(3) 搜集有关设备重量、体积大小及运距等资料，确定合理的设备运输线路和运输方式。

(4) 搜集有关设备在运输途中发生的调车费、装卸费、运输保险费、包装绑扎费、变压器充氮费及其他可能发生的杂费标准。

(5) 合理计算运杂费用，要注意价格高的设备运杂费率要相对低。

(6) 采保费的费率也可根据设备价格高低、运距远近、周转次数多少作适当调整。

4. 设备安装工程单价编制

以实物消耗量形式表现的定额计算工程单价时，量价分离，计算较准确，但相对繁琐。编制标底的主要设备安装单价时一般套用此类定额，同时可以适当调整人工和机械效率。

对于投资不大的辅助设备和次要设备，编制标底时可以采用安装费率形式计算安装工程单价。

设备安装费一般占设备费的5%～10%左右，对标底影响不大，可参考现行定额编制。但投标项目以机电和金属结构设备为主的，可适当调整人工数量、现场经费和间接费费率。

5. 临时设施费编制

除施工导流、道路、场外供电线路、房屋、大型砂石料系统、混凝土拌和系统等可能采用单独列项招标外，大多数水利工程临时设施不单独列项招标，按应摊销的临时设施费用计算。凡未单独列项招标的临时工程项目，以及未包括在现场经费中而在施工中又必然发生的临时设施均包括在应摊销的临时设施费用中。也有将主要临时工程列出总价承包的。

6. 风险附加费的计取与分摊

由于施工承包合同种类不同，计算和分摊风险附加费的方法也不同，不调价合同（主要是固定总价合同）标底应充分考虑风险因素，而可调价合同的标底可不计或少计风险附加费。

（二）实物量法

1. 实物量法概述

所谓实物量法，是把项目分成若干施工工序，按完成该项目所需的时间配备劳动力和施工设备，根据分析计算的基础价格计算直接费单价，最后分摊间接费的工程造价计算方法。

实物量法针对每个工程的具体情况来计算工程造价，计算准确、合理，但相对复杂，且要求标底编制人员有较高的业务水平和较丰富的施工经验，还要掌握翔实的基础资料和经验数据，在编制时间相对紧张的标底编制阶段不具备全面推广应用的条件（由于目前大多数项目招标时间不长并要求对编制标底保密，因此大多数标底编制都采用定额法）。但是在大型水利工程中，针对工程量清单中对标底价格影响较大的主要工程单价，在设计深度满足需求，施工方法详细具体、符合实际，招标时间较长、资料较齐全的条件下，采用实物量法进行编制，可提高标底的准确性，保证标底的质量。

实物量法主要有五大优点：①可有效反映工程量大小和工期长短对工程单价的影响；②可有效反映施工条件优劣对工程单价的影响；③可有效反映施工设备闲置时间对工程单价的影响；④可有效反映特殊施工设备使用对工程单价的影响；⑤可有效反映施工技术水平对工程单价的影响。

2. 实物量法工作步骤

（1）编制准备。

（2）计算人工预算单价和机械台时费单价。

（3）计算直接费。

（4）间接费计算与分摊。

（5）按照招标文件要求，计算其他项目与费用。

（6）标底总价汇总。

（7）分析与调整。

3. 各种主要费用的计算

（1）施工机械台时费的计算。其计算可分为两大类：

一类是租赁设备的台时费。对于租赁的机械设备，其基本费用是付给设备租赁公司的租金，然后加上各种附加运行费。运行费一般包括燃料动力费、润滑油脂费和其他消耗性材料费。大多数租赁公司的机械设备都提供一名操作手，尽管在机械租金中包括了操作手工资，但仍需考虑一笔附加费，以便将操作手工资提高到工地的标准。如果没有配备操作手，那就要在工程直接费中加上机械操作手的全部费用。燃料动力费用通常是按照各种机械的每小时耗量来计算的。为此，标底编制人员需使用以往的记录和标准机械手册中的数据。润滑油脂费用可以按台时费的附加费或燃料动力费的某一百分比来计算。其他消耗性材料则可以增加一定的附加百分数来计算。

另一类是自购设备的台时费。自购施工机械台时费包括固定成本和运行成本（可变成本）两项，不包括操作人员的工资、设备进退场费、管理费和利润等。

台时费计算的主要参数包括：设备预算价格、设备残值、设备的经济寿命。台时费计算包括固定成本的计算和可变成本（运行成本）的计算。

固定成本包括折旧费、利息、设备管理费等。固定成本计算的关键是调查设备的出厂价格、使用寿命，针对工程具体情况确定设备残值和经济寿命，选择合适的折旧方法计算折旧费。利息，是指为采购施工机械设备发生的贷款利息，也可以放在间接费中计算，但不能重复计算。设备管理费包括保险、税金、仓管费、许可证费等。

可变成本（运行成本）包括替换部件费、燃料动力费、修理费、润滑油脂费、滤清器、黄油费和特殊易磨损配件费等。

(2) 直接费的计算。实物量工程直接费计算方法主要有两种：单价法和作业法。

单价法是通过对各类资源（劳动力、施工设备和材料）的选择和对这些资源的生产率和使用率的选择来实现的。生产率是每小时完成的工程量，使用率是完成一定工程量所需要的时间或资源数量。用这种方法计算出来的直接费摊入间接费后就是可以直接填入工程量清单中的工程单价，这是普遍采用的方法。

作业法是以计算一项作业的总工程量和完成该项作业所需的时间为依据的。造价人员把在上述时间内完成工程所需的各类资源确定下来，并计算出其费用。对于土方开挖和浇筑混凝土等以施工设备为主的工程，使用这种方法较多。这种同编制施工组织设计或施工规划密切相关的计算方法，能够根据作业时间和闲置时间较准确地计算施工设备的资源配置量，从而准确计算作业直接费。

直接费及单价的计算过程中，主要根据工程量清单，细化工程项目，确定基本施工工序；根据施工总进度计划的要求确定各工序的生产强度；确定施工方法并选择合适的施工设备，同时确定施工设备的生产率；根据施工强度和设备效率，确定设备数量、劳动力组合、设备和材料消耗量；依据计算的基础价格、半成品单价、人工预算单价、机械台时费、材料预算价格等和相应的数量计算总直接费用；最后总直接费用除以该工程项目的工程量即得出直接费单价。

(3) 间接费的计算。

1) 间接费的组成内容。间接费主要包括：各类人员工资，各种交通费、办公费及其他运行费，一般设施的购置、安装、拆除和运行费，施工驻地建设费、运行费，工资以外的保险费用、税金，履约保证金手续费，公司（总部）管理费，利润，不可预见费和其他费用。

应当注意，以上间接费的组成内容中有单独列项出现的项目（通常在"前期工程和一般费用"项目中），在计算间接费时一定不要重复计算。

2) 间接费的计算。间接费计算应根据施工组织机构、人员种类、数量和工作时间，办公室、生活及文化福利建筑面积，车间、仓库、场院的面积及费用，辅助设备数量，交通设备数量，办公费用，保险费用及税金，保证金手续费及贷款利息，利润和不可预见费(风险附加费)。风险主要是工程和商务方面的风险因素，例如地质风险、不可抗力、支付风险、通货膨胀、汇率的波动和银行基本利率变化等。利润一般取7%左右，在工程条件较好，工程款支付无困难，施工难度小，而竞争又较激烈时，可适当调整取费费率。

3) 间接费的分摊。间接费的分摊基本有两种方法，即根据工程类别将间接费分别按不同的比例摊入工程单价中或按相同的比例摊入工程单价中。

第七节　科技项目招标文件编制

科技项目招标一般是指对于技术研究开发、科学试验研究、技术转让推广和技术咨询服务等目标内容明确、完成时限明确、评审标准能够确定的科技项目，由招标人事先公布指标和要求，通过众多投标人参加竞争，招标人按照规定程序选择中标人的行为。

一、科技项目招标的主要特点

(1) 科技项目招标的标的主要体现为技术服务，个别项目也体现一定的实物工作量，主要成果表现为科学研究报告、技术试验成果报告、软件开发成果、技术咨询报告等。

(2) 国家对科技项目的投标人没有设置资质要求，一般只要求具有相应的科学研究技术力量、试验条件、技术设施和仪器设备、相应的配套设施、技术研究业绩、资信等条件。

(3) 科技项目招标一般要求具有法人资格的投标人参加，水利科技项目现阶段一般不允许个人参加投标；只有极个别项目才允许个人参加竞标。

(4) 现阶段科技项目的招标范围一般包括：技术研究开发项目、科学试验、科研课题研究、技术转让推广项目、技术咨询服务项目、技术研究开发基地建设项目、科技工程项目。自然科学的基础研究等项目一般还没有列入公开招标范围。

(5) 科技项目招标一般采用二阶段评标法和综合评估法，不采用最低投标价法和其他以报价为主要评价指标的评标方法。

(6) 科技项目的招标合同承包方式一般采用总价合同承包，根据国家规定，科技项目资金限价限时完成。

二、科技项目招标文件编制的依据

(1) 国家有关招标投标的法律、行政法规、部门规章、地方性法规规章和主管部门合法的规范性文件等。

(2) 国家、科技部、水利部等颁布的有关科技项目招标的规定和规范性文件。

(3) 项目审批部门批准的项目建议书、可行性研究报告批准文件及其附件文本和图纸。

(4) 国家、科技部和水利部颁发的有关技术标准、试验标准、规程规范、地方标准和规范等。

(5)《合同法》和有关科技法规、经济法规、质量法规、安全生产法规、保险法规和规范性文件。

(6) 国家科技主管部门或行业主管部门颁布的科技项目招标与合同条款示范文本。

(7) 招标人对招标项目的技术目标、技术标准、成果要求（先进性、创新性）、进度计划、投资造价等控制性要求。

(8) 招标前招标人已经与有关单位和部门签订的、与本项目有关的协议或合同文件。

三、科技项目招标文件编制的主要内容

科技项目招标文件是指导投标单位正确投标的依据，也是对投标人提出要求的文件。招标文件一经发出，招标人不得擅自修改。如果确实需要修改，应在规定的时间内以补充文件的形式通知每一个投标人，补充文件与招标文件具有同等的法律效力。

科技项目招标文件一般应包括以下主要内容：

(1) 投标邀请书或投标通知书。

（2）投标须知。其主要包括以下内容：科技项目名称；对拟订招标项目的具体情况进行说明，包括招标宗旨、招标原则、招标方式和其他方面的说明；项目的资金来源与运用；合格的投标人要求；对投标方案的基本要求；评标方法；投标费用；招标文件的构成；对项目的成果要求；招标文件的澄清；招标文件的修改；投标书的编制；投标程序；投标文件的语言要求；投标文件的格式要求；投标报价；符合投标人资格的证明文件及相关说明；投标函；投标人资格审查文件要求；担保人证明文件要求；投标书的密封和标记要求；递交投标书的截止日期；迟交投标书的处理；投标书的修改和撤销；投标有效期；无效标书的处理；开标和投标书的审查、评估及比较；初步审查及确定是否做出实质性响应；投标的评估和比较；投标的澄清；中标的标准；中标时更改相关要求的权利；（招标人名称）接受和拒绝任何或所有投标的权利；中标通知书；签订合同要求和规定；成果的验收及所有权问题等。

（3）项目要求。其主要包括：科技项目主要内容要求、目标、考核指标构成；成果形式及数量要求；进度、时间要求；财政拨款或项目法人对科研费用的支付方式；投标报价的构成细目及制订原则。基本内容应包括：①项目（课题）名称；②任务由来；③技术、研究开发目标；④技术或研究开发内容、形式和要求；⑤技术经济指标要求；⑥研究开发的进度要求；⑦研究开发成果、成果形式及数量要求，技术考核指标构成；⑧履行进度及时间要求，履行地点和方式；⑨承担单位的条件及要求。

（4）投标价格要求及其计算方式。主要说明科技项目招标的最高限价要求，投标人的报价规定和计价办法、计价要求、报价组成等。

（5）评标标准和方法。科技项目招标主要采用综合评估法或二阶段评标法，对于目标内容明确、完成时限明确、评审标准能够确定的科技项目，可采用综合评估法；对于有明确目标要求，但内容不十分确定的科技项目，建议应采用二阶段评标法，第一阶段先要求各投标人提出科技项目的技术方案和内容组成，第二阶段再进行技术方案和报价的综合评价。注意，评标标准应在招标文件中确定并予以公布。评标标准确定后，不可随意变通。不同类型的科技项目招标应制订不同的评标标准。不管采用哪一种评标方法，科技项目的评标标准主要应包括以下四个方面的内容：

1）研究开发能力的真实性。通过投标方的工作基础、人员素质、智力网络、信息来源、设备仪器、研究手段、管理水平、财务状况等，综合判断其研究开发实力。

2）技术方案的优越性。分析比较投标方技术方案的创新性、先进性和技术经济指标的质量、风险分析等，综合判断其技术方案的优越性。

3）报价的合理性。依据既能保证科研项目顺利完成，又能使项目投资发挥最大社会效益和经济效益的原则，可参照投标方的平均报价，综合判断报价的合理性，不能把最低报价作为中标的唯一理由。

4）完成科技项目期限的可靠性。分析各投标单位承诺完成科研项目的计划、组织、技术、设备、措施和其他必要手段，比较各单位保证措施的优劣，判断其可靠性。

（6）科技项目合同条款。一般应优先采用国家有关主管部门颁布的科技项目合同格式和条款。目前国家科技部已经颁布的科技合同范本主要有：技术开发（合作）合同、技术开发（委托）合同、技术咨询合同。但这些合同基本都是采用综合合同的形式，即将科技项目合同的专用条款和通用条款合在一起编写。今后的合同方向应该将合同分成协议书、专用合同条款、通用合同条款、技术条款和有关附件。

对于无示范文本的科技合同，无论如何编写，建议合同条款应主要包括：合同双方名称和住址，技术目标，技术内容，技术方法和路线，科技研究进度计划，科技经费支付与结算办法，双方合作事项，双方权利义务，技术经济指标、科技提供成果形式、提交数量、内容要求，科技成果的鉴定、验收和确认，科技成果的保密要求，科技成果转让与使用，成果专利申报和成果归属，技术服务内容和要求，技术风险的承担，违约责任，纠纷解决方式，不可抗力等。

（7）有关投标文件和附件格式要求。

（8）有关资格审查文件要求。

（9）有关技术要求、资料和图纸。

第八节　总承包招标文件编制

项目总承包是指从事工程总承包的企业受项目法人委托，按照合同约定对工程项目的勘察设计、设备材料采购、施工、试运行（竣工验收）等实行全过程或若干阶段的承包。工程总承包一般包括设计采购施工（EPC）/交钥匙总承包、设计施工（D-B）总承包、设计采购（E-P）总承包、采购施工（P-C）总承包等方式。工程总承包招标是近年来水利工程建设项目招标中新出现和推广的招标类型，一般是项目法人将工程建设项目从设计、采购、施工、试运行等全过程或若干阶段通过招标方式选定合格的项目总承包人。

一、总承包招标的主要特点

（1）项目总承包招标将工程建设项目的设计、采购、施工交由一个总承包单位去负责实施，可极大地减少项目法人进行项目管理的工作，减少其与项目勘察设计、设备材料采购及施工单位之间的矛盾，有利于项目建设各方更好地互相协调和配合，有利于工程建设的顺利进行，顺利实现项目建设目标。

（2）项目总承包企业不实行资质核准制度，只要具有工程勘察设计或施工总承包资质，即可以在其资质等级许可的工程项目范围内开展工程总承包业务；但工程的施工应由具有相应施工承包资质的企业承担，工程的勘察设计也要由具有相应资质的勘察设计单位才能承担。

（3）水利工程总承包招标一般应在工程项目建议书或可行性研究报告批准后进行，从初步设计阶段开始，包括勘察设计、设备材料采购、施工和工程试运行全过程招标承包。

（4）水利工程总承包范围一般不包括工程征地移民，征地移民一般由工程所在地的地方政府负责。

（5）项目总承包一般不应包括工程建设监理，建设监理应由项目法人单独组织招标，择优选取独立的第三方进行工程监理，以保证其独立性和公正性。

（6）工程总承包实行项目经理负责制，工程总承包企业的项目经理一般应具有注册工程师、注册建造师、注册造价师、注册建筑师等一项或多项执业资格。项目经理根据工程总承包企业法定代表人授权的范围、时间和“项目管理目标责任书”中规定的内容，对工程自项目启动到项目收尾实行全过程、全方位管理。

(7) 工程总承包一般可实行概算总承包或以概算为基础的其他总包方式，特殊情况也可实行单价总承包。

(8) 工程总承包招标投标的资格可以采取独立法人单独投标，也可以允许具有相应资质的勘察设计与施工单位组成的联合体联合投标，联合体投标必须具有联营协议。

二、总承包招标文件编制的依据

(1) 国家有关招标投标的法律、行政法规、部门规章、地方性法规规章和主管部门合法的规范性文件等。

(2) 国家、原建设部、水利部等颁布的工程总承包管理规范和规范性文件。

(3) 项目审批部门批准的项目建议书、可行性研究报告批准文件及其附件设计文本、图纸。

(4) 国家和水利水电行业主管部门颁发的有关勘察设计规范、施工技术规范、行业规范、地方规范等。

(5)《合同法》和有关经济法规、质量法规、劳动法规、移民征地法规、安全生产法规、保险法规和规范性文件。

(6) 国家和主管部门颁布的各种施工招标与合同条款示范文本。

(7) 招标人对招标项目的质量、进度、投资造价等控制性要求。

(8) 招标人对工程创优、文明施工、安全、环保等方面的要求。

(9) 招标前招标人已经与有关单位和部门签订的协议或合同文件。

三、总承包招标文件编制的主要内容

(1) 投标邀请书或投标通知书。

(2) 投标须知。其主要内容包括：工程概况，招标范围和内容，资金来源，投标资格要求，联合体要求，投标费用和保密，招标文件的组成，招标文件的答疑要求，招标文件使用语言，投标文件的组成，工期、质量、造价控制要求，安全要求、投标报价要求，合同承包方式，投标文件有效期，投标保证金的形式要求、有效期和金额要求，现场考察要求，投标文件的包装、份数、签署要求，投标文件的递交、截止时间地点规定，投标文件的修改与撤回规定，开标的时间、地点规定，开标评标的程序，评标过程的澄清或答辩，重大偏差的规定与认定，投标文件算术错误的修正，评标的方法，重新招标或中止招标的规定，定标原则和时间规定，中标通知书的颁发和合同签订的要求，履约保证金的规定等。

(3) 通用合同条款和专用合同条款。目前水利工程总承包还没有统一规范的合同范本。现阶段只能由招标代理机构和招标人参考国际咨询工程师联合会 1999 年出版的《设计采购施工（EPC）/交钥匙工程合同条件》来编写。

(4) 合同协议书。参考国际咨询工程师联合会 1999 年出版的《设计采购施工（EPC）/交钥匙工程合同条件》，建议总承包合同协议书对组成合同文件的解释顺序如下：

①协议书（包括补充协议）；②中标通知书；③投标报价书；④专用合同条件；⑤通用合同条件；⑥项目法人要求；⑦投标书；⑧双方确认构成合同组成部分的其他文件。

（5）投标报价书格式。

（6）投标保函、履约保函格式。招标文件对投标保函和履约保函一般都规定具体的格式，也是可规定的废标条件。除非招标文件有明文规定，否则投标人必须提交招标文件规定格式和内容的保函。如果不这样做，可能引起投标文件的无效。

（7）法定代表证明书、授权委托书格式。这两个文件是投标文件中必须随附的法定文件，是招标文件必备的格式文件，投标人必须按照招标文件的规定格式和内容要求填写，否则可能引起投标文件的无效。

（8）项目法人对项目进度、质量、安全、投资控制等要求。

（9）投标辅助资料。

（10）资格审查资料。其主要包括以下内容：①投标人资质文件复印件；②投标人营业执照复印件；③联合体协议书（如有）；④投标人基本情况表（格式）；⑤近期完成的类似工程情况表（格式）；⑥正在实施或新承接的勘察设计和施工工程情况表（格式）；⑦注册会计师事务所出具的财务状况表（格式）。

（11）投标人经验、履约能力、资信情况等证明文件。对于大型水利工程来说，投标人的经验、能力和资信是招标人非常看重的一个方面，但这些方面的内容也容易出现虚假材料，招标人或招标代理机构应采取措施防止投标人造假，以便于评标委员会审查判断其真伪性。

（12）评标标准和方法。评标方法的选择是总承包招标过程是最重要的一个环节，应根据招标项目的规模、技术复杂程度、勘察设计施工条件、市场竞争情况等因素来选择评标方法和标准（详见第六章）。总承包招标一般采用综合评估法。

（13）总承包的专门要求。

（14）招标图纸。招标人可要求招标图纸由项目可行性研究报告编制单位负责提供。

（15）其他招标资料。其他招标资料主要指，不构成招标文件的内容、仅对投标人编写投标文件具有参考作用的资料。招标人对投标人根据参考资料而引起的错误不承担任何责任。

第九节　代建单位招标文件编制

代建单位招标是随着项目投资体制和建设管理体制改革，特别是2004年7月《国务院关于投资体制改革的决定》颁发实施以来，出现的新型招标项目和类型。

一、代建单位招标主要特点

（1）代建单位招标属于服务招标的性质，其标的就是项目管理服务，一般采用综合评估法评标。

（2）代建项目招标人具有一定的特殊性，政府投资项目的代建招标人一般为政府有关主管部门或专门的代建管理机构。

（3）国家对代建项目投标人没有设定专门的资质等级要求，一般只要求具备相应专业的勘察设计、施工、咨询、监理的一项或几项资质，同时要求具有与相应代建项目规模相适应的勘察设计、施工、咨询、监理的一项或多项经验，具有良好的经营业绩和资信能力。

（4）经招标确定中标代建人的法律地位，一般具有代业主的主要管理职能。

（5）代建单位招标范围，根据项目规模、内容、招标人意愿和有关主管部门规定，既可以按照全过程（包括可行性研究报告、初步设计、建设实施至竣工验收）代建招标，也可以分阶段（例如前期工作与施工分工）代建招标。

（6）代建招标合同涉及面广、合同关系比较复杂。招标时应特别关注如何合理划分招标人、出资人、代建人、使用人的职责和分工。

（7）现阶段代建招标的代建费用没有统一的国家规定和统一的计算依据，而是根据现行设计概算的建设单位管理费、项目建设条件和有关规定进行综合考虑来设定。

二、代建单位招标文件编制的主要依据

（1）国家有关招标投标的法律、行政法规、部门规章、地方性法规规章和主管部门合法的规范性文件等。

（2）国家发改委、原建设部、水利部等颁布的项目代建制有关管理规范和规范性文件。

（3）项目审批部门批准的项目建议书、可行性研究报告或初步设计报告批准文件及其附件设计文本、图纸。

（4）国家和水利水电行业主管部门颁发的有关勘察设计规范、施工技术规范、行业规范、地方规范等。

（5）《合同法》和有关经济法规、质量法规、劳动法规、移民征地法规、安全生产法规、保险法规和规范性文件。

（6）国家和主管部门颁布的各种招标与合同条款示范文本。

（7）招标人对招标项目的质量、进度、投资造价等控制性要求。

（8）招标人对工程创优、文明施工、安全、环保等方面的要求。

（9）招标前招标人已经与有关单位和部门签订的协议或合同文件。

三、代建单位招标文件编制的主要内容

（1）投标邀请书或投标通知书。

（2）投标人须知。其主要内容包括：代建项目概况，招标范围和内容，服务期限、招标人提供的现场工作及生活条件（包括交通、通讯和住宿等），资金来源和落实情况，投资控制目标、进度控制目标、质量管理目标、安全管理目标，对投标人资格和现场人员的要求，对投标联合体的要求，保密要求，招标文件的组成，招标文件的答疑和修改、补充，投标文件编制、份数、签署、有效期要求，投标报价要求，投标保证金规定，现场考察和标前会，投标截止时间，投标文件的递送方式和地点，开标时间、地点，评标时间，重大偏差的规定，开标、评标程序，评标定标依据，中标通知

和履约保证金规定等。

（3）合同条款和附件。目前国家尚无代建单位招标文件的范本，一般由招标人和招标代理机构参照有关规定进行编制。水利工程可参考 GF—2000—0211《水利工程建设监理合同示范文本》的有关规定。代建单位招标合同主要条款应包括：代建范围和内容、代建服务期限、代建目标和要求、代建单位权利义务、发包（招标人）人权利义务、项目法人权利义务、代建服务报酬、价款支付和结算办法、奖励机制、违约责任、争议和纠纷的解决办法等。

（4）投标报价要求及其计算方式。

（5）代建投标书格式和有关投标文件格式要求（如报价书、保证金、协议书、法定代表证书、授权委托书、履约保函格式等）。

（6）投标辅助资料格式。

（7）资格审查资料要求和格式。

（8）评标方法和标准。水利工程代建招标评标方法主要是综合评估法。由于代建招标主要侧重于服务技术、经验和管理能力，因此建议评标办法中服务报价的比重不应太高。

（9）招标项目基本情况说明。主要包括工程地址、建设规模、投资估算、设计（洪水）标准、等级、工程所在地的社会经济水平、工程现状、设计工期、施工条件、物价水平、水文、气象、地质情况、环境条件、主要设计方案、建筑物布置、结构形式、有关技术经济指标、移民征地情况、建设质量目标、投资控制目标、进度控制目标和安全管理要求等。

（10）项目审批部门和主管部门对招标项目立项或初步设计批准文件复印件和有关咨询报告、资料。

（11）必要的与项目相关的文件和招标图纸。招标图纸主要包括工程地理位置图、水系图、总体布置图、交通图、有关规划或设计图纸等。

第十节　项目法人招标文件编制

项目法人招标是近年来国家投资主管部门着力推广的一种招标形式，是进一步扩宽招标范围、扩大有一定投资回收能力的公益性、公共基础设施投资途径的一种方式。

一、项目法人招标的主要特点

（1）项目法人招标一般具有特许经营的性质，是特许经营权招标的一种形式。

（2）项目法人招标大多在公共基础设施领域，如水利水电、市政、交通等。

（3）水利项目法人招标的项目一般具有公益性或兼有公益性的特点，在招标文件编制时要充分考虑公益性的要求。

（4）项目法人招标人一般是各级行业主管部门或政府授权的其他有关机构。

（5）项目法人投标人不需要专门的资质，但应具有企业法人资格，特别注意其资金实力、融资能力、专业技术管理力量，应有经营管理经验。

(6) 项目法人招标范围根据不同行业而不同。对于水利行业来说，项目法人招标一般是具有垄断性、经营性的发电、供水项目，或者防洪灌溉兼有发电、供水效益的项目。

(7) 项目法人中标人履约期限较长，合同条件要充分考虑过程管理的特点。

二、项目法人招标文件编制的主要依据

(1) 国家有关招标投标的法律、行政法规、部门规章、地方性法规规章和主管部门合法的规范性文件等。

(2) 国家发展与改革委、水利部、原建设部等颁布的项目法人建立、管理等有关规范和规范性文件。

(3) 国家有关部门批准的江河流域综合规划、水资源开发利用和保护专项规划，以及防洪、灌溉、供水专项规划等。

(4) 项目所在地国民经济和社会发展五年计划或规划，以及与项目有关的其他专项规划。

(5) 国家和有关主管部门颁发的有关强制性条款、勘察设计、施工技术规程规范、行业规范、地方规范等。

(6)《合同法》和有关经济法规、质量法规、劳动法规、移民征地法规、安全生产法规、保险法规和规范性文件。

(7) 国家和有关行业主管部门颁布的各种招标与合同条款示范文本。

(8) 招标人对招标项目的质量、进度、安全、投资造价等控制性要求。

(9) 招标人对防洪、灌溉、生态、环保、水保、征地等方面的公益性要求。

(10) 政府和有关主管部门对项目建设的相关专门规定和要求。

(11) 招标前政府有关部门已经与有关单位和部门签订的协议或合同文件。

三、项目法人招标文件的主要内容

水利项目法人招标文件主要包括以下几个方面的内容：

(1) 投标邀请书或投标通知书。

(2) 投标须知。主要内容包括：招标项目概况，项目所在流域综合规划或专项规划中的依据，规划对招标项目的要求，招标范围和内容，整个项目中经营部分与公益性部分的划分依据或相关规定，公益部分的投资构成、出资来源、方式、落实情况，项目法人经营服务期限，招标项目在建设与运营过程中服从国家防汛抗旱指挥机构的调度要求，航道、海事或其他相关业务部门对项目的要求，中标项目法人应负责出资的比例和要求，投资控制目标、进度控制目标、质量管理目标和安全管理目标，对投标人注册资金、筹资能力方面要求，对投标人资格、经验和技术力量的要求，对投标联合体的要求，保密要求，招标文件的组成，招标文件的答疑和修改、补充，投标文件编制、份数、密封、签署、有效期要求，投标报价要求，投标保证金规定，现场考察和标前会，投标截止时间，投标文件的递送方式和地点，开标时间、地点，评标时间，重大偏差的规定，开标、评标程序，评标定标依据，中标通知和履约保证金规定等。

(3) 合同条款和附件。目前国家有关部门对项目法人招标还没有颁布招标与合同范

本。根据《合同法》和招标投标有关法规，项目法人招标合同主要条款应包括：项目招标范围和内容、项目经营期限；整个项目中经营部分与公益性部分（如有）的划分依据或相关规定，公益部分的投资构成、出资来源和方式；招标项目在建设与运营过程中服从国家防汛抗旱指挥机构的调度要求，航道、海事或其他相关业务部门对项目的要求；公益部分资金来源和落实情况，中标项目法人应负责出资的比例和要求；投资控制目标、进度控制目标、质量管理目标和安全管理目标；中标人权利义务、发包人权利义务；建设过程中公益部分投资的价款支付和结算办法，自筹资金的投入比例和投入进度要求；征地移民的责任；中间验收、完工和竣工验收依据和办法；公益性部分项目的管理；项目经营期满后的项目处理办法；违约责任、争议和纠纷的解决办法；不可抗力的有关规定等。

(4) 投标报价要求及其计算方式。

(5) 投标书格式和有关投标文件格式要求（如报价书、保证金、协议书、法定代表证书、授权委托书、履约保函格式等）。

(6) 投标辅助资料格式（如投标人基本情况及介绍文件、投入的主要力量、经营管理情况、设备情况等）。

(7) 资格审查资料要求和格式（如资格证书、营业执照、经验证明、资信证明、融资能力证明、企业财务状况等）。

(8) 评标方法和标准。项目法人招标属于专营权或投资主体的招标，其评标一般采用综合评估法。

(9) 招标项目基本情况说明。主要内容包括：项目规划依据、工程地址、建设规模、投资估算、设计（洪水）标准、等级、工程所在地的社会经济水平、工程现状、施工条件、物价水平、水文、气象、地质情况、环境条件、主要设计方案、建筑物布置、结构形式、有关技术经济指标、移民征地情况、建设目标、计划建设工期等。

(10) 规划审批情况，项目建议书、可行性研究报告或初步设计报告审批完成情况和批复文件（如有），项目审批部门和主管部门对招标项目有关要求和有关咨询报告、资料。

(11) 与招标项目有关的其他主管部门，如水利项目有关的交通、航道等部门，对项目建设管理与运行管理的有关规定文件和要求。

(12) 与招标项目有关的其他必要文件和招标图纸。

第十一节　河砂开采权招标文件编制

河砂开采权招标也是近几年才逐步规范和发展起来的水利招标类型。

一、河砂开采权招标的主要特点

(1) 河砂开采权实质上是特许经营权的一种。河砂属国家所有，其具有较高经济价值，又有资源稀缺性的特点，因此，其采掘经营权招标实际上属于特许经营权招标的范畴，是一种资源型的特许经营招标。

(2) 河砂开采权招标人一般是各级水行政主管部门或其授权的有关部门，其按照有关法律、法规的规定，通过市场竞争机制选择规定河道范围内的河砂开采经营人，明确其在一定期限、一定河道范围和一定数量内开采经营河砂的权利。

（3）河砂开采具有经济性与安全性特点。河砂的采掘和供应既关系到各行各业的经济建设，也事关河道安全、行洪安全和航道安全等。因此，采砂权招标既要满足河道防洪安全的要求，又要符合国家招标投标的法规要求，还要符合国家和地方有关河道管理和采砂管理的有关规定。

（4）河砂开采具有垄断性质。采砂权招标一旦确定中标人，招标河道的采砂权即由中标人拥有，其同时拥有该河道河砂的定价权，具有一定的垄断性。

（5）采砂权招标范围规定严格。由于河道采砂关系到堤防、航道等安全，采砂权招标范围必须经相应水行政主管部门或其授权机构严格规定，实行采砂许可证制度，不得随意变更、转让许可证。

（6）采砂权经营期限较短，一般不超过一年，具体根据各河道特性和各地的规定而不同。

（7）采砂权招标人具有法定性。根据《河道管理条例》和国家、地方法规等有关规定，河道采砂许可证由各级人民政府水行政主管部门颁发。

（8）河砂开采权招标一般采用二阶段评标法。投标人获得投标资格且其技术条件符合要求后，以第二阶段评审结果作为中标依据。

（9）河砂开采权招标采用总价承包方式。河砂开采许可出让金和采砂数量均在招标文件中明确规定，固定不变。

二、河砂开采权招标文件编制的主要依据

（1）国家有关招标投标的法律、行政法规、部门规章、地方性法规规章和主管部门颁布的规范性文件等。

（2）国家颁布的水法、防洪法、矿产资源法、航道管理条例、河道管理条例、采砂管理条例等法律、行政法规和地方法规、规章，以及水行政主管部门等颁布的有关河道管理、采砂管理的相关规定和规范性文件。

（3）国家和地方有关主管部门批准的河道采砂规划、河砂开采区年度计划、江河流域综合规划、防洪规划、岸线规划，以及与项目有关的其他专项规划等。

（4）国家和有关部门颁发的海事管理、航道管理、生态保护、地质灾害防护等有关法规和规范性文件。

（5）国家和有关主管部门颁发的有关规范强制性条款、勘察设计、施工技术规程规范、行业规范、地方规范等。

（6）《合同法》和有关经济法规、劳动法规、安全生产法规、保险法规和规范性文件。

（7）主管部门和招标人对防洪、航道、海事、供水灌溉、生态、环保等方面的强制性要求。国家和主管部门颁布的各种招标与合同条款示范文本。

（8）主管部门和招标人对采砂范围规定、高程控制要求、计量要求、采砂设备要求、安全生产要求、采砂期限规定、采砂堆场要求、运输要求等。

（9）河砂开采权出让费、河道采砂管理费、矿产资源补偿费等其他费用缴纳规定和

要求。

（10）当地政府和有关部门对采砂的相关要求。

三、河砂开采权招标文件的主要内容

（1）投标邀请书或投标通知书。

（2）投标须知。主要内容包括：项目概况，采砂权招标范围、控制高程和内容，采砂期限，河砂开采作业（船舶、船员等）要求；投标人资格条件要求（主要包括主体法人资格要求、营业执照、注册资金要求、船舶检验证书、船舶登记证书、船员适任证书、诚信记录、安全生产记录等）；招标文件组成、答疑、修改与补充；投标费用，保密要求；资格审查要求（如采用资格后审时）；投标文件编制组成要求、投标文件的份数、装订、签署与密封要求，投标文件的递交截止时间要求、修改与撤回要求，投标报价要求，投标文件有效期、投标保证金有效期和要求；对投标联合体的要求，接受现场监理的要求，现场考察和标前会，投标截止时间，投标文件的递送方式和地点，开标时间、地点，评标时间，重大偏差的规定，开标、评标程序，评标定标依据、办法和标准，评标监督管理，重新招标的规定，中标通知、中标公示和履约保证金规定，合同谈判、合同签订等要求。

评标方法和标准可以作为招标文件的一个章节，单独编写，并将全部内容附在招标文件中。

（3）合同条款和附件。目前我国暂没有制定统一的河砂开采权招标与合同文件范本，建议招标人和招标代理机构参考我国现有合同范本和有关规定，制定河砂开采权出让专用合同条款和通用合同条款。采砂权出让合同一般由合同协议书（包括补充协议）、中标通知书、投标报价书、专用合同条款、通用合同条款、采砂技术规定和要求、招标文件有关要求、投标文件和承诺文件、经双方确认列入合同的其他有关文件等组成。合同的解释顺序在招标合同条款中要明确规定，可以参照前面叙述的次序来确定其先后顺序。

采砂权出让合同条款应主要（但不限于）包括以下内容：

1）合同双方名称、地址、法定代表人、委托代理人，联系电话、邮箱、传真、联系方式、开户银行和账号。

2）河道采砂具体地址、范围、高程、坐标方位、数量要求等。

3）河道采砂作业方式和期限，采砂开工与完工日期确认规定和要求。

4）合同双方权利义务的规定。

5）采砂许可证的申请领取、注销规定和要求。

6）采砂权出让费、采砂管理费、矿产资源补偿费、履约保证金等有关费用的缴交方式和办法。

7）监理工程师对采砂管理的职权和义务。

8）采砂开始前的河道测量、采砂量的核定、中间检测、完工验收等规定和要求。

9）采砂现场管理规定和要求。

10）对采砂设备、作业工具、操作人员（船员、操作手等有关人员）资格要求、采砂工作时间的管理规定和要求。

11）河砂堆放、运输管理规定和要求。

12）采砂安全生产管理要求。

13）合同的生效、变更、解除、终止等规定和要求。

14）河砂开采权的终止规定。

15）合同双方违约责任的规定。

16）合同纠纷的协商调解、仲裁或诉讼规定。

17）合同风险和不可抗力的规定。

18）其他附件。

（4）投标报价要求及其计算方式。

（5）投标书格式和有关投标文件格式要求（如报价书格式、投标保证金格式、有关承诺书格式、协议书格式、法定代表证书格式、授权委托书格式、履约保函格式等）。

（6）投标辅助资料格式（如投入设备和工具清单、投入现场主要管理和操作人员名单、投标人之前曾经承担过或目前正在承担的采砂作业项目情况）。

（7）资格审查资料要求和格式。

（8）评标方法和标准。采砂权招标评标方法主要有二阶段评标法和综合评估法。应当注意的是，不管采用哪一种评标方法，均必须在招标文件中明文规定，凡是在招标文件中没有公布的评标方法和标准均不能作为评标定标依据。目前大多采用二阶段评标法。一般在资格审查的基础上对投标文件的有关技术要求和实质性进行评审，然后对合格的投标文件进行经济标评审，最终以投标报价符合招标文件中规定的评标定标办法确定中标人。

（9）采砂作业技术规定和要求。主要内容包括：采砂项目概况（河道名称、地址、河势、水文、气象、地质情况、所在河道堤防防洪标准、通航、岸线控制要求等）；采砂设备要求和采砂作业方式；采砂范围要求、控制断面、高程、坐标方位；采砂数量控制、计量规则和要求；河砂堆放、运输要求；采砂作业安全生产和操作人员资格要求；通航、生态和环保要求；采砂期限要求；禁采区规定；超范围采砂的处理与补救措施；对航道和堤防的保护要求；防洪规划、岸线规划、通航等规定和要求；采砂作业场地完成后的处理，采砂验收规定和要求。

（10）有关采砂管理的地方规定和规范性文件要求，对采砂管理的主要监督管理机构。

（11）与采砂项目有关的咨询评估报告、测量资料、图纸。

第十二节　招标文件编制应注意的问题

前面几节全面论述了水利项目各主要类型招标文件和标底编制的特点、依据和主要内容，那么，招标文件是不是仅仅按照前面所述内容编制就完整了呢？答案显然是否定的。招标文件当然要按照有关法规和前述内容去编制，但在编制过程中，还必须注意如下问题：

（1）必须严格执行《招标投标法》、行政法规以及国家发改委、水利部等部门规章的规定，贯彻公开、公平、公正、诚实信用的原则。

（2）地方水利项目的招标投标，还必须遵守地方法规、规章和符合法规的规范性文件等有关规定。

(3) 凡法律法规有强制性规定的招标投标程序、质量、技术、规格、参数、工艺，必须坚决执行，不能打半点折扣。如，《招标投标法》规定，“依法必须进行招标的项目，自招标文件开始发出之日起至投标人提交投标文件截止之日止，最短不得少于二十日。”又如，“开标应当在招标文件确定的提交投标文件截止时间的同一时间公开进行；开标地点应当为招标文件中预先确定的地点。”这些都必须严格执行。

(4) 招标文件中不得含有擅自提高招标项目的工程等级、限制或排斥潜在投标人的内容。如人为提高承担招标项目的勘察设计、监理、施工等单位的资质（资格）等级要求；或者是限制有资质、有能力的投标人投若干个标段。

(5) 招标文件中不得强制投标人组成联合体共同投标，不得限制投标人之间的竞争。

(6) 招标文件中规定的各项技术要求、标准、规格应当符合国家技术法规的规定，不得要求或标明某一特定的专利技术、商标、名称、设计、原产地或供应者等，不得含有倾向或者排斥潜在投标人的内容。如果必须引用某一供应者的技术规格才能准确或清楚地说明拟招标货物的技术规格时，则应当在参照后面加上“或相当于”的字样。

(7) 招标人不得在招标文件中直接指定分包商，也不能强制投标人选择指定分包商。中标项目分包严格限定在非主体、非关键性工程，并在招标文件中明确规定，任何单位和个人不得要挟、暗示中标人分包部分工程给本地区、本行业的承包商、供货商。

(8) 水利工程建设项目招标基本上使用格式合同条款，要以明示方式提请对方注意合同的免责条款。合同条款中不应过于增加投标人责任和过于减轻招标人责任的条款，双方权利义务应基本均等，尽量做到双赢。

(9) 如果招标项目设置标底，则标底的编制一定要采取保密措施，并且应在有关监督单位的监督下进行，不能规定将标底决定为废标的直接依据。国家发展与改革委鼓励采用无标底招标的评标方法。如果地方法规规定，财政性投资的项目一般不设标底，设置最高限价和最低限价，应予执行。即使地方没有规定，建议要设置最高限价，因为水利等财政性投资项目，国家对投资有严格的控制规定；最低限价是否设置，应根据招标项目情况和市场竞争程度等因素确定。

(10) 招标文件中不能规定采取抽签、摇号等博彩性方式进行投标资格预审、决定投标标段和确定中标人，也不能以当地注册、备案登记、当地经验等作为资格预审或评标加分的条件。

(11) 必须在招标文件中明确规定开标时间，也就是投标文件的截止提交时间，既不能提前也不能推迟。

(12) 评标标准和评标方法必须在招标文件中全部公开载明，并不得随意改变，也不得搞所谓的非公开的评标细则。凡未在招标文件中公开的评标标准和评标方法均不得作为评标依据。

(13) 对于重大偏差的认定，必须在招标文件中明确，不能含糊其辞；凡法律法规有明确规定的，应该全部采用，国家法规没有明确规定的，应谨慎采用。

(14) 评标委员会必须严格按规定组建，并在招标文件中予以明确，凡国家有投资的建设项目，其评标专家库必须选用国家或省级有关主管部门批准颁布的评标专家库，不能采用其他专家库。

(15) 评标方法和标准中不得以获得本地区、本行业奖项作为中标条件或者评标加分条件。禁止人为划分小标段，阻碍外地区企业、其他行业单位参加投标。

(16) 勘察设计招标时，招标文件中不应要求投标人在投标时编制达到国家标准的设计阶段深度的投标文件。

(17) 设计招标时，如果需要使用未中标单位的设计方案，应该取得该投标人同意并给予方案设计人补偿。

(18) 科技项目招标应着重投标人的科研实力、技术力量、创新性和相应的试验研究硬件设备、经验业绩、千万不能采用最低投标价法。

(19) 总承包项目招标范围，一般不应包括监理内容。工程的建设监理由独立的第三方承担，更有利于项目的建设管理，有利于独立公正地完成项目建设任务。

(20) 代建单位招标文件编制过程中，应特别注意明确投资方、代建方、使用方的权利义务、以免在建设管理过程产生扯皮现象。

(21) 项目法人招标文件编制中，对于水利项目来说，应着重明确公益性建设目标的实现措施，确保项目社会效益的实现。

(22) 河砂开采权招标文件编制，最关键的内容之一就是河砂开采过程的监控，应采取措施确保河砂开采按招标文件规定的范围、高程、数量进行开采，保证河道防洪、航道等公共安全。

第四章 水利项目投标

第一节 投标基本条件

所谓水利项目投标，是指符合水利项目相应资质条件和各项技术经济商务条件的投标人（包括咨询、勘察、设计、设备制造、施工、监理、项目法人、代建单位、总承包、采砂权等）进行项目投标活动的全过程，是投标单位使用经济手段获得项目任务的竞争活动。《招标投标法》第二十六条规定："投标人应当具备承担招标项目的能力；国家有关规定对投标人资格条件或者招标文件对投标人资格条件有规定的，投标人应当具备规定的资格条件。"项目投标基本条件，一般包括投标单位组织条件、资格（资质）条件、经验条件和其他条件等方面。对水利项目投标人来说，必须具备相应的法人条件、资质条件、经验条件和招标文件规定的其他条件。招标人对招标条件的设立和要求，应严格按国家有关招标投标法规和国家资质管理规定，不能随意设立条件，不得故意限制潜在的投标人参与投标竞争。

一、投标人法人条件

《招标投标法》规定：投标人是响应招标、参加投标竞争的法人或者其他组织。从国家现行规定来看，参加水利工程建设项目的勘察、设计、咨询、监理、施工、设备制造竞标的投标人均必须为法人单位，除极个别的科研项目外，不允许个人或其他组织参与水利工程投标。水利建设项目的投标，目前还不允许个人参加。

二、投标人资质（格）条件

由于水利项目特殊性、复杂性和专业性的特点，国家对进入水利项目的勘察设计、监理、施工、设备制造等方面规定了比较严格的资质要求和市场准入条件；对科研、项目法人、代建单位、项目总承包、采砂权招标等虽然没有规定资质条件，但有关部门也规定了一定的资格条件。下面根据原建设部和水利部的有关规定，主要针对水利工程勘察、设计、监理、施工企业的承包范围，也就是对各类型资质的勘察、设计、监理、施工等企业能够进行投标承担水利工程建设项目的规模等级规定进行介绍。

1. 承担水利工程勘察的资质条件

承担水利工程勘察任务的条件，也就是具有各等级勘察资质的单位能够投标水利工程的范围。国家对承担水利工程勘察任务的资质要求没有按照行业进行分类，根据原建设部建设［2001］22 号文的规定，工程勘察资质范围包括建设工程项目的岩土工程、水文地质勘察和工程测量等专业，其中岩土工程是指岩土工程勘察，岩土工程设计，岩土工程测试、监测、检测，岩土工程咨询、监理，岩土工程治理。

工程勘察资质分三大类，分别是综合类、专业类和劳务类。综合类包括工程勘察所有专业；专业类是指岩土工程、水文地质勘察、工程测量等专业中的某一项，其中岩土工程专业类可以是岩土工程勘察、设计、测试监测检测、咨询监理中的一项或全部；劳务类是指岩土工程治理、工程钻探、凿井等。

工程勘察综合类资质只设甲级；工程勘察专业类资质原则上设甲、乙两个级别，确有必要设置丙级勘察资质的地区经原建设部批准后方可设置专业类丙级；工程勘察劳务类资质不分级别。

各类资质的勘察单位允许承担的工程业务范围是：

(1) 综合类工程勘察单位承担工程勘察业务范围和地区不受限制。

(2) 专业类甲级工程勘察单位承担本专业工程勘察业务范围和地区不受限制。

(3) 专业类乙级工程勘察单位可承担本专业工程勘察中、小型工程项目，承担工程勘察业务的地区不受限制。

(4) 专业类丙级工程勘察单位可承担本专业工程勘察小型工程项目，承担工程勘察业务限定在省、自治区、直辖市所辖行政区范围内。

(5) 劳务类工程勘察单位只能承担岩土工程治理、工程钻探、凿井等工程勘察劳务工作，承担工程勘察劳务工作的地区不受限制。

承担水利工程勘察任务的勘察企业必须与承担的工程规模、等级相适应。有关工程规模、等级的划分按照国家和水利部规定标准划分。

根据水利部 SL 252—2000《水利水电工程等级划分及洪水标准》的规定，有关水利工程的等级标准（见表 4-1～表 4-3)。

表 4-1　水利水电工程分等指标

工程等别	工程规模	水库总库容（$\times10^8 m^3$）	防洪		治涝	灌溉	供水	发电
			保护城镇及工矿企业的重要性	保护农田面积（$\times10^4$ 亩）	治涝面积（$\times10^4$ 亩）	灌溉面积（$\times10^4$ 亩）	供水对象重要性	装机容量（$\times10^4$ kW）
Ⅰ	大（1）型	≥10	特别重要	≥500	≥200	≥150	特别重要	≥120
Ⅱ	大（2）型	10～1.0	重要	500～100	200～60	150～50	重要	120～30
Ⅲ	中型	1.0～0.1	中等	100～30	60～15	50～5	中等	30～5
Ⅳ	小（1）型	0.1～0.01	一般	30～5	15～3	5～0.5	一般	5～1
Ⅴ	小（2）型	0.01～0.001		<5	<3	<0.5		<1

注　1. 水库总库容指水库高水位以下的静库容。
　　2. 治涝面积和灌溉面积均指设计面积。

表 4-2　拦河水闸工程分等指标

工程等别	工程规模	过闸流量（m^3/s）	工程等别	工程规模	过闸流量（m^3/s）
Ⅰ	大（1）型	≥5000	Ⅳ	小（1）型	100～20
Ⅱ	大（2）型	5000～1000	Ⅴ	小（2）型	<20
Ⅲ	中型	1000～100			

表 4-3　　灌溉、排水泵站分等指标

工程等别	工程规模	分等指标	
		装机流量（m^3/s）	装机功率（$\times 10^4 kW$）
Ⅰ	大（1）型	≥200	≥3
Ⅱ	大（2）型	200～50	3～1
Ⅲ	中型	50～10	1～0.1
Ⅳ	小（1）型	10～2	0.1～0.01
Ⅴ	小（2）型	<2	<0.01

注　1. 装机流量、装机功率系指包括备用机组在内的单站指标。

2. 当泵站按分等指标分属两个不同等别时，其等别按其中高的等别确定。

3. 由多级或多座泵站联合组成的泵站系统工程的等别，可按其系统的指标确定。

2. 承担水利工程设计的资质条件

工程设计资质分为综合资质和行业资质。国家对承担水利工程项目的设计任务设置了专门的水利行业资质条件，根据原建设部建设［2001］22号文有关规定，工程设计范围包括本行业建设工程项目的主体工程和必要的配套工程（含厂区内的自备电站、道路、铁路专用线、各种管网和配套的建筑物等全部配套工程），以及与主体工程、配套工程相关的土木、建筑、环境保护、消防、安全、卫生、节能等。

工程设计行业资质设甲、乙、丙三个级别，除建筑工程、市政公用、水利和公路等行业所设工程设计丙级资质可独立进入工程设计市场外，其他行业工程设计丙级资质设置的对象仅为企业内部所属的非独立法人设计单位。水利行业设计资质按规定只分甲、乙、丙三个级别，各级别水利设计资质承担业务范围也就是允许参加投标的范围，分别是：

（1）甲级水利设计单位承担本行业建设项目的工程设计范围和地区不受限制。

（2）乙级水利设计单位可承担本行业的中、小型水利建设项目的工程设计任务（设计规模划分按照国家和水利部规范），承担工程设计任务的地区不受限制。

（3）丙级水利设计单位可承担本行业的小型水利建设项目的工程设计任务，承担工程设计任务限定在省、自治区、直辖市所辖行政区范围内。

具有甲级、乙级资质的单位，可承担相应的咨询业务。除特殊规定外，还可承担相应的工程设计专项资质的业务。

3. 承担水利工程监理的资质条件

根据水利部2010年40号令《水利工程建设监理单位资质管理办法》的有关规定，水利工程建设项目的监理单位资质分为水利工程施工监理、水土保持工程施工监理、机电及金属结构设备制造监理和水利工程建设环境保护监理四个专业。其中，水利工程施工监理专业资质和水土保持工程施工监理专业资质分为甲级、乙级和丙级三个等级，机电及金属结构设备制造监理专业资质分为甲级、乙级两个等级，水利工程建设环境保护监理专业资质暂不分级。各专业资质等级可以承担的业务范围如下：

（1）水利工程施工监理专业各等级资质业务范围：

1）甲级可以承担各等级水利工程的施工监理业务。

2）乙级可以承担Ⅱ等（堤防2级）以下各等级水利工程的施工监理业务。

3）丙级可以承担Ⅲ等（堤防3级）以下各等级水利工程的施工监理业务。

适用上述规定的水利工程等级划分标准按照SL 252—2000《水利水电工程等级划分及洪水标准》执行。

（2）水土保持工程施工监理各等级专业资质业务范围：

1）甲级可以承担各等级水土保持工程的施工监理业务。

2）乙级可以承担Ⅱ等以下各等级水土保持工程的施工监理业务。

3）丙级可以承担Ⅲ等水土保持工程的施工监理业务。

4）同时具备水利工程施工监理专业资质和乙级以上水土保持工程施工监理专业资质的，方可承担淤地坝中的骨干坝施工监理业务。

根据水利部2010年40号令附件有关规定，适用上述等级的水土保持工程等级划分标准为：

Ⅰ等：500km^2 以上的水土保持综合治理项目；总库容100万m^3 以上、500万m^3 以下的沟道治理工程；征占地面积500hm^2 以上的开发建设项目的水土保持工程。

Ⅱ等：150km^2 以上、500km^2 以下的水土保持综合治理项目；总库容50万m^3 以上、100万m^3 以下的沟道治理工程：征占地面积50hm^2 以上、500hm^2 以下的开发建设项目的水土保持工程。

Ⅲ等：小于150km^2 的水土保持综合治理项目；总库容小于50万m^3 的沟道治理工程；征占地面积小于50hm^2 的开发建设项目的水土保持工程。

（3）机电及金属结构设备制造监理专业各等级资质业务范围：

1）甲级可以承担水利工程中的各类型机电及金属结构设备制造监理业务。

2）乙级可以承担水利工程中的中、小型机电及金属结构设备制造监理业务。

设备制造监理资质的业务范围主要包括：发电机组、水轮机组、闸门、压力钢管、拦污设备、起重设备等。根据水利部2010年40号令附件有关规定，适用上述监理资质的机电及金属结构设备等级划分标准见表4-4～表4-6。

表4-4　发电机组、水轮机组等级划分标准

工程规模	划分标准（装机容量×10^{4}kW）	工程规模	划分标准（装机容量×10^{4}kW）
大型	≥30	小型	＜5
中型	5～30		

表4-5　水工金属结构设备等级划分标准

	规格分档	参数标准：FH=门叶面积（m^2）×设计水头（m）
闸门	大型	$FH \geqslant 1000m^2$
	中型	$200 \leqslant FH < 1000m^2$
	小型	$FH < 200m^2$
压力钢管	规格分档	参数标准：DH=直径（m）×设计水头（m）
	大型	$DH \geqslant 300m^2$
	中型	$50 \leqslant DH < 300m^2$
	小型	$DH < 50m^2$

续表

	规格分档	参数标准	
		耙斗式	回转式
拦污设备	大型	耙斗容积≥3m³	齿耙宽度（m）×清污深度（m）≥100m²
	中型	1m³≤耙斗容积<3m³	30m²≤齿耙宽度（m）×清污深度（m）<100m²
	小型	耙斗容积<1m³	齿耙宽度（m）×清污深度（m）<30m²

表 4-6 起重设备等级划分标准

规格分档	划分标准（起重量 G）	规格分档	划分标准（起重量 G）
大型	$G \geqslant 100$t	小型	$G<30$t
中型	30t$\leqslant G<100$t		

（4）水利工程建设环境保护监理专业资质业务范围：可以承担各类各等级水利工程建设环境保护监理业务。

4. 承担科技项目的资格条件

国家对科技项目的投标没有设置专门的资质规定和条件，但招标人一般会在招标文件上要求具有工程咨询资质或相应勘察设计资质的法人才能参加科技项目的投标。

5. 承担水利工程施工的资格条件

根据原建设部 2001 年颁发的 87 号令和建建［2001］82 号文的有关规定，水利工程建筑施工企业资质分为施工总承包、专业承包和劳务分包三个序列。

获得施工总承包资质的企业，可以对工程实行施工总承包或者对主体工程实行施工承包。承担施工总承包的企业可以对所承接的工程全部自行施工，也可以将非主体工程或者劳务作业分包给具有相应专业承包资质或者劳务分包资质的其他建筑业企业。

获得专业承包资质的企业，可以承接施工总承包企业分包的专业工程或者建设单位按照规定发包的专业工程。专业承包企业可以对所承接的工程全部自行施工，也可以将劳务作业分包给具有相应劳务分包资质的劳务分包企业。

获得劳务分包资质的企业，可以承接施工总承包企业或者专业承包企业分包的劳务作业。

水利水电施工企业资质等级标准由 1 个水利水电工程施工总承包资质等级标准和水工大坝工程、水工隧洞工程、水工建筑物基础处理工程、河湖整治工程、水工金属结构制作与安装工程、水利水电机电设备安装工程、堤防工程等 7 个专业承包企业资质等级标准组成。以下将各类型各等级施工资质可以投标的承包范围分别阐述。

（1）获得水利工程总承包各等级施工企业的承包范围。

特级企业：可承担各种类型水利水电工程及辅助生产设施工程的施工。

一级企业：可承担单项合同额不超过企业注册资本金 5 倍的各种类型水利水电工程及辅助生产设施工程的施工。工程内容包括：不同类型的大坝、电站厂房、引水和泄水建筑物、通航建筑物、基础工程、导截流工程、砂石料生产、水轮发电机组、输变电工程的建筑安装；金属结构制作安装；压力钢管、闸门制作安装；堤防加高加固、泵站、涵洞、隧道、施工公路、桥梁、河道疏浚、灌溉、排水工程施工。

二级企业：可承担单项合同额不超过企业注册资本金 5 倍的下列工程的施工：库容 1 亿 m^3、装机容量 100MW 及以下水利水电工程及辅助生产设施工程的施工。工程内容同一级企业。

三级企业：可承担单项合同额不超过企业注册资本金 5 倍的下列工程的施工：库容 1000 万 m^3、装机容量 10MW 及以下水利水电工程及辅助生产设施工程的施工。工程内容同一级企业。

（2）获得水利工程各专业资质等级企业的承包范围。

1）水工大坝工程专业承包企业资质分为一级、二级、三级，其可以投标的承包工程范围分别是：

一级企业：可承担各类坝型的坝基处理、永久和临时水工建筑物及其辅助生产设施的施工。

二级企业：可承担单项合同额不超过企业注册资本金 5 倍、70m 及以下各类坝型的坝基处理、永久和临时水工建筑物及其辅助生产设施的施工。

三级企业：可承担单项合同额不超过企业注册资本金 5 倍、50m 及以下各类坝型的坝基处理、永久和临时水工建筑物及其辅助生产设施的施工。

2）水工建筑物基础处理工程专业承包企业资质分为一级、二级、三级，其可投标的承包工程范围分别为：

一级企业：可承担各类水工建筑物基础处理工程的施工。

二级企业：可承担单项合同额 1500 万元以下的水工建筑物基础处理工程的施工。

三级企业：可承担单项合同额 500 万元以下的水工建筑物基础处理工程的施工。

3）河湖整治工程专业承包企业资质分为一级、二级、三级，其可投标的承包工程范围分别为：

一级企业：可承担各类河道、湖泊的河势控导、险工处理、疏浚、填塘固基工程的施工。

二级企业：可承担单项合同额不超过企业注册资本金 5 倍的 2 级及以下堤防相对应的河道、湖泊的河势控导、险工处理、疏浚、填塘固基工程的施工。

三级企业：可承担单项合同额不超过企业注册资本金 5 倍的 3 级及以下堤防相对应的河湖疏浚整治工程及一般吹填工程的施工。

4）水工金属结构制作与安装工程专业承包企业资质分为一级、二级、三级，其可投标的承包工程范围分别是：

一级企业：可承担各类钢管、闸门、拦污栅等水工金属结构工程的制作、安装及启闭机的安装。

二级企业：可承担单项合同额不超过企业注册资本金 5 倍的大型及以下钢管、闸门、拦污栅等水工金属结构工程的制作、安装及启闭机的安装。

三级企业：可承担单项合同额不超过企业注册资本金 5 倍的中型及以下压力钢管、闸门、拦污栅等水工金属结构工程的制作、安装及启闭机的安装。

5）堤防工程专业承包企业资质分为一级、二级、三级，其可投标的承包工程范围分别为：

一级企业：可承担各类堤防的堤身填筑、堤身除险加固、防渗导渗、填塘固基、堤防水下工程、护坡护岸、堤顶硬化、堤防绿化、生物防治和穿堤、跨堤建筑物（不含单独立项的分洪闸、进水闸、排水闸、挡潮闸等）工程的施工。

二级企业：可承担单项合同额不超过企业注册资本金 5 倍的 2 级及以下堤防的堤身填筑、堤身整险加固、防渗导渗、填塘固基、堤防水下工程、护坡护岸、堤顶硬化、堤防绿化、生物防治和 2 级及以下穿堤、跨堤建筑物（不含单独立项的分洪闸、进水闸、排水闸、挡潮闸等）工程的施工。

三级企业：可承担单项合同额不超过企业注册资本金 5 倍的 3 级及以下堤防的堤身填筑、堤身整险加固、防渗导渗、填塘固基、堤防水下工程、护坡护岸、堤顶硬化、堤防绿化、生物防治和 3 级及以下穿堤、跨堤建筑物工程的施工。

堤防工程级别按照 GB 50286—98《堤防工程设计规范》划分。

6）水工隧洞工程专业承包企业资质分为一级、二级、三级，其可投标的承包工程范围分别为：

一级企业：可承担各类有压或明流隧洞工程和与其相应的进出口工程的开挖、临时和永久支护、回填与固结灌浆、金属结构件预埋等工程，以及其辅助生产设施的施工。

二级企业：可承担单项合同额不超过企业注册资本金 5 倍的过流断面不大于 $50m^2$ 的各类有压或明流隧洞工程和与其相应的进出口工程的开挖、临时和永久支护、回填与固结灌浆、金属结构件预埋等工程，以及其辅助生产设施的施工。

三级企业：可承担单项合同额不超过企业注册资本金 5 倍的过流断面不大于 $28m^2$ 的各类有压或明流隧洞工程和与其相应的进出口工程的开挖、临时和永久支护、回填与固结灌浆、金属结构件预埋等工程，以及其辅助生产设施的施工。

7）水利水电机电设备安装工程专业承包企业资质分为一级、二级、三级，其可投标的承包工程范围分别为：

一级企业：可承担各类水电站、泵站主机（各类水轮发电机组、水泵机组）及其附属设备和水电（泵）站电气设备的安装工程。

二级企业：可承担单项合同额不超过企业注册资本金 5 倍的单机容量 100MW 及以下的水电站、单机容量 1000kW 及以下的泵站主机及其附属设备和水电（泵）站电气设备的安装工程。

三级企业：可承担单项合同额不超过企业注册资本金 5 倍的单机容量 25MW 及以下的水电站、单机容量 500kW 及以下的泵站主机及其附属设备和水电（泵）站电气设备的安装工程。

三、投标人的经验条件

由于水利工程的特殊性、复杂性和专业性特点，水利工程建设项目的招标文件和招标公告（资格预审公告）一般都会要求投标人具备一定的业绩和经验，但对潜在投标人的业绩和经验要求不能脱离招标项目的工程等级和规模，并要结合水利建设市场的情况，不能故意设置不合理的经验条件或业绩条件。也就是说招标人设置业绩经验条件必须以招标项目的等级和规模相适应，不能超越本招标项目的批准等级和规模。例如，一个中型水库枢纽的施工招标，招标人可以要求具有二级以上的水利水电总承包资质和近三年内具有中型水库施工经验的潜在投标人参加报名投标，但不能要求具有大型水库施工经验的投标人报名投标；如果这样做，就有故意限制潜在投标人的嫌疑，与《招标投标法》的有关规定不符。此外，招标人也不能以本地区、本系统注册、备案、资信登记、各类获奖作为报名条件或加分条件，所有这些做法都是违反《招标投标法》和国家发改委、水利部的有关规定的。

应该注意的是，招标人对潜在投标人的投标经验条件不能以本地区、本系统、本部门的业绩经验作为条件，而应该允许潜在投标人在全国范围内甚至国外的类似工程经验都可以，但投标人的经验材料不能弄虚作假，对于提供虚假材料的，一经发现证实，可以取消其投标资格。

四、其他的投标条件

投标的其他基本条件，是指除法人资格、资质等级、经验条件以外，符合国家法规规定并在资格预审文件和招标文件上明文规定的条件，不能自行设置没有法规规定并且与招标项目规模不相一致的条件。其他投标条件主要有以下几条：

（1）注册资本金条件。有些项目招标，如项目法人招标、总承包招标、采砂权出让招标等，由于项目要求投标人应有一定的资金实力或融资能力，因此可设置注册资本金和融资能力条件。如根据《建筑业企业资质等级标准》（原建设部建建［2001］82 号）中规定的水利水电工程施工总承包企业资质等级标准，一级、二级、三级施工企业投标人只能承担单项合同不超过其注册资本金 5 倍的本专业工程及其辅助设施的施工。如：某中型水库招标项目的合同金额为 1.5 亿元，某投标人其施工资质为水利水电总承包二级，但其注册资金只有 2000 万元，因此尽管该投标人具有承担中型水库的资质，但由于投标项目单项合同金额大于其注册资本金的 5 倍，该投标人仍然不能参加投标。

（2）特殊或专用设备条件。有些项目必须具有规定的机械设备才能进行施工或生产经营作业，如河道采砂，可要求具有规定的采砂船才能投标；某些专业项目施工也可以规定具有一定的专业设备才能投标；并且可规定有关设备必须具有专门的证件，如采砂船必须有合格的船舶检验证书、船舶登记证书，船舶应配备有交通部门规定的合格船员才允许参加投标。

（3）安全生产许可资格条件。国家对施工企业安全生产规定了资格条件，如企业注册建造师（项目经理）、技术负责人、专职安全员等必须具有规定的安全生产资格证书才能投标。

（4）诚信条件。目前越来越多的项目投标对企业的诚信记录提出要求，国家有关主管部门也正逐步建立诚信记录体系。有些项目招标人可要求投标人近年没有违法记录，没有重大安全生产责任事故记录。

第二节　投 标 基 本 步 骤

水利项目投标，无论是勘察、设计、咨询，还是施工安装、材料设备采购，或是项目法人、代建单位、总承包、采砂权招标，其投标的基本步骤是相差不大的，一般都经过获取投标信息与分析，组织专门投标机构，编制资格预审文件，参加现场考察，收集编标资料，编制投标文件，对投标文件澄清或答辩，中标后的合同谈判，到最终签订承包合同这九个步骤。当然，不同的项目根据不同的情况可能有所调整，但主要内容是相同的，其主要内容如下。

一、投标信息获取与分析

对于必须公开招标的水利项目，获得投标信息主要依靠政府指定的媒体（包括网络和报纸）或在各地设立的建设工程交易市场上获得，对于邀请招标的水利项目，则可通过政府主管部门、勘察设计单位、咨询单位、招标代理机构或从项目法人那里直接获得。同时，从不同渠道获得的信息必须经过定性分析和定量预测，最终提出意见和建议，供本单位决策层决定是否参加该项目的投标。

二、组织专门投标机构

实际上，目前绝大多数投标人（特别是施工企业）都有专门负责投标信息收集和编制投标文件的机构。对于大中型企业，一般设立投标部、发展部、经营部、计划部、经济部等部门负责投标，也可以在正式获得投标资格后，投标人成立专门的投标机构负责项目投标，并且由投标机构组织相关的技术部门、经营管理部门编制投标文件。

三、编制资格预审文件

对于公开招标的项目来说，资格预审文件的编制是获得投标资格的前提条件。资格预审文件的编制，最为关键的就是必须严格按照招标人发布的预审文件、格式或招标公告的要求来编制，编制内容紧扣资格评审方法和标准。由于能否通过资格预审，关系到能否获得投标资格，因此，投标人必须高度重视，保证有专门的班子来负责资格预审文件的编制。对于采用资格后审的投标项目，资格审查文件的编制与投标文件的编制同步进行，一般包括在投标文件中，作为投标文件的一部分随同投标文件一起递送。

四、参加现场考察

投标人通过资格审查购买招标文件后，招标人都会按照规定组织所有购买了招标文件的投标人到工程建设地址进行现场考察，现场考察是投标人编制投标文件，了解自然环境、水文气象、交通运输、建筑材料、水电供应等建设条件的重要途径，投标人应当组织所有参加投标文件的技术、经济和管理人员参加，充分了解工程现场情况，编标才能做到有的放矢。

五、收集编标资料

编制投标文件前，除认真研究招标文件和图纸以外，投标文件编制人员还应该认真收集以下几种资料：

（1）招标项目的批文和设计文件。

（2）招标项目的水文、气象、地质资料。

（3）招标项目建设地址料场情况、当地材料的供应情况、价格水平等。

（4）招标项目建设现场当地的物价水平、税赋水平、劳动力价格和劳动力供应情况等。

(5) 招标项目建设现场的基本条件，如供水、供电、通信、道路、临时设施建设场地等情况。

(6) 与招标项目有关的经济定额、行业定额、编制依据、材料信息价格等。

(7) 与编制技术投标文件有关的国家技术规范、行业规范和地方规定等。

(8) 其他编制投标文件的资料。

六、编制投标文件

投标文件的编制是整个投标过程的关键环节和中心环节，投标文件的编制质量如何，直接关系投标人能否中标。投标文件编写一般包括制定投标策略、编写技术投标文件、编制商务和经济投标文件、投标书复核定稿、决定最终报价、递送投标文件等六个步骤（详见第五章投标文件编制）。

七、投标文件澄清或答辩

开标以后，特别是在大型和技术复杂的水利工程勘察设计或施工投标时，投标人必须随时做好投标文件的澄清和答辩工作，准备评标委员会的书面提问（根据国家发改委、水利部等七部委 30 号令的有关规定，施工投标一般要求书面提问和书面答辩）或答辩要求。

八、中标后合同谈判

招标人根据评标委员会的推荐意见决定中标人，颁发中标通知书前，还要进行合同签订前的合同谈判，但根据国家发改委、水利部等七部委颁发的 12 号令的有关规定，“在确定中标人之前，招标人不得与投标人就投标价格、投标方案等实质性内容进行谈判”。而实际上，在颁发《中标通知书》之前，招标人往往利用其有利地位进行压价等谈判，此时中标人应有理有据地与招标人进行谈判，重点应放在付款办法、验收办法、违约责任的谈判等方面。

九、签订合同

根据《招标投标法》的有关规定，招标人和中标人应当自中标通知书发出之日起 30 日内，按照招标文件和中标人的投标文件订立书面合同。根据《合同法》有关规定，水利工程建设合同属于必须订立书面合同的类型，签订时应该着重关注合同法规定的主要的、实质性条款，因为实质性条款是缺一不可的条款，缺少任何实质性合同条款都构成存在重大缺陷的合同。合同的签订管理和履行管理应注意的问题，可参看本书第八章的具体论述。对于投标人来说，还必须在签订合同前准备符合招标文件规定的履约保证书。

第三节　投标信息的获取、分析与决策

一、投标信息收集

在市场经济条件下，无论是勘察、设计、咨询、监理单位、设备制造企业，还是施工企业，要生存，都必须依靠自身实力通过投标去取得工程任务。参加投标，首先必须获得

正确、及时的投标信息。没有全面、准确、可靠、及时的信息，很难作出正确的投标决策，直接的后果是导致投标失败。为此，企业必须通过多种渠道收集各种投标信息，并输入计算机进行保存和跟踪。大中型企业一般都必须有专门的机构负责投标信息收信和整理。现阶段我国企业取得投标信息的主要途径有：

(1) 政府有关主管部门，如发展改革部门、行业主管部门的网站或其他媒体等发布的招标信息。这类信息最为可靠且工程投资较易落实，建设单位的管理水平也较高；投标较正规，利润也诱人。对于有资格有实力的投标人来说，要积极准备，认真对待。

(2) 项目法人或组织（即招标人）在公众媒体上公开发布的招标广告，特别是政府主管部门指定的发布招标公告的媒体（包括报纸和网络）上发布的信息。这类投标信息较为可靠，资金比较容易落实，投标人通过现场考察和多方了解后应认真对待。

(3) 各类建设工程交易市场网站上发布的招标信息，这类信息也较为可靠。

(4) 企业直接接到政府有关主管部门和招标人发来的投标邀请函。这种情况主要靠企业的业绩和信誉获得，较真实可靠，投标人应予高度重视。

(5) 通过各级行业协会、科研设计单位、咨询公司、监理公司、招标代理机构获得的投标信息。这类信息也较可靠，通过查证后予以投标。

(6) 通过企业本身的良好公共关系和各种社会关系获得的投标信息，如曾经协作单位、兄弟单位、有关单位的同学、领导、部下、朋友等提供的信息。这类信息应通过分析研究后，才能参加投标。

(7) 由工程二道贩子提供的，故作神秘的投标信息。对于这种信息要特别小心，大多有诈。

二、投标信息分析与决策

(一) 投标信息定性分析

投标人从各种不同的渠道获得投标信息后，投标人必须组织一个专业班子进行分析和研究，也可以由投标人内设的专门负责投标或经营的部门进行分析研究，对该投标项目的可靠性、真实性、效益性、可能性等进行定性分析论证。

一般地，投标人应该对下列问题进行分析：

(1) 首先对发布、提供信息的法人组织或个人进行可靠性分析。

(2) 通过政府主管部门了解该建设项目的立项和设计审批情况，以及资金筹集到位情况，同时了解当地政府对该项目的支持程度。

(3) 通过工商行政管理部门和各行业行政主管部门了解该项目业主的基本情况、注册资金、现有实力、独立性，投资单位的背景、实力、资信情况等。

(4) 对工程所在地的建设市场的有关情况进行调查，包括当地劳动力数量与价格，技术水平、专业分包，当地建筑材料、构配件的供应，当地运输条件（包括公路、铁路、水路和民航）如何。

(5) 进行现场考察，对该项目的地理位置、水文地质情况、自然条件、环境条件、施工难易程度进行调查分析。

(6) 了解有多少家企业参加投标，各竞争对手的实力如何，包括对方的资金能力、施工经验、机械设备、技术力量、工艺水平，有无技术专长，与自己相比有何优缺点等。

(7) 了解各竞争对手与项目业主的关系如何，与工程所在地的政府和主管部门关系如何。

(8) 了解各竞争对手与该工程的设计单位、监理单位的关系如何，设计单位的设计质量如何，监理单位的公正性如何。

(9) 调查了解是否有与本工程项目相关联的其他工程可供投标，能否进行连续勘察、设计、监理、施工、设备供应等。

(10) 预测本工程项目的盈利前景如何。

(11) 该项目的合同条件如何，是否采用国家主管部门颁发的标准合同条件和招标示范文本，有无难于接受的条件和不合法的条件。

通过以上问题的综合性分析，投标班子得出一个初步意见，最好写出一个投标可行性分析报告，提供给领导层进行投标决策参考。

(二) 投标信息定量分析

投标信息定量分析是指通过对投标信息的基本要素和投标单位的基本要素按照一定的方法进行定量综合计算，然后将此计算值与本单位过去的投标情况和预期的分值相比较，从而得出是否参加投标的一种分析方法。实际上用这种所谓的定量分析方法要进行准确的计算是很难的，这里不过是提出一种投标决策的思路和方法，供参考。

投标决策的定量分析方法有多种，如专家分析法、线性规划法、动态规划法、决策树法、预期利润法、具体对手法、经济分析比较法、转折概率法等，下面介绍两种较为实用，并且可与定性分析方法互相对照比较的“多因素分析方法”和“决策树法”。

1. 多因素分析法

本办法主要适用于投标人对大型和复杂水利水电项目施工投标作出评价分析，也适用于投标人比较若干个同时考虑的投标项目，而投标人资源又受到限制时，应该优先投哪个项目。其他类型的投标可参考评价。

一般地，可根据以下 12 个指标因素来判断是否参加投标。

(1) 业主的管理能力：一般占 10%～15%的权重，主要考虑项目业主是否真正为独立法人，该项目法人的组成情况、管理水平，当地政府的支持与介入程度，是否受当地政府直接控制。业主管理能力强，则权重大，反之则小。当业主聘请专业的中介机构进行管理或实行代建制时，权重可取大值，并且其等级标准可取“优秀”或“良好”等级。

(2) 业主的资金能力：一般占 15%～20%的权重，主要考虑业主的注册资金和自筹资金能力如何，业主的资金来源如何，资金落实的难易程度。政府投资为主的、纯公益性的大中型水利项目，权重可取大值，并且等级标准也可取“优秀”或“良好”等级。

(3) 项目的自然条件：一般占 5%～10%左右的权重，主要考虑该项目的自然环境，水文、地质情况，施工条件和施工难度如何，有无防洪度汛要求，每年不能施工的季节多长，项目有无其他特殊要求。

(4) 项目所在地的市场条件：一般占 5%～10%的权重，主要考虑当地的运输条件、劳动力价格、当地原材料价格和生活资料的供应价格等因素。

(5) 设计单位与监理单位的水平：一般占 10%～15%的权重，主要考虑设计单位的设计水平与信誉，设计经验；监理单位的经验与能力，以往的信誉，是否公正。

(6) 本企业的人力与设备条件：一般占5%～15%的权重，主要考虑本单位能够投入的技术力量、技术工人、项目经理等；同时考虑能否投入足够的机械设备，设备是否需要租赁，是否具有先进性和适应性的优势。

(7) 类似工程的经验：一般占10%左右，主要考虑本单位与对手相比，己方有无专长和优势。与对手相比，己方经验优势非常明显时，可适当加大权重。

(8) 本单位与业主的关系和其他社会关系：一般占10%～20%左右的权重。

(9) 竞争对手的施工实力：一般占10%左右的权重，对手愈多愈强，则权重愈小，反之则权重愈大。

(10) 竞争对手的社会关系以及同业主的关系，与设计、监理单位的关系，与业主上级单位的关系：一般占10%～15%的权重。对手的社会关系愈好，则权重愈小，反之则权重愈大。

(11) 本工程项目采用的合同条件如何，业主和监理的合同管理能力如何，索赔机会如何：一般占5%～10%的权重。合同条件愈公正、完善，则权重愈大，反之则权重愈小。

(12) 在本地区投标中标的今后机会：一般占5%～10%的权重，主要考虑在本项目中标后对企业在该地区投标的影响，今后的中标机会如何，是否有类似工程可以再投标等。

计算步骤：

(1) 按照以上12个指标，根据工程的具体情况、本单位的情况以及本单位对争取该项目中标的重要性等因素，分别确定12个指标的重要程度即权数。

(2) 利用模糊数学概念，分析以上12个指标实现的可能性，划分为优秀、良好、合格、较差四个等级，对应分数分别为1.0、0.8、0.6、0.3。

(3) 将每项指标的权数与等级分相乘，即得该项指标分。所有12项指标分之和即为本工程项目投标机会得分。将此得分与过去投标情况进行比较，或与本企业预先确定的准备接受的最低分数相比较，从而决定是否参加该项目的投标。对于水利水电工程项目来说，投标机会得分应该不小于0.72分（即总分的60%）。

举例：某项目施工投标机会分析计算表，见表4-7。

表4-7　某项目施工投标机会分析计算表

序号	投标考虑因素	权重(%)	指标等级标准及分数				得分
			优秀	良好	合格	较差	
1	业主的管理能力	10		0.8			0.08
2	业主的资金能力	15		0.8			0.12
3	项目的自然条件	5				0.3	0.015
4	项目的市场条件	10				0.3	0.03
5	设计与监理水平	15			0.6		0.09
6	投入的人力机械	5		0.8			0.04

续表

序号	投标考虑因素	权重（%）	指标等级标准及分数				得分
			优秀	良好	合格	较差	
7	类似工程的经验	10	1.0				0.10
8	与业主的关系等	10			0.6		0.06
9	对手的施工实力	10				0.3	0.03
10	对手的社会关系	15			0.6		0.09
11	合同条件与索赔	5			0.6		0.03
12	今后机会与影响	10		0.8			0.08
合计		120					0.765

从表 4-7 可以看出，该项工程的投标机会综合评分为 0.765 分，大于预定的合格分数 0.72 分，因此可以进行投标。

2. 决策树法

决策树法是在投标人拥有的各种投标资源有限的条件下，在几个工程项目中选择适合自己投标的项目的一种方法。采用决策树来寻优的过程就是比较各方案的损益期望值。这种方法的关键是如何比较准确地估计各种投标方案的中标概率和失标概率（包括投高标、投低标的中标或失标概率），也应包括不投标的概率（后果）；要比较准确地估计中标的利润或失标后的损失，最后将概率与利润或损失相乘计算出期望值。最后根据期望值的大小来决定采用哪一种投标方案。这种评估方法主要适用于企业所拥有的人力和机械设备等资源有限，只能在已知的两项或几项工程中选择一项进行投标。但在现阶段施工投标项目僧多粥少的情况下，投标人不能同时投两个以上标的情况并不多见，故这里仅作简单介绍。

方法决策树的画法步骤如下：

(1) 先画一个方框作为出发点，此点叫决策节点。

(2) 从决策节点向右引出若干条直（折）线，每条线代表一个方案，叫方案枝。

(3) 每个方案枝末端画一个圆圈，称概率分叉点，又叫自然状态点。

(4) 从自然状态点引出代表各自然状态的分枝，称概率分枝。在图上括弧中注明各自然状态发生的概率。

(5) 如果问题只需要一级决策，则在概率分枝末端画"▲"表示终点，终点右侧写出该自然状态的各损益值。如还需做第二阶段决策，则用决策节点代表终点"▲"，然后再重复上述步骤画出决策树。

第四节　投 标 组 织 机 构

在社会主义市场经济条件下，除极少数应急抢险救灾、保密等工程项目外，水利项目建设任务的取得均必须依靠投标竞争获得。建设项目的投标，是投标单位之间技术、经济、经验、商务等综合实力的竞争，通过投标，可以促使企业不断提高技术水平和经营管理水平。

进行项目投标，作为任何一个投标企业来说，都必须首先成立一个强有力的投标组织机构。一般来说，投标组织机构有两种形式：一是企业单独进行项目投标；二是若干个企业组成联合体进行项目投标。

一、单独投标组织机构

当企业决策层对某一工程项目经过分析论证决定参加投标时，首先必须集中本单位的精英组成一个精干的投标班子（如投标小组、项目部等），这个投标小组必须保持相对的稳定。一般来说，单独投标时的投标小组应由下列人员组成（以施工投标为例）：

(1) 投标组组长。投标组长由具有丰富投标经验，熟悉水利工程设计施工管理、经济管理和合同管理的主管企业经营的领导来担任较合适。一般可根据工程的规模大小和重要程度，分别由单位的行政正、副职，正、副总工程师，正、副总经济师，经营部长，投标部长来担任投标组组长。

(2) 各专业工程师。根据工程规模、等级和工程量的大小，选择一定数量的，有丰富施工经验和管理经验，能够提出施工组织、施工设计方案的工程技术人员（包括各相关专业的高、中、初级人员）参加。

(3) 造价工程师。选择精通工程造价、经济定额的造价工程师参加投标组，负责投标报价工作。

(4) 经济师。选择熟悉项目招标文件和物资材料设备采购供应市场，掌握和了解各种市场动态，具有较为丰富的经济合同知识，精通水利工程合同条款，具有一定的施工管理经验和合同管理经验的经济师参加。

(5) 会计师。选择精通工程项目会计成本核算业务，具有一定工程管理经验的成本会计师参加。

(6) 法律顾问（律师）。选择精通经济合同和其他有关经济民事法律知识，熟悉水利工程合同条款，具有项目合同谈判经验的法律顾问或律师参加。

二、联合投标组织机构

任何一个水利水电工程施工、勘察、设计、监理等单位肯定都有自己较突出的技术专长，对某一类型的工程比较擅长，因此对于某些大型水利水电工程来说，往往仅靠一个单位的力量是难以完成的，特别是在大型复杂水利水电施工投标过程中，常常需要与另外一些有专长的单位组成联营体进行联合投标。联合投标可以增大企业融资能力，增强企业竞争力，分散风险，弥补技术力量不足，做到优势互补，共同提高合同履约能力。

一般地，两个或两个以上的单位组成联合体参加投标，联合形式有如下三种。

(1) 法人型联营体。这种联营形式要求参加联合投标的企业法人在各自保留法人资格的前提下，共同出资，另行组成一个新的企业法人，进行工商注册登记，办理营业执照，申请资质等级，投标时以新的企业法人名义投标。该新的企业法人独立享有民事主体资格，独立核算，对外独立承担有限民事责任；参加联营的各个企业按出资比例分享联营利润，分担亏损补贴义务。这种联营一般由联营体各方出资出人，由控股单位或各方共同推选或各方轮流担任联营体企业法人。

（2）合伙型联营体。这种联营形式要求参加联合投标的各方之间签订合伙协议，联营各方按比例出资，经工商注册登记，领取营业执照，组成一个新的联营实体，并以该新联营体的名义参加投标，各方共同经营。但该联营体不符合法人条件，而由联营各方共同经营，原联营各方按出资比例或合同约定分享利益，承担无限民事责任。

（3）合同型联营体。这种联营形式要求参加联营的各企业法人建立合同关系，各方独自经营，独自承担责任，而不要求建立新的经济实体，投标时以联合体各方共同授权；联营各方的权利义务在共同订立的合同中确定。对这种联营方式，在投标时招标单位一般都要求该联营体在联营合同中确定一个主要责任方作为全面负责人，由该负责人承担全部工程的实施责任。

以上三种联营方式，在实际工作中，大多采用法人型联营和合同型联营，因为合伙型联营各方要承担无限连带责任。法人型联营主要适合于各联营投标单位对某一地区的一系列工程项目投标比较感兴趣，在该地区的发展前景看好，并且其中一方与当地有一定的关系。合同型联营则由于比较灵活，在实际工作中，特别是在国内水利施工企业投标时较常应用；这种联营，主要适合于对某一具体的工程项目投标而临时组成联营体，一旦投标不成功或该投标工程合同履行完毕，该联营体即结束解散。

无论采用哪一种联营形式，投标时联合体各方应集中各自的技术和设备，集中各方的施工经验、合同管理经验、成本核算经验，组成精干高效的投标班子精心组织投标，这样才能实现投标目的。

第五节　资格审查文件编制

凡是采取公开招标的投标项目，投标人一般都要编制资格审查（预审）文件，因为公开招标的目的就是要邀请所有潜在的投标人来参加投标，这必然导致投标人数量较多，招标人需通过资格预审选择到合格的投标人，因此投标人对资格预审文件的编制关系到能否真正取得投标资格，成为合格投标人。

一、资格审查（预审）的目的

招标人（项目法人）将工程项目进行公开招标，是为了选择到信誉好、技术力量强、有经验、价格适宜的单位。发布招标公告，对投标人进行资格预审的主要目的是：

（1）掌握和了解潜在投标单位的财务状况、资金实力、技术力量、经营业绩、类似工程经验和机械设备状况。

（2）选择合格的投标者，淘汰不合格的投标者。

（3）减少评审阶段的工作量，降低招标人（业主）的风险，节约招标工作经费和投标费用。

由此可以看出，投标资格预审文件的编制，直接关系到潜在投标人能否成为合格的投标人，能否有机会参加投标竞争，是潜在投标人进行实际投标并获得中标的前提条件，投标单位必须给予足够的重视，认真对待。

二、资格审查（预审）文件的内容

项目投标资格预审文件主要内容是基本相同的，但不同类型的不同项目会有所差别，下面介绍一下水利项目投标资格预审文件编制的主要内容，其他工程投标资格预审文件可参考编制。

(1) 投标单位的企业法人营业执照正本或副本原件复印件，投标单位的企业资质等级证书正本或副本原件复印件。注意要将营业执照和资质证书的年审记录复印，所有复印的证件中，必须加盖本单位的公章并注明只供某某工程投标之用，以证明是该投标单位同意复印的用于该工程投标的有效文件。多数情况下招标人还要求在报名或递交资审文件时现场审验有关证书原件，审验后退回。

(2) 投标单位的法定代表人证明文件和授权代表或委托代表的证明文件原件，其中资格预审书正本需附原件，副本附复印件。联合体投标时，必须由联合体各方的法定代表人共同对委托代理人签署授权书才有效。注意，如果招标人出售的资格预审文件专门规定有具体的格式，则必须按照招标资格预审文件的格式。

(3) 科研项目负责人、勘察设计项目负责人、勘察设计项目技术负责人职称证，监理项目总监证复印件，施工项目建造师或项目经理资质证书原件复印件、专业技术职称证书复印件，身份证复印件，这几种证书都要加盖单位公章，原件一般要在报名或递交资审文件时现场审验后退回。

(4) 提供由注册会计师事务所出具的投标单位的近期财务状况报告（包括资产负债表和损益表等）复印件，有些项目招标时要在现场审验原件。

(5) 提供由开户银行出具的资信证明或信贷担保书，商业银行评定的资信等级证书复印件。

(6) 投标人已完成项目（主要是类似项目）的业绩证明、业主评价意见和用户使用意见和评价。

(7) 投标人已经获得的由国家有关部门颁发的各类奖励，如国家科技奖、发明奖、优秀咨询成果奖、优秀勘察设计金银铜奖、鲁班奖、詹天佑奖、大禹奖和地方优质工程或全优工程获奖证书，投标单位获得的其他荣誉证书等。

(8) 投标人获得的，由工商行政管理部门或政府授予的“守信用重合同”称号和证书。

(9) 投标已经取得的并且仍然有效的质量认证证书、环境认证证书、安全认证证书、职业健康认证证书复印件。

(10) 投标人单位技术力量概况和基本情况介绍，职工人数，有职称的工程技术、经济、财会人员数量专业和职称，技术工人数量及其平均等级，有突出贡献的或有专长的专家名单。

(11) 投标单位总部的组织机构和计划投入本工程的组织管理机构。

(12) 投入本项目的主要技术人员简历、职称、经验、所承担过的项目等级规模、工程特性、地点等，最好是一个技术人员一个表来介绍。

(13) 本企业主要机械设备表，其中投入本工程施工的专用设备的名称、型号、出厂日期、数量、使用年限、目前工况、现在何处，若本企业有先进的施工机械设备，应该给予特别注明。

(14) 投标人近年（一般为3～5年）来承建的主要工程完成情况和经营业绩，要附合同、竣工验收报告或政府质监部门的质量评定意见和用户的反馈意见；投标单位现有的项目任务，包括在建和已中标未开工的项目。

(15) 投标人类似工程经验证明文件，主要包括中标通知书、承包合同、竣工验收报告、质量鉴定报告、业主意见等；要标明类似工程的等级、规模、建设地点、业主联系人、联系电话等。

(16) 有无计划分包非主体项目，如计划分包，请说明分包项目、范围和分包单位的名称、资质等级、技术力量、机械设备和财务状况，以及对分包单位的管理，分包单位的职责。

(17) 如果是联合体投标，必须出具联合体合同或协议书，并附在投标文件正本中，明确联合体之间的权利义务和主责任方，出具联合体各方的基本情况：联合体企业名称、地址、资质、技术力量、机械设备、各方职责、联合体的组织形式、主要责任主体、各方承担的工程项目情况和占合同总额的百分率等内容。

应该说明，当招标人对资格审查文件有规定的格式时，则投标人所有资格审查文件都必须按照规定的格式来编制；否则，容易引起无效。

第五章　投标文件编制

第一节　投标文件编制概述

一、投标文件编制的组织与分工

1. 投标文件编制组织

投标人获得投标信息，通过资格审查获得投标邀请，组织力量进行投标项目的定性或定量分析，决定参加投标后，就应成立一个相对稳定的投标文件编写组。一般地，投标文件编制组织有三种：

一是以投标人的经营（发展）部门、经济部门、计划合同管理部门和技术（质量安全）部门为主，抽调相应专业技术人员组成。

二是以投标人常设的、专门负责项目投标的部门为主，抽调有关专业技术人员组成。

三是以投标人准备承接该项目的分公司或下级公司为主，抽调总部有关专业技术人员组成。

不管采用哪一种投标组织，投标文件编写与投标活动实施，都应由有经验的各专业工程技术、造价经济、合同管理、财会和法律顾问人员等组成。根据投标项目的类型、规模和合同金额的大小，投标文件编制组组长一般由企业主管经营的负责人或投标项目负责人、正副总经济师、正副总工程师或者投入该项目的负责人担任，重大项目可由企业主要负责人担任投标负责人。

2. 投标文件编写分工

投标组织机构成立后，为方便工作，根据招标文件对投标书的要求，一般应分成两个工作小组进行工作：一个为技术标工作小组；一个为经济标工作小组。也可以分成技术标、商务标、经济标三个小组。技术标工作小组一般由投标企业的技术负责人（总工、副总工）或项目技术负责人任小组长，成员应包括所有与投标有关的各专业，如水工（结构）、施工、地质、测量、机械、电气、安全、环保等专业技术人员；经济标工作小组一般由投标企业的计划经营或经济、法务（行政）部门负责人担任小组长，成员主要包括法律顾问、计划、经营、合同管理、造价、财务会计等专业人员。

值得注意的是，投标文件的编写分成两个或三个工作小组仅仅是为了工作和管理方便。为了提高效率，充分发挥各专业技术人员的积极性和创造力，分工不分“家”。在投标书编制过程中，各工作小组应注意加强沟通，技术组对有关技术问题、施工技术方案及进度计划安排等应征求商务组、经济组的意见；而商务组、经济组对于工程总报价、报价原则、报价方案、单价分析、用款计划、劳动力计划、用电计划、运输计划等应广泛征求技术组的意见；对于重要的问题，应集思广益，优势互补。在现实投标过程中，经常出现同一投标人经济标书中单价分析采用的施工方案与技术标书中描述的施工方案完全不同的现象，就是因为技术标与经济标这两部分文件编写人员缺乏沟通而引起的。

二、投标文件编制的主要依据

投标文件编制水平直接关系到投标人的投标效果，关系到投标人能否顺利中标。投标文件的编制质量，直接反映出投标人技术水平和综合实力，直接影响到评标委员会对投标人的基本看法，影响到评标委员对该投标文件质量的评价。因此，投标人应高度重视投标文件编制，组织力量认真编写。编制高质量的标书，明确其编制依据是首要的问题。以下主要从大中型水利工程投标的角度列出投标书编制的主要依据：

（1）招标人发出的该项目的招标文件，需特别注意并认真阅读的是：投标须知，评标标准和方法，专用合同条件，通用合同条件，技术条件和有关图纸。

（2）项目所在地的现场资料，包括施工现场的施工条件、三通一平情况、料场位置、现场自然环境等。

（3）工程项目所在地的建筑材料供应和市场价格情况，包括：原材料、构配件的供应，当地的运输条件包括公路、水路、铁路、航空、港口等，当地生活资料的供应和价格水平等。

（4）工程项目所在地劳动力数量、技术水平，专业分包社会劳动服务，雇佣当地劳力的途径、手续等。

（5）项目所包括的所有工程涉及的国家技术规范、行业技术规范和地方法规和标准。

（6）与工程相适应的国家、行业和省主管部门颁布的概预算定额及其计费标准和依据。

（7）工程的风险因素，包括可能出现的恶劣天气和自然灾害、国家政策调整、各种社会不利因素包括当地群众的影响等。

（8）合同的附加条件、工程承包方式、报价要求和结算方式。

（9）竞争对手的总体实力及其报价策略。

（10）设计单位的设计质量，监理单位的水平和一贯作风。

（11）工程水文、地质情况及其推断情况。

（12）投标单位本身所制定的报价策略及其社会关系。

（13）投标工程的工期要求、度汛要求和质量、安全要求。

（14）招标文件规定的其他资料和业主的特别要求。

三、投标文件编制的主要步骤

一般地，各类型投标文件的编制主要有如下几个步骤。

（1）收集资料和制定投标策略。首先要收集各种投标信息和投标文件编制资料，其次制定投标策略。投标策略主要根据项目的市场前景，项目的利润估计，竞争对手的实力，对手和己方的社会关系对比，己方的综合实力和优势，招标文件的公正性和其他要求，设计、监理单位的水平，项目法人或代建单位的管理水平等来决定。一般有技术标为主的策略、经济标为主的策略、单价合同的策略、总价合同的策略、保本微利的策略、适当亏损争市场的策略等。

(2) 编制技术投标文件。技术标的编制一般以投标单位的技术部门为主，抽调有关技术专业人员参加，经济标人员也必须参与。如果经济标编制人员不参加，编制出的投标文件往往会使技术标（技术方案）与经济标产生脱节，严重的会导致投标文件产生重大偏差，直接导致投标文件的无效，造成废标。

(3) 编制商务标和经济标文件。商务标和经济标的编制分别以计划管理、经营管理、法务部门和造价经济部门的人员为主，并且必须与技术标的编制相适应，否则很容易出差错。商务标部分主要为了满足招标文件要求的资格、资信、经验等要求；经济标部分一般应制定若干套报价方案供主管领导决策。经济标的编制过程中，应特别必须注意做好保密工作，最终报价应只有企业核心阶层中的极少数人知道。

(4) 投标文件复核定稿。技术、经济、商务投标文件编制出来后，必须有专门人员负责检查复核，一般技术标书由投标技术组长复核、技术负责人定稿；经济标由造价经济组长复核、经济负责人定稿；商务标由商务组长复核、法律顾问或法务部门负责人检查定稿。投标文件的最终统稿由投标项目负责人负责。

(5) 决定最终报价。最终报价主要根据本单位的投标策略以及不断变化的市场因素来决定，最终报价应当在投标的最后时刻才决定，知道最终报价的人数应控制在最小的范围内，越少越好，并切实做好保密工作，否则可能导致前功尽弃。

(6) 递送投标文件。投标文件必须严格按照招标文件规定的时间、地点来递送，不能有任何差错。投标地点较远的，最好提前一天到达目的地；如果是第一次去指定地点，则应该先到指定地点察看。实际递送投标文件时，应该考虑堵车、雨天等可能的不利因素，确保招标文件规定的截止时间前送达。如果招标文件规定必须指定人员（如项目建造师）亲自递交，则必须严格按照招标文件的规定人员去递送，否则可能导致投标文件的无效或被拒收。

四、投标文件编制的主要内容

投标文件的编制必须严格按照招标文件要求和国家行业有关规范进行，但不管如何编写，基本内容大致可分为五类：①关于投标单位和实力的介绍文件；②关于投标技术方案和建议方案的文件；③关于投标经济报价和费用构成的文件；④关于投标经验业绩、资信、资质资格的文件；⑤关于投标承诺文件和招标要求的其他文件。

在实际招标过程中，必须严格执行招标文件规定的编写要求，要特别注意招标文件实质上的响应性，同时也要重视投标文件的完备性。以下各节分别介绍勘察设计、监理、施工、设备材料、科技、总承包、代建、项目法人、河砂开采权等投标文件的编制特点、内容和注意事项。

第二节 勘察设计投标文件编制

一、勘察设计投标的特点

(1) 水利工程建设项目勘察设计招标，属于服务招标的范畴，这决定了勘察设计投标是以技术服务为标的的投标，关键在于服务。

(2) 勘察设计投标的重点是技术方案、技术力量和服务水平，经济标报价因素一般不是招标人评标主要考虑的问题。

(3) 水利工程勘察设计招标可以将勘察、设计合并为一个标，也可以分开招标；设计也可以分阶段招标，但一般鼓励将所有设计阶段一次招标，允许联合体投标。投标时应该根据不同的分标方案采取相应的措施，并有所侧重。

(4) 由于勘察设计招标一般采用综合评估法或二阶段评标法，招标人和评标委员会将通过综合考虑投标人的技术、商务、经济因素来选择中标人；一些特殊项目如与城市建设相关的工程或大型公用设施，也有采用设计方案竞赛的评审方法来决定中标人的。因此投标时应根据招标文件采用的评标方法和标准，确定自己的投标策略和方案。

二、勘察设计投标文件的编制

(一) 编制前准备

投标人通过资格预审获取投标资格，或者是受到邀请直接获得投标资格后，即开始投标文件的编制。勘察设计投标前，一般要做好以下准备工作：

(1) 成立投标编标班子，确立项目投标编标负责人，并进行技术标、商务标、经济标的分工，明确职责。

(2) 认真阅读招标文件和图纸，充分了解招标人意图和设计功能要求。

(3) 有关投标文件编制人员必须参加招标人或代理人组织的现场考察。

(4) 收集投标书编制涉及的各种资料，包括有关法规、规划依据要求、各种规程规范，以及水文、气象、地质、社会经济、环境等资料。

(5) 对主要技术方案进行讨论和论证，关键技术方案或重大复杂技术问题应在咨询相关专家后确定。

(二) 技术标书编制

为了公平公正地选择到较优的设计方案，勘察设计招标一般采用暗标形式，也就是技术标书中不允许出现投标人的名称或任何可能反映投标人信息的文字和标记，否则将导致废标。这是技术标编制过程是必须首先注意的问题。技术标书一般应包括下列内容：

(1) 对招标项目的理解，主要包括规划要求、国家立项批复文件的规定、项目设计功能要求、环保要求、结构要求、安全要求、项目管理和运行要求等。

(2) 对招标项目勘察设计重点、难点的分析。

(3) 勘察设计工作大纲和技术路线。

(4) 勘察设计技术方案（包括比较方案）。

(5) 勘察设计方案的创新思路或创新方案。

(6) 勘察设计的质量管理体系和质量控制措施。

(7) 勘察设计工期和保证工期的措施。

(8) 勘察设计服务承诺和其他服务承诺。

(9) 勘察设计方案的其他建议。

(10) 勘察设计方案的造价或造价控制措施。

(11) 设计方案效果图和设计图纸。

(12) 投标人认为应当说明的其他技术事项。

(三) 商务经济投标书编制

一般，勘察设计投标的商务、经济投标书中可以标明投标人的名称和标记。商务、经济标编制一般应有如下内容：

(1) 勘察设计资质证书、营业执照复印件和投标人简介。

(2) 法定代表人证明书、授权委托书。

(3) 投标报价书（按招标文件规定格式）。

(4) 投标担保证件（根据招标文件规定要求，提交保函或支票、汇票、现金交款的收据）。

(5) 投标报价的计算依据和计算过程。

(6) 投标人总部的组织机构，拟在本项目中采取的勘察设计班子组织架构、设计现场服务组织机构。

(7) 投标项目负责人和项目总工的资历，包括学历、专业、职称、专长、类似工项目经验、业绩等，并附业绩证明材料。

(8) 与投标项目相适应的各种人力资源配置，包括各专业人员的数量、年龄、学历、专业、职称、专长、类似工程经验、业绩等，最好以一人一表的形式介绍。

(9) 拟投入的勘察设计技术装备和工具。

(10) 投标人的类似项目经验、其他相关经验和正在进行的勘察设计项目，并附业绩证明材料和业主评价意见。注意业绩材料不能自己证明自己。

(11) 投标人随时可调用的后备资源。

(12) 投标人可以提供的技术顾问班子和解决可能遇到复杂疑难问题的方案。

(13) 经注册会计师事务所审计的投标人近三年的财务状况。

(14) 投标人现有的资信情况和履约能力证明。

(15) 投标人已经获得的荣誉和业绩情况证明。

(16) 投标人认为需要提供的其他内容。

三、勘察设计投标文件编制应注意的问题

(1) 勘察设计招标文件一般要求技术投标文件采用暗标的形式，即投标文件的技术标书中不能出现投标人的名称和任何反映投标人的标记、图片和其他有关投标人信息的内容；否则就可能导致废标，投标时应特别注意检查。

(2) 勘察设计招标重点是考虑投标人的方案和技术服务，标书编制的重点应放在对本项目的理解、技术方案、进度保障、技术服务承诺等方面。

(3) 投标文件的编制应严格按照招标文件的要求来编制，与评标无关的内容少写或不写，没有必要将投标当成是编制设计阶段文件。

(4) 设计招标一般要求投标人制作设计投标推荐方案的彩色效果图，投标人最好将推

荐方案和比较方案的效果图一起提供；即使招标文件没有要求，投标人最好也应提供彩色效果图。这样使评委对投标方案的了解更直接、更有利。

（5）设计投标方案一般要提供比较方案，此时要注意应同时进行技术、经济两方面的比较，并提供具体的数据，对比较方案进行分析评价，如果配合采用表格、图件说明，可使评委更加直观，更易理解，效果也更好。

（6）如果招标文件要求进行现场技术答辩，投标人必须充分组织好投标答辩班子，一般以投标人的技术负责人或项目技术负责人为答辩小组组长，参加投标方案编制的有关设计人员应参加，一般应以勘察设计招标项目所涉及的各专业技术骨干人员为主，并融合投标人单位的有经验的勘察设计技术人员、经济管理人员、合同管理人员、法律人员参加。勘察设计投标答辩的组成和过程应注意的有关事项，可以参考本章第四节施工投标答辩的内容。

勘察设计招标中的投标答辩，是一项技术性和经验要求都较高的活动，投标人必须精心组织，充分准备，将投标人对项目勘察设计重点、难点、亮点的理解充分展示出来。

第三节 监理投标文件编制

一、监理投标的特点

（1）工程监理招标属于服务招标的范畴，决定了监理投标也是服务投标的性质，投标的重点不在于经济标，而是侧重于监理规划方案、监理经验（特别是类似工程经验）、资源（包括人力和设备）配置、服务水平、服务承诺等。

（2）监理招标一般分为设计监理招标、施工监理招标、移民征地监理招标、水土保持监理招标，也有就工程建设全过程进行监理招标的。目前设计监理较少开展，一般只在大型复杂项目中开展。中小型项目的施工监理招标不分标，只有项目较大时才分标。因此投标时，应当按招标文件的分标方案、招标范围和评标方法，制定有竞争力的投标方案。

（3）针对监理招标一般不设置标底的情况，根据技术经济的不同权重，选定不同的报价策略。

（4）监理招标一般采用综合评估法，综合考虑技术、经济、商务因素后，以总评分最高者为中标单位。因此，投标时应全面理解评标标准、完善每一细则，最大限度地满足招标文件要求。

二、监理投标文件的编制

（一）监理投标文件编制准备

工程监理投标前，一般要做好以下准备工作。

（1）成立投标文件编写班子，确立项目投标编标负责人，并进行技术标、商务标、经济标的分工，明确职责。

（2）认真阅读招标文件和图纸，充分了解项目建设目标、建设任务、项目法人（业主）意图和要求。

（3）积极参加现场考察，了解工程建设条件、工程重点和难点，了解项目所在地水文、气象、地质、社会经济、环境等资料。

（4）收集标书编制涉及的各种资料，包括：有关法律法规，各种规程规范、规划要求，主管部门对项目可行性研究、初步设计的批复文件，主管部门和项目法人对建设任务、建设目标和工期、质量安全等要求。最好能够向项目法人（业主）、设计单位或有关部门借阅到设计文件和规划文件。

（二）监理技术投标书编制

监理技术标主要就是监理大纲和有关监理技术方案。参考水利部有关规定，监理技术标主要包含如下内容：

（1）对监理项目建设任务、建设目标的理解。

（2）对监理项目建设重点、难点的分析。

（3）项目监理范围和确立监理目标。

（4）对影响项目工期、质量和投资的关键问题的理解。

（5）项目监理组织机构与管理方案。

（6）质量、进度、投资控制措施。

（7）信息管理、合同管理方法和措施。

（8）监理质量管理体系。

（9）项目安全管理体系。

（10）项目环境保护与环境管理措施。

（11）创建文明工地的方案和措施。

（12）争创优质工程的方案和措施。

（13）监理投标方案有关图纸。

（14）有关监理方案的表格和框图。

（15）招标文件要求的其他内容。

（三）监理商务经济投标书编制

一般地，监理商务经济标书主要包括如下内容：

（1）监理资质证书和法人营业执照复印件。

（2）监理人已经获得的质量认证资格等证书。

（3）投标保证金（根据招标文件规定采用保函、支票或现金等形式）。

（4）投标报价书（按招标文件规定格式）。

（5）投标报价的计费依据、计费基础、费用结构，监理服务的范围、时限，所包含的项目。

（6）项目总监理工程师的素质和能力，包括总监理工程师的简历和监理资格，其主持或参与的监理业绩和类似项目经验，有关方面对其的评价意见，其每月驻现场的工作时间等。

(7) 投标单位的人力资源配置情况，主要包括项目副总监、部门负责人、各专业监理工程师的简历和监理资格，项目相关专业人员和管理人员的数量、来源、专业、职称、监理资格、年龄结构、人员进场计划，主要监理人员的月驻现场工作时间，主要监理人员从事类似工程的相关经验，随时可以调用的后备资源。

(8) 计划为本项目配置的检测及办公设备。

(9) 投标人拥有的技术顾问班子和解决复杂问题的初步思路。

(10) 投标人近3～5年内完成的项目和类似工程经验，有关方面对投标人的评价意见，获奖证明等。

(11) 投标人的履约能力证明和银行资信证明。

(12) 由注册会计师事务所出具的投标人近3年的财务状况。

(13) 招标文件要求的其他内容。

(14) 投标人认为需要提供的其他文件。

三、监理投标文件编制应注意的问题

(1) 投标文件必须严格按照招标文件的要求来编制，要特别注意招标文件中规定的重大偏差（即废标）条件；否则，投标文件编得再好，也可能导致标书无效。

(2) 对投标人类似工程经验须提供证明文件，该证明文件应该是相关第三方出具的，如中标通知书、承包合同、验收报告、质量鉴定报告等。这样才能使评标委员会相信。

(3) 不能提供虚假资料，否则将可能导致废标。

(4) 投标人拟派出的总监理工程师和主要监理人员一般要有类似工程或项目监理经验，监理项目所需的所有专业必须配置齐全，不要有遗漏。

(5) 总监和主要监理人员的月驻现场工作时间在满足招标文件的基础上，应注意实事求是，不要过于夸张，不要做不可能实现的承诺。

(6) 如果招标文件需要总监理工程师陈述或答辩，应做好充分准备，熟悉招标文件、项目的重点难点，以及保证项目质量、进度、投资、安全、文明、优质完成的主要措施。答辩时应注意配备有类似项目经验的技术经济和造价人员，以便互通有无，互相补充。

(7) 监理规划或方案制定应具有针对性，要针对投标项目的具体实际，切忌照搬其他项目的监理规划、监理大纲。

第四节 施工投标文件编制

一、施工投标的特点

(1) 工程施工投标是最常见和数量最多的投标形式。由于施工投标的竞争激烈，施工招标文件的废标条件较严格，因此施工投标也是在标书编制过程中最容易出现问题、最容易引起废标的投标形式，必须认真对待。

(2) 由于施工单位较多，施工招标时一般都要进行资格预审或资格后审，投标人应高度重视资格审查才能获得投标资格。

(3) 施工投标一般分技术标和商务经济标，而且技术标往往采用暗标形式，编制投标文件时必须注意、严格按照招标文件要求编制，否则标书编制再好也无用。

(4) 施工招标越来越倾向于不设置标底，只规定投标最高限价，投标时应严格遵守。

(5) 施工招标中采用的评标方法最多，有综合评估法、二阶段评标法、经评审的最低投标价法等方法，每种方法各有其特点，编制投标文件时应充分理解各评标方法的特点，做出有针对性的投标。

(6) 施工招标合同形式和类型多样，合同条款越来越多地采用格式化合同，投标时应切实注意合同的类型、专用合同条件的规定，充分把握项目法人对工程的具体要求和特殊规定，高度重视工程质量、进度、安全、变更、结算、支付、双方职责和对监理的授权等条款。

二、施工投标文件的编制

工程施工投标文件的编制应根据招标文件的要求进行，一般分为技术投标文件和经济投标文件；或分为技术投标文件、商务投标文件和经济投标文件。

(一) 技术投标文件编制

除非招标人在招标文件中明确规定，投标人不必提交技术投标文件；否则，对投标人来说，不管招标人采用何种评标办法，投标人对技术标书的编制应给予高度重视，技术标书编制质量如何直接影响到招标人和评委对其技术水平和综合实力的基本看法。特别是对于专业性较强的大中型水利水电工程，评标时项目法人（业主）和评委对投标人的施工组织、技术方案、施工工艺、质量控制、工期安排、防洪度汛等方面非常重视，如果技术方面不能满足工程要求，商务费用方面再好也不行。因此，必须首先组织力量认真编制技术标书。

1. 技术投标文件编制准备

技术标的编制，主要就是反映投标人对所投标项目的施工技术方案和对该工程的理解及重点难点的把握。对于大型水利水电工程或技术要求较高的工程，技术标的编制质量将直接关系到技术标是否合格，是否合理先进，关系到是否中标等大问题。对技术标中的主要技术方案编制应非常认真、慎重，反复研究考虑。技术标编制一般应做如下工作：

(1) 成立以投标人主管负责人、总工程师或副总工（或技术负责人）为组长、相关部门参加的技术标编制工作小组。

(2) 根据工程实际情况，配全投标项目所涉及的所有专业技术人员，并对技术标编制进行分工。

(3) 建立和健全编标责任制，明确奖惩制度。编标小组各成员应分工负责，团结协作；全体编标、投标小组成员应认真阅读所有招标文件和图纸资料，对投标须知、专用合同条件、通用合同条件、技术条款应特别留心，反复研读。

(4) 认真仔细地考察施工现场条件，包括水文、气象、地质、交通、供水、供电、建筑材料、当地劳动力等。

(5) 制定施工技术方案，并对重要技术问题进行论证或咨询。

(6) 全面考虑各种风险并配合经济标编制人员校对单价分析所采用的施工技术方案。

(7) 对所有技术方案（包括进度计划和关键控制工期）进行校对，不要出现低级错误。

(8) 项目总工或技术负责人要对技术标进行总体审定。

2. 技术投标文件主要内容

(1) 投标单位的资质等级证书，企业法人营业执照正、副本复印件，复印件需加盖本单位公章和注明只供本项目投标使用的字样。

(2) 本单位法定代表证明书和法定代表的授权委托书原件。如果招标文件专门规定了格式，则必须严格按照招标文件的规定格式，否则可能导致废标。

(3) 符合招标文件要求的投标承诺书或投标保证书原件。

(4) 投标单位的基本情况介绍和专长说明。

(5) 投标单位在本工程的施工组织机构体系，包括项目建造师（经理）、技术负责人、主要技术和管理人员的名单、职务、职称、主要工作经历等资料，最好以一人一表的形式介绍。

(6) 拟投入本项目的主要施工机械设备数量、型号、工况、使用年限、制造厂等资料清单。注意：设备清单中要突出说明本单位机械设备的先进性与适用性。

(7) 如果招标文件中允许非主体工程分包，则应提出分包方案，包括分包内容，分包单位的资质等级、技术力量、机械设备，对分包单位的管理措施，总包单位和分包单位的责任划分等。如果采用暗标形式，同样不能出现分包单位的名称和标记。

(8) 根据国家有关法规，不允许承包单位对主体工程转包和分包，如果一个单位的技术力量和机械设备不足以承担整个工程的施工任务，可以由两个或两个以上有相应资质的单位组成联合体进行投标。联合体投标时，应在投标书上附联合体协议书，并明确其中一个单位作为主要责任方，由主要责任方作为联合体的法定代表。注意：可能有的招标文件规定联合体协议书需要公证，此时，应将联合体协议书按招标文件的规定或按公证管辖原则去进行公证。

(9) 对于本单位的施工业绩材料，最好以列表形式来说明，一个项目列一张表。特别是对于类似工程经验，应附上工程竣工验收报告的复印件和政府质量监督部门出具的质量评定意见和证明，以及项目已获得的政府主管部门评定的优质工程或全优工程证书复印件。许多招标文件明确规定，如果没有证明材料证明投标的业绩或类似工程经验，则不予认定投标人的业绩和经验，不少招标文件还要求提供类似经验的业主联系地址和电话，这时投标人必须按规定提供这些资料，这样才能取信于评委和业主。如果招标文件规定采用暗标形式时，本部分资料就装入招标文件指定的内容中。

(10) 有些招标文件要求投标人对投标须知、合同条件、技术条款以及其他招标文件规定的内容每一页都进行签字确认，投标人必须按规定进行。

(11) 对于招标文件规定对投标文件正本的每一页必须由招标人法定代表或授权代表签字和盖章确认的，则必须认真按照招标文件规定进行，不能仅仅盖章或用签名章代替亲笔签名，否则，容易引起投标文件无效。如果招标文件仅仅规定对某些注明的部分才需要签名盖章，则照此执行。

如果招标文件要求技术标采用暗标形式，不能出现投标人名称、标记或任何可能透露投标人信息的内容，则以上（1）～（11）内容应另册装订或装入招标文件规定的内容中。

（12）整个工程的施工组织设计方案以及主要单项工程的施工技术方案，施工工艺控制方案，施工难点和对策分析。这部分是技术标的重点，投标人必须充分重视。

（13）施工总进度计划横道图和网络图。注意：横道图和网络图中应标出关键线路。对于某些重要的关键性单项工程，应单独画出其进度计划横道图和网络图。

（14）保证工期的组织措施和技术措施。各个控制性阶段，如截流、下闸蓄水、达到度汛高程的时间、第一台机组发电等，要明确计划开工日期、竣工日期和总工期。

（15）投标单位的质量管理体系，保证质量的组织保障措施、制度保障措施、物质保障措施和技术保障措施。

（16）保证工程施工安全和工地安全的具体组织计划和措施。

（17）创建文明工地，进行文明施工的具体组织计划和措施。

（18）创建优质工程或样板工程的组织计划和措施。

（19）施工期施工场地范围内（包括后方设施）的环境保护措施，一般包括：生产和生活污水的处理措施，各种机械设备施工中产生的噪音控制措施，施工过程中产生的粉尘控制措施，场内和周围生态环境的保护措施等。

（20）一般来说，投标人可以对招标文件提供的施工设计方案提出修改建议，或根据自身的技术优势和施工经验另外提出建议施工方案和设计修改方案，并在投标书中明确该建议方案的优点和好处。但无论如何，都必须按招标文件的原设计方案做出施工组织设计，不能只提建议方案而不提招标文件规定的施工设计方案。

（21）根据投标工程的特点和自己的实际能力，投标人可以在投标书中提出自己的优惠条件，包括财务方面的、技术方面的、培训教育方面的以及机械设备方面的。必须注意的是，所有提出的优惠条件，均不能带有先决条件或实质性修改招标文件的内容，否则可能导致投标文件的无效。

（22）投标须知和招标文件以及招标单位的补充通知中要求提交的其他文件和资料。

（二）经济投标文件编制

1. 经济投标文件编制准备

经济投标文件（简称经济标）的编制，主要就是投标报价问题。如何报价，直接关系到投标单位的报价是否合理，关系到是否中标的大问题。在技术条件、技术方案都差不多的情况下，投标报价如何是决定投标单位是否中标的决定性条件。对于不用编制技术标书的投标项目来说，经济标书的投标报价更为重要，是决定投标人是否中标的唯一条件。因此任何一个投标单位对报价的确定必须非常慎重，反复研究考虑。经济标编制一般应做如下工作：

（1）成立以企业经济或经营管理负责人（总经济师或副总经济师等）为组长的经济标编制工作小组。

（2）认真细致地考察施工现场条件，包括水文气象、地质环境、交通运输、当地建筑材料供应、供水供电、劳动力状况等情况。

(3) 仔细研究招标文件、图纸和有关资料，特别是要吃透报价要求、限价规定、基础单价要求、调价规定等。

(4) 对采用总包合同形式的项目，应认真复核工程量。

(5) 经济标编写人员应参与制定工程施工技术方案。

(6) 计算人工、风、水、电、基础材料、机械台班费等基础单价。

(7) 计算分项工程基本单价和利润等。

(8) 计算各种风险因素和摊销费用。

(9) 根据项目情况，提出上、中、下三种报价方案。

(10) 对所有经济标内容进行校对和复核。

(11) 由企业主管领导、总经济师或投标项目负责人确定最终投标报价，审定经济投标书。

2. 经济投标文件主要内容

(1) 投标单位的企业资质等级证书和企业法人营业执照复印件，并加盖本单位公章。

(2) 投标人法定代表证明书和法定代表授权书原件。若招标文件中有规定的格式，则应按规定格式填写；若招标文件中无规定格式，则应按国家工商行政管理部门统一制定的格式填写。

(3) 投标保函或投标保证书。注意必须按招标文件规定的要求和格式来填写，若格式不同，则开具投标保函或投标保证书的银行和其他金融机构必须经招标人认可；若招标文件无规定格式，则任何金融机构开出的保函或保证书均有效。

(4) 投标报价书（即总报价）。投标报价书的格式必须按招标文件规定的格式来填写。

(5) 单位工程和分部、分项工程报价汇总表。其应按规定的格式填写。

(6) 招标文件规定的已标价的工程量清单。

(7) 工程主要材料总用量表。

(8) 投标人提出的优惠条件及其说明。

(9) 注册会计师事务所出具的本企业近三年（具体时间按招标文件规定执行）的财务审计报告，一般至少要包括资产负债表和损益表。

(10) 为实施本工程项目，投标人拟投入的自有流动资金证明文件。

(11) 为实施本项目，投标人可能得到银行或其他金融机构提供的信贷额度或其他资金来源证明。

(12) 投标人已获得银行评定的信用等级证书和其他有关资信文件。

(13) 国家工商行政主管部门授予的“守合同重信用”证书和其他有关部门颁发的诚信证书。

(14) 国家承认的质量管理体系认证证书，职业健康与安全管理体系认证、环境管理体系认证证书。

(15) 投标项目的工程量报价表附录，主要内容包括：①编制依据和取费标准；②基础单价分析计算表；③工程量清单项目单价分析表；④与项目总进度计划相符的分年或分季、分月用款计划表；⑤与总进度计划相适应的分年、分月劳动力计划使用表；⑥与总进度计划相适应的分年或分季、分月材料、设备采购和使用表；⑦与总进度计划相适应的分年、分月运输计划表；⑧与总进度计划相适应的分年或分月施工用电计划表以及最高峰用电负荷要求；⑨招标文件要求提供的其他资料。

3. 施工投标报价几种策略

工程项目投标，只要是规范的、具有相应资质的企业，特别是具有一级资质以上的有实力的投标人，在技术标方面一般都不相上下；或者说，这些单位所作的技术标书一般都能通过审核。如果一个企业连自己本专业的工程技术标都通不过，那么这种企业在市场中肯定会被淘汰的。因此，对于有技术有实力的投标人来说，要想在水利水电建设市场上占有一席之地，除了在技术方面必须过硬，具有一定的技术本钱外，还必须在商务经济方面有优势，在投标报价上比其他单位更胜一筹，对项目法人（业主）和评委更有吸引力，这样才能在各类工程建设市场中站稳脚跟。

世界银行对于其提供贷款的建设项目确定中标单位的意见是：该单位在技术方面能满足工程要求，否则没有理由选择投标价高的单位。当然，在国内工程的招标投标中，报价最低并不一定就能中标，特别是国内大型水利水电枢纽工程大多采用综合评估法，必须综合考虑技术、经济和商务方面的因素来决定中标单位。但是一般来说，能够在投标报价方面确立自己的优势，能够在投标报价方面符合项目法人的要求，那么中标的机会就会大大增加。

以下从投标报价方面介绍几种不同的报价方法。

（1）突然降价法。这种报价方法比较普遍采用。一般是，投标单位先按正常方法编制报价，而且这个报价投标人有意透露出去，在递交投标书的最后截止期限前一刻，突然提出一个较低的报价一起封标报出，这个报价只有该项目的投标决策人和项目负责人才知道；或是投标书在投标截止时间前一两天先送出，而在投标截止时间前最后一刻以补充函件的方式修改原报价。这样可收到意想不到的效果。应用此法时需注意如下两个方面：

1）必须做好最终补充报价的保密工作，而且在报价修改前不露声色，知道修改最后报价的人数范围缩小到最低限度。

2）修改报价不要造成无效标书。因为国内有些地方规定有最高和最低限价，也有一些地方规定了报价超过标底的一定范围，或者超过去掉最高最低报价后的平均价的一定范围后为无效报价。

（2）多方案报价法。这种方法是指投标单位在投标报价中，根据投标项目的具体情况、竞争对手的不同情况和本单位获得的公关情报资料，制定出几套（高、中、低三种以上）报价方案，在投标截止前的最后期限内，由项目投标决策班子和项目负责人最终决定送出其中一个方案的报价。

（3）保本经营法。这种方法针对分期实施的工程项目（如梯级水电站的开发）和市场前景较为广阔的地区，投标人根据自身发展和开拓市场的需要，对某一投标项目在招标文件允许的条件下，在投标报价时按本企业能够保本经营甚至微亏（但不能低于成本价），不计利润，放弃设备折旧费和上缴管理费，或垫进部分材料设备的情况下，提出最低限度的报价，以谋取中标，达到占领市场的目的。

采用此法时，必须注意如下几点：

1）投标人的技术力量强，实力雄厚，保证投标项目技术方面合格，能顺利通过。

2）项目所在地区的建设市场前景非常广阔和诱人。

3）投标人在该地区具有一定的社会关系。

4）该项目业主信誉好、有实力，在近年内会实施后续几期的建设开发项目。

5）投标人必须对这类项目给予足够重视，一旦中标，必须配备强有力的、素质高的项目建造师（经理）班子，投入足够的资金、人力和设备，保证项目顺利实施，创建优质工程。同时应注意搞好公关工作，为后续工程的投标和在该地区站稳脚跟打好坚实的基础。

（4）不均衡报价法。在招标文件规定采用单价合同或单价与总价混合制合同承包方式的条件下，投标人根据对该项目认真细致的分析，对采用单价承包的、工程量非常可能变化且变化较大的项目报价适当提高；对工程量准确、变化不大的总价承包的项目单价适当降低；或者是施工在前的项目单价做得较高，施工在后的项目单价做得较低。这样在相同报价甚至较低报价的情况下，投标人仍然可以获得可观的利润。

应用此法时，必须注意如下几点：

1）投标人对该项目的工程地质、水文地质资料和招标文件、图纸研究得较深入，深知该工程具体项目的可能变化情况。

2）对该工程各个项目的工程量反复核算，力求准确。

3）投标人必须做好公关工作，注意社会公共关系。

4）投标人的技术力量强，设备先进，施工方法先进。

（5）建议方案优化法。在大型水利水电工程项目招标中，一般都允许或要求投标单位提出优化设计和建议方案。此时，投标人除按招标文件规定的设计方案进行正常报价外，凭借自己的技术专长和优势以及对这种项目施工的丰富经验，提出对项目建设的优化设计建议方案，说明如果采用己方的建议方案时，在保证质量的前提下，报价可以再降低或工期可以再缩短。如果该项目竞争对手不多或竞争对手的实力较弱，己方提出的建议方案能够缩短工期时，投标人甚至还可以凭借自己的技术专长适当提高报价。

这种报价方法，主要适用于工程复杂，施工条件差，技术要求高且投标人的技术力量强，技术专长突出，施工经验丰富，在某些方面的技术处于行业或国内领先水平的工程项目投标报价。

三、投标文件编制过程中应注意的问题

1. 技术标方面应注意的问题

（1）对于需要编制技术标的投标项目，必须根据项目的规模、范围和内容配置强有力的编写班子。对于大中型水利水电工程土建施工来说，一般要配备测量、地质、水工、施工、机电等有关专业技术人员，并且根据需要让造价人员参与对施工方案等问题的讨论研究。

（2）投入该项目的技术力量搭配要合理，以满足工程施工技术管理，能解决实际问题并略有机动为原则。有些单位喜欢报很多的高级工程技术人员，以炫耀自己的技术实力，

但远远超出工程的实际需要，这样反而使招标人和评委感到不可信。如果技术标采用暗标形式，则不能在投标文件中注明技术人员姓名。

(3) 项目配置的施工机械设备以满足工程进度需要为原则，设备的搭配要合理并留有余地，即要有备用装备。如果投标人有特别先进的机械设备，则应该进行特别介绍和说明。

(4) 对工程质量、安全的控制要从组织机构上保证，制度上健全、人员上落实，检测手段可靠，质量目标明确。不要泛泛其谈，要有一整套严密的内部质量保证体系。对于一些项目的质量检测可以委托有资格的单位去完成，但必须在标书上注明。

(5) 注意不要忽视对工程进度保证措施的阐述。许多投标人往往只做出总进度计划横道图和网络图就完事，但对于如何采用组织措施、设备措施、技术措施、劳动力投入等方面来保证每一单位工程或分部工程、每一项控制性工程项目按计划如期实现，在投标计划进度中却不说明，这样会使招标人和评委感到进度计划没有保证而不放心。

(6) 投标人如果在项目中采用新技术、新材料、新工艺，则一定要突出重点给予介绍，并举出具体的工程实例说明采用新技术、新材料、新工艺的优点和效益，以说明投标人在这方面的经验和实力。最好能出示这方面国家或主管部门对该项新技术、新材料、新工艺的鉴定结论、推荐意见和已建成项目的项目业主对此的评价意见。

(7) 对于本单位专长的技术和施工经验应重点加以介绍，特别是对经过专家或主管部门鉴定的技术专长，最好附鉴定意见或评价意见。

(8) 对于涉及有防洪度汛任务的投标项目，投标单位的标书中一定要有防洪度汛一章，详细叙述保证工程安全度汛的机构、人员、技术准备措施、材料物资准备措施等。

(9) 对于项目实施过程中涉及的地质风险、安全风险和其他风险，投标人也应在标书中提出应对和防范措施。显然，对于一个有着强烈的风险意识、措施落实的施工队伍去完成工程建设任务，业主和评委都会感到放心。

(10) 施工进度计划的安排既要满足招标文件的要求，又要留有余地，进度计划的说明中要考虑到各种不利的水文气候因素、社会因素和各种人为因素对工程进度的影响，使项目业主和评委感到你的计划切实可行。如果安排有提前完工的计划，则应着重说明采用什么组织措施和技术措施去提前完成。

(11) 施工现场布置应该密切联系现场考察的实际情况，对于业主在招标文件或其他资料中说明的某些用地的限制性规定不能违反，对风、水、电系统的接驳，混凝土系统的布置，预制场、木工厂、钢筋厂、生活区的布置，弃渣的堆放，污水的排放等，既要符合业主和招标文件的要求，又要符合环境保护的需要。

(12) 投标人自己主动提出给予业主的优惠条件要慎重考虑，要根据自己的实力和在该地区建筑市场的战略目标，以及竞争对手的实力作出承诺，一旦承诺就会发生法律效力。

(13) 对重大技术问题、施工方案、投标策略等应提交编制小组全体成员和聘请必要的专家进行充分讨论，对于某些复杂的专题技术也可以采用委托科研机构或咨询公司进行咨询论证。

2. 商务经济标方面应注意的问题

(1) 必须配备强有力的编标班子。一般由分管经营的行政领导或经济部门负责人为商务经济标编标小组组长，成员主要包括计划、合同、造价、经济、会计、法律人员以及涉及的有关专业工程技术人员等；经济部分一定要复核准确，不要自相矛盾或前后对应不上；商务部分要重点防止出现废标情况。如果联合投标，则联合体各方应抽调相应专业人员一起参加编标。

(2) 对于业绩材料的编制，特别是类似项目的经验要特别重视。不要随意夸张，要实事求是，不能对工程规模和工程质量的评价夸大做假，业主和评委在评标时一旦发现有虚假成分，对投标者是非常不利的，情节严重的可能导致中标机会丧失，水利部 2001 年颁发的 14 号令《水利工程建设项目招标投标管理规定》明确规定，“投标人提供虚假材料的，按无效标处理。”

(3) 要注意调配有类似工程经验和经历、并且与工程规模等级相适应的建造师（项目经理），按规定建造师（项目经理）必须持证上岗。建造师（项目经理）的资格证书和安全证书复印件要附在投标书上，这样招标人和评委才信服和踏实。

(4) 对招标人或代理机构组织的现场考察必须认真对待，切勿走马观花。应着重了解工地通水、通电、通信、道路、料场、渣场、生活条件等施工环境情况，对于项目所在地的劳动力价格、建筑材料价格、生活资料价格等，以及当地公安、税务、工商、劳动、建设、卫生、环保等行政管理部门的有关用工、税务、卫生、注册登记、环境保护等情况也应详细了解。只有掌握了第一手的原始材料，才能根据实际进行编标报价，所编标书才符合实际，或者在投标答辩中才能应对自如。

(5) 对于投标报价，一般应根据业主的情况、施工环境条件、市场前景、竞争对手的实力、投标单位自身需要等不同情况作出上、中、下三套或多套报价方案。编标小组提出分析推荐意见后，报主管领导决定采用哪一种报价方案。

(6) 联合投标时，联营体各方签订的联营协议书一定要附在投标文件中。有些招标还要求联营体进行工商注册登记或对联营协议进行公证的，则应按规定办理好一切手续。

(7) 投标书若有补充报价或其他补充函件，一定也要按招标文件的规定进行包装密封，并在封面注明。有补充函件的必须在招标文件规定的时间内送达。

(8) 项目分包一定要在投标文件中明确，包括分包内容和分包单位均应在投标文件中注明。当招标文件仅规定主体工程不能分包，但对于主体与非主体工程的界限难于界定时，投标单位应书面向招标人提出，让其作出书面确定。如果招标文件中明确规定允许某些项目分包，那么投标单位应在投标文件中明确分包单位的资质等级、施工经验与业绩、技术力量、机械设备等，要特别注意的是必须提出对分包单位的管理机构和具体的管理措施。

(9) 投标书必须严格按招标文件规定的格式来编制，投标总报价应与各分项、分组工程量报价总和相等。

(10) 建立完善的标书校对制度和总审编负责制。投标文件的每一页、每一条均应经过一校、二校后再经总审编审定。

(11) 投标书基本完成并经总审编审核后，打印出清样，由投标单位合同管理人员、经济法律人员或企业聘请的法律顾问审查，以免出现低级错误，最后由投标单位的负责人批准定稿。

3. 标书有效性检查应注意的问题

法律顾问、合同管理人员和相关技术人员应根据招标文件的要求和国家法律、部门规章以及地方性法规等着重检查标书的完整性和响应性，特别是检查标书中是否有引起废标的不利条件。

根据我国现行招标投标管理法规和行业主管部门规定，参照有关惯例，水利水电工程投标中引起无效标书或被拒绝的条件主要有如下方面：

(1) 投标书中提出限制性先决条件，对招标文件的内容提出了实质性修改，对工程的范围、质量要求、工期、完整性及其运用产生实质影响，或对合同文件中规定的业主权利及投标人义务造成实质性影响的。

(2) 投标文件密封包装不符合招标文件规定要求的。

(3) 投标书内容不全或未按规定格式填写、签署，或字迹模糊辨认不清导致无法确认关键技术方案、关键工期、关键工程质量保证措施、投标价格的。

(4) 未按招标文件规定要求提供投标担保或者所提供的投标担保有瑕疵。

(5) 投标文件没有单位盖章并无法定代表人或授权代表签字的。

(6) 投标书中应由投标者填写和提交的文件内容有涂改而未经法定代表人或授权人签署的。

(7) 投标书逾期送达的。

(8) 投标人代表不参加开标会议的。

(9) 投标人对主体工程擅自分包、转包，或投标人对某部分主体工程未经发包单位同意擅自对外找协作单位，又无联营协议实质上构成分包转包工程行为的。

(10) 投标文件载明的招标项目完成期限超过招标文件规定期限的。

(11) 明显不符合国家规定或招标文件技术规格、技术标准要求的。

(12) 投标文件载明的货物包装方式、检验标准和方法等不符合招标文件要求。

(13) 投标文件附有招标人不能接受的条件。

(14) 投标人递交两份或多份内容不同的投标文件，或在一份投标文件中对同一投标项目有两个或多个报价，且未声明哪一个有效。按招标文件规定提交备选投标方案的除外。

(15) 投标人名称或组织结构与资格预审时不一致的。

(16) 联合体投标未附联合体各方共同投标协议的。

(17) 招标文件规定不得标明投标人名称或标记，但投标文件上标明投标人名称或有任何可能透露投标人名称或标记的。

(18) 投标人提供虚假资料的。

(19) 超出招标文件规定，违反国家规定的。

(20) 投标报价低于成本价恶性竞争的。

(21) 与其他投标人相互串通报价，或者与招标人串通投标的。

(22) 以他人名义投标，或以其他方式弄虚作假。

(23) 联合体通过资格预审后在组成上发生变化，含有未经过资格预审或者资格预审不合格的人或其他组织。

4. 投标答辩过程应注意的问题

一般项目评标过程的澄清和答辩根据有关规定是采用书面形式的。但对于一些大型和技术特别复杂、技术要求高的工程，在技术标评审阶段往往要求进行投标答辩，通过投标答辩，澄清投标文件中表达不清的问题，或者澄清评标委员会对投标文件（或投标人）有疑问的问题。投标答辩是投标过程的延续，也是评标过程中一个非常重要的阶段。投标答辩一般是投标单位按规定在投标截止时间前递交了投标文件，开标以后并且通过评标委员会的初步评审后进行。根据国家发改委、水利部等七部委2003年颁发的30号令《工程建设项目施工招标投标办法》规定，投标答辩可以采用书面形式进行，评标委员会可以书面方式要求投标人对投标文件中含义不明确、对同类问题表述不一致或者有明显文字和计算错误的内容作必要的澄清、说明或补正。评标委员会不得向投标人提出带有暗示性或诱导性的问题，或向其明确投标文件中的遗漏和错误。但对于大型和技术要求高的工程，仅仅书面形式有可能无法真正了解投标人的真实情况，而采用现场答辩的形式，能更好地、更直接地了解投标人的真实情况和真实水平。

投标技术答辩的好坏直接关系到评标过程中评委对投标人的基本看法，影响到评委的评分或投票，对投标人能否中标关系极其重大，因此，投标人对于投标技术答辩特别是现场答辩必须十分重视。以下是大型水利水电枢纽工程招标中投标人进行现场答辩需注意的一些问题：

(1) 投标人必须配备素质高、业务熟悉、人员精干而又全面的答辩班子，组成一个阵容强大的答辩代表团。

(2) 答辩代表团的组成应该广泛全面，搭配合理。一般应包括参加投标书编制的各专业，如水工、施工、电气、机械、地质、测量、环保等工程技术人员，以及经济师、造价工程师、会计师和法律顾问。这样在答辩过程中才能应付自如，较好地回答评委提出的各种有关问题。

(3) 参加答辩代表团的人均应认真阅读招标文件和投标书。如果是联合投标，联合体的主责任方必须吸收其他联营方的技术和经济专业人员参加答辩代表团，参加研究投标方案的确定、答辩策略的制定，研究如何配合答辩等问题。

(4) 答辩代表团在答辩前应推选出一位了解全面情况，最好是参加了投标书的编制，口才好，反应敏捷的中级以上职称的技术经济负责人为主答人，其他专业技术人员按照事前的分工，根据答辩现场的实际情况和主答人的提示，辅助解答评委提出的各种问题。

(5) 正式答辩前，答辩代表团应准备好一个答辩提纲，估计评委可能提出的问题，在单位内部先进行一次模拟答辩，以免主答人到时过于紧张，同时也可以及时发现主答人的优缺点，改进和优化答辩方案，做到心中有数。

(6) 答辩代表团在答辩前可将本单位的基本情况、施工组织机构、技术方案、投入的技术力量、机械设备和主要施工方法印刷成一个小册子，现场发给每一位评委。

(7) 答辩代表团一定要在招标单位规定的时间前到达答辩现场，最好是提前一天到达现场，熟悉环境，防止发生意外迟到。

(8) 答辩时，代表团应将准备好的施工总体布置图、施工方案、施工方法图、施工总进度计划横道图和网络图等内容制成多媒体，在现场演示，或挂在现场，主答人最好一边介绍讲解，一边结合多媒体或在挂图上作说明，使评委一目了然。

(9) 在答辩过程中，代表团负责人和其他成员应密切注意各位评委的提问和表情，完整记录各位评委提出的问题，以免漏答，及时提醒主答人注意切题，防止主答人和其他人员说错或偏题。

(10) 回答评委的提问一定要注意言简意赅、态度明确、表达准确、语调平和，不要答非所问，啰啰嗦嗦。

(11) 答辩过程中，评委提出的主要问题由主答人来回答，其他专业人员则根据事前的分工和主答人的提示来回答相关专业的问题。

(12) 对于答辩代表团的外部形象和程序问题，应注意如下几点：

1) 答辩代表团最好统一服装，即使不统一，也应该着装相对整齐，使人感到该投标单位是一个团结、自信、充满朝气的集体。

2) 答辩代表团进场时，要做到热情、大方、有礼，主动问好，在团长的带领下，行点头礼，排成整齐地进入会场。

3) 代表团团长在本单位正式答辩前应主动介绍本代表团的有关成员、职务、职称，然后由主答人简单介绍本单位基本情况后迅速转入正题，介绍施工方案等。

4) 答辩过程中，主答人和整个代表团始终要做到举止大方有礼，姿态优雅；不要做出伸懒腰、打呵欠、架二郎腿等不礼貌的表情和动作。

5) 答辩完毕后，代表团团长要代表本单位向业主和全体评委致于谢意，然后再列队退出会场。

第五节 设备材料采购投标文件编制

一、设备材料采购投标的特点

工程建设项目设备材料采购招标是工程建设实施阶段招标的一个重要组成部分。例如在含有大中型水电站或泵站的水利枢纽工程中，设备材料费一般占总造价的30%左右，这部分项目的招标是整个水利工程建设项目招标的重要组成部分，是设备材料制造商或代理商的重要工作来源。对于大型水利水电枢纽工程，其重要设备投标特点主要有：

(1) 工程设备材料招标范围广、内容多，决定了设备采购投标种类较多，标的大小相差也较大。

(2) 水利水电枢纽工程的主要设备采购多为特种设备，差异性较大。如一个项目的水轮发电机不能完全适用于其他项目。

(3) 水利水电枢纽工程重要设备投标一般都包括设备的设计、制造和运输、参与调试，个别小设备还包括安装，不同于一般工业通用设备的采购只要成品不问设计、制造过程。

(4) 重要设备或专业性较强的设备招标一般采用综合评估法或二阶段评标法，全面考虑厂商的设计制造技术、性能参数、服务、经验和经济（报价）情况，因此其投标文件的编制对技术、经济报价、服务等都要重视，而一般通用设备投标只注重价格和性能。

（5）水利水电枢纽工程重要设备或专业性较强的设备采购招标一般都要求设备制造厂家直接投标，以减少中间环节，大多不允许代理商直接参与投标。当然也有个别设备允许代理商参加投标，但一个代理商只能代表一个厂家参加，不能同时代表多个厂家参加投标。代理该项设备的代理商参加投标后，原生产厂家就不能再参加投标。

（6）有些大型成套设备，一般允许两个以上厂商联合投标，但要出具有联营协议，并且明确主责任方。

二、设备材料采购投标文件的编制

（一）投标文件编制准备

（1）成立投标文件编写班子，确立项目投标编标负责人，并进行技术标、商务标、经济标的分工，明确职责。

（2）认真阅读招标文件和图纸，充分了解设计功能要求、业主要求、今后设备运行环境和管理能力。

（3）投标人应认真收集与设备投标有关的水文、气象、环境等情况，收信类似工程设备的设计、制造、运行管理经验资料。

（4）重点研究招标文件中的评标办法、合同条款、设备技术规格、功能参数、标准、指标等质量技术要求。

（5）如果招标文件允许部分非主体设备货物进行分包的，应找寻符合条件的分包商并办理相关的分包手续。

（6）根据招标文件和评标办法初定投标和报价策略。

（7）如果招标项目允许联合体参加投标，则应该与符合招标文件要求的厂家组成联合体，并签订联合体协议书。

（二）技术投标文件编制

一般地，大型水利水电工程建设项目重要设备材料的技术投标文件主要包括如下内容：

（1）投标人的组织机构（包括现场安装调试的技术指导）。

（2）分包计划方案和分包设备的保证（如有）。

（3）投标人的设计技术力量（如果技术标采用暗标形式，则不能标示技术人员具体名单）。

（4）投标人的制造技术装备情况。

（5）投标人对投标设备的制造方案和主要工艺流程。

（6）投标设备技术性能参数的详细描述。

（7）投标设备与招标设备的技术偏差表。

（8）投标人的质量保证体系及质量保证措施。

（9）投标人的设备制造、交货进度计划。

（10）投标人对设备交货进度的保证和措施。

(11) 投标人的技术支持保证或技术合作优势。

(12) 投标人对设备调试、协调方案与承诺。

(13) 投标人对设备运行管理人员的培训计划与承诺。

(14) 投标人对设备的质量担保、保修期限承诺。

(15) 投标人对设备的售后服务（包括设备维修、保养、零配件的供应等）承诺与保证措施。

(16) 招标文件要求的其他内容。

(17) 投标人认为应提供的其他资料。

(三) 商务经济投标文件编制

商务经济标书一般包括如下内容：

(1) 投标人基本情况介绍。

(2) 投标人（设计制造或生产许可证）的资格证明文件。

(3) 联合体协议书（联合体投标时）。

(4) 法定代表人证明书、授权委托书。

(5) 投标保证金证书。

(6) 投标报价书（函）。

(7) 投标报价汇总表。

(8) 投标设备清单表。

(9) 投标设备报价和清单的说明。

(10) 投标人对招标文件的商务偏差表。

(11) 技术授权书或技术合作协议（当投标人采用专利技术或与其他厂家进行技术合作或技术引进时）。

(12) 投标人制造同类设备的技术和经验。

(13) 投标人类似设备制造经验、运行情况证明材料。

(14) 其他业主对投标人的设备质量、服务评价情况。

(15) 投标人的产品认证和获奖情况。

(16) 注册会计师事务所出具的投标人近三年的财务状况。

(17) 投标人的资信情况（一般由商业银行出具）。

(18) 投标人的履约能力证明文件、流动资金或融资能力（如政府或工商行政管理部门颁发的“守合同重信用”称号）。

(19) 招标文件规定的其他内容。

(20) 投标人认为应提供的其他资料。

三、设备材料采购投标文件编制应注意的问题

(1) 当招标文件允许联合体投标时，须将联合体各方主资格证明文件均附在招标文件中，并明确责任方或协调方，否则可能导致废标。

(2) 联合体投标授权委托书必须由联合体各方法定代表人共同签署授权。

(3) 当投标人拟在中标后将供货合同中的非主要部分设备进行分包时，应当在投标文

件中载明，并提供分包单位的资格文件和分包合同。

(4) 投标人提供的设备技术性能参数与招标文件规定有差异时，除在差异表中明确外，应该对这种差异重点予以说明，最好能说明这种差异不会导致设备使用和性能降低，当然这种说明要符合实事求是的原则。

(5) 设备清单应按照招标文件的规定进行填报，不要随便增减清单的数量或改变设备型号，否则将导致不利于投标人的修正，甚至可能导致废标。

(6) 当投标人某项设备报价可能远远低于其他投标人的报价时，应当在投标文件中予以说明，否则评标委员会不相信，可能导致不利于投标人。

(7) 设备交货计划须按照招标文件的规定。根据有关招标法规，交货期只能提前，不能推迟，否则将导致废标。

(8) 售后服务的承诺不要过分夸大，要使评委和招标人感到可信，服务措施具体可靠，并充分体现投标人的诚意，体现投标人对招标人的无微不至。

第六节　科技项目投标文件编制

一、科技项目投标的特点

(1) 由于科技项目招标，本质上属于服务招标的范畴，决定了科技项目投标是以技术服务为标的，关键在于技术方案与服务。

(2) 科技项目投标的重点是技术方案、技术力量、能力资历、仪器设备和服务水平等，报价不是招标人评标主要考虑的问题。

(3) 国家没有对科技项目投标设置专门的资质等级要求，但招标文件一般会要求投标人应具有工程咨询或设计资质，并有法人资格；特别是水利等基础项目的科技项目招标，一般不允许个人参加投标。

(4) 由于科技项目招标基本上采用综合评估法或二阶段评标法，招标人和评标委员会将综合考虑投标人的技术、商务、价格等综合因素来选择中标人，并特别注重技术因素。如果采用二阶段评标，则更应注重技术方案、技术路线和技术创新等内容。因此投标时应根据招标文件采用的评标方法和标准，确定本单位的投标策略和投标方案。

二、科技项目投标文件的编制

(一) 投标书编制准备

投标人通过资格预审，获取投标资格后，或者是受到邀请直接获得投标资格，即开始投标文件的编制。投标前，一般要做好以下准备工作：

(1) 成立项目投标机构，确立项目投标和标书编制负责人，并进行技术标、商务标和报价标的分组分工，明确项目组成员每一个人的职责。

(2) 项目投标组成员应认真阅读招标文件、有关资料和图纸，充分了解招标人意图、各项投标要求，特别是技术方案、能力要求和有关进度、成果、报价、格式要求说明。

(3) 所有投标文件编制人员应参加招标人或招标代理机构组织的答疑会和现场考察。

（4）收集投标书编制涉及的各种资料，包括有关法规、规划依据要求、各种技术标准、规范、水文、气象、地质、社会经济、环境等资料。

（5）对主要技术方案、技术路线进行讨论和论证，关键技术方案或重大复杂技术问题应在充分讨论或咨询相关专家后确定。

（二）投标文件编制

如果科技项目招标文件没有要求区分技术标和商务经济标分开编制，则投标文件至少应包括如下内容：

（1）投标函。

（2）投标人概况。

（3）近两年的经营发展和科研状况。

（4）技术方案及说明，含方案的可行性、先进性、创新性，技术、经济、质量指标，风险分析等。

（5）计划进度。

（6）投标报价及构成细目。

（7）成果提供方式及规模。

（8）承担项目的能力说明，包括：①与招标项目有关的科技成果或产品开发情况；②承担项目主要负责人的资历及业绩情况；③相关专业的科技队伍情况及管理水平；④所具备的科研设施、仪器情况；⑤为完成项目所筹措的资金情况及证明等。

（9）项目实施组织形式和管理措施。

（10）有关技术秘密的申明。

（11）招标文件要求具备的其他内容。

（三）当要求技术标和商务经济标分别编制时

1. 技术标编制主要内容

（1）对科技项目的理解，主要包括国家立项要求、项目研究目的、功能要求、成果（先进性、创新性）要求、技术经济指标、质量、保密、环保等要求。

（2）对科技项目（研究、开发、推广、咨询）重点、难点的分析。

（3）科技项目工作大纲和技术路线。

（4）项目技术方案、可行性及说明（包括比较方案）。

（5）项目创新思路或创新方案说明。

（6）项目的质量管理体系和质量控制措施。

（7）科技项目进度和保证进度的措施。

（8）拟投入科技项目的技术装备、场所和仪器。

（9）技术方案框图和有关设计图纸。

（10）成果提供、技术服务承诺和其他承诺。

（11）投标人有关建议和认为应当说明的其他技术事项。

2. 商务经济投标编制主要内容

（1）投标函（按招标文件规定格式）。

（2）投标人简介和有关资质证书、营业执照复印件。

（3）法定代表人证明书、授权委托书，联合投标协议书（如有）。

（4）投标担保证件（根据招标文件规定要求，提交保函或支票、汇票、现金交款的收据）。

（5）投标报价及计算依据和计算过程。

（6）投标人总部的组织机构，拟在本项目中采取的科技班子组织架构、技术服务组织机构。

（7）投标项目负责人和项目总工的资历，包括学历、专业、职称、专长、类似项目经验、业绩等，并附业绩证明材料。

（8）与投标项目相适应的各种人力资源配置，包括各专业人员的数量、年龄、学历、专业、职称、专长、类似经验业绩等，最好以一人一表的形式介绍。

（9）投标人的类似项目经验、其他相关经验和正在进行的科技项目，并附业绩证明材料和业主评价意见。

（10）投标人随时可调用的后备技术资源。

（11）投标人可提供的技术顾问班子和解决可能遇到复杂疑难问题的方案。

（12）经注册会计师事务所审计的投标人近三年财务状况，为完成项目所筹措的资金情况及证明等。

（13）投标人现有的资信情况和履约能力证明。

（14）投标人已经获得的荣誉和业绩情况证明。

（15）有关专利和技术秘密的声明。

（16）投标人认为需要提供的其他内容。

三、科技项目投标文件编制应注意的问题

（1）科技项目招标文件如果要求投标文件采用暗标的形式，即投标文件的技术标书中不能出现投标人的名称和任何反映投标人的标记、图片和其他有关投标人信息的内容；否则就可能导致废标，投标时应特别注意检查。

（2）科技项目招标重点是考虑投标人技术方案、技术路线、技术能力、技术创新、成果质量、经验、进度保障和技术服务，标书编制的重点应放在这些方面。

（3）投标报价方面，不能高于最高限价，应根据自己科技成果和竞争对手的情况，经充分论证决定报价并注意做好报价的保密工作，严格限制报价的知悉人员和范围。

（4）投标文件的编制应严格按照招标文件的要求来编制，与评标无关的内容少写或不写，特别注意不要出现招标文件规定的废标条件。

（5）科技项目招标时，评标委员会可以要求投标人对投标文件中不明确的地方进行必要的澄清、说明或答辩，但投标人在进行澄清、说明或答辩时，注意不得超过投标文件的范围；不得改变投标文件的实质性内容；不得阐述与问题无关的内容；未经允许不得向评标委员会提供新的材料。

（6）如果招标文件要求进行现场技术答辩，投标人必须充分组织好投标答辩班子，一般以投标人单位的技术负责人或项目技术负责人为答辩小组组长，参加投标方案编制的有关人员应参加，并融合投标人单位的有经验的技术人员、经济管理人员、合同管理人员、

法律人员参加。

(7) 科技项目招标中的投标技术答辩，是一项技术性和经验要求都较高的活动，投标人必须精心组织，充分准备，最好应有项目技术方案的框图、技术路线图等现场彩色挂图，将投标人对科技项目先进性、创新性、重点、亮点充分展示出来。

(8) 联合投标的时，投标人组成的联合体应以一个投标人的身份参加投标，并在投标书上附后共同投标协议，明确主要责任方和投标各方所承担的任务，分享科研成果和知识产权的比例等，并将共同投标协议一并提交招标人。

第七节　总承包投标文件编制

一、总承包投标的特点

(1) 项目总承包一般包括设计、采购、施工、试运行等内容，一般不包括工程征地移民和建设监理，国外称为设计采购施工（EPC）承包或交钥匙工程。在我国，总承包企业不实行资质核准制度，只要具有工程勘察、设计或施工总承包资质的企业可以在其资质等级许可的工程项目范围内开展工程总承包业务；但工程的勘察设计也要由具有相应资质的勘察设计单位才能承担，工程的施工应由具有相应施工承包资质的企业承担。

(2) 水利工程总承包招标一般应在工程项目建议书或可行性研究报告批准后，从初步设计阶段开始，包括勘察设计、采购、施工和工程试运行全过程招标承包。因此，总承包投标要求投标人具有相应的勘察设计或施工资质才能参加投标；或具有相应勘察设计和施工资质的企业组成联合体才能参加投标。

(3) 项目总承包一般可实行概算总承包或综合单价承包方式，要求投标单位具有丰富的勘察设计、施工经验，较强的技术力量、预算能力、协调能力和抗风险能力。

(4) 水利项目总承包投标时，虽然不包括征地移民，但必须注意项目建设受征地移民影响的风险因素，考虑项目建设与当地群众的关系，需更加详细地了解当地经济社会情况。

(5) 项目总承包投标一般需要由勘察设计单位与施工单位合作进行，必须明确主责任方，制定完善的责任分工和权利义务，建立运转良好的合作与沟通机制，及时解决建设过程中存在的问题。

二、总承包投标文件的编制

总承包投标文件的编制准备与设计和施工投标准备类似，重点是组织投标班子、研读招标文件和投标策略、收集相关资料等。总承包投标文件同样要分技术、商务、经济文件进行编制。

1. 技术标编制主要内容

(1) 对总承包项目的理解，主要包括规划要求、国家立项批复文件的规定、设计功能要求、进度要求、质量要求、投资控制要求、安全管理要求、项目运行管理要求、环保要求等。

(2) 对招标项目勘察设计与施工过程中重点、难点的分析。

(3) 设计与施工、试运行单位的合作方案、组织机构、协调机制初步方案。

(4) 项目勘察设计工作大纲和技术路线。

(5) 项目勘察设计技术方案（包括比较方案）与创新思路或创新方案。

(6) 项目勘察设计阶段性进度计划目标和保证工期的措施。

(7) 项目勘察设计方案的造价或造价控制措施。

(8) 初步的施工组织设计方案与重大施工技术方案。

(9) 关键的控制性节点工期，保证工期的组织措施和技术措施。

(10) 勘察设计与施工质量管理体系和质量控制初步措施。

(11) 保证工程施工安全和工地保安的组织计划和措施。

(12) 创建优质工程、文明工地，进行文明施工的初步计划和措施。

(13) 项目建设期工程范围内的环境保护初拟措施。

(14) 设计方案效果图和项目平面总体布置图等相关图纸。

(15) 投标须知、招标文件以及招标单位的补充通知中要求提交的其他文件和资料。

(16) 投标人认为应提交的建议方案或其他内容。

2. 商务经济标编制主要内容

(1) 联合体投标协议书（如有）。

(2) 勘察、设计、施工资质证书、营业执照复印件和投标人简介。

(3) 法定代表人证明书、授权（或联合授权）委托书。若招标文件中有规定的格式，则应按招标文件规定格式填写；若招标文件无规定格式，则应按国家工商行政管理部门统一制定的格式填写。

(4) 投标报价书（按招标文件规定格式）。

(5) 投标保证书证件。根据招标文件规定要求和格式，提交保函或支票、汇票、现金交款的收据；若格式不同，则开具投标保函或投标保证书的银行和其他金融机构必须经招标人认可；若招标文件无规定格式，则任何金融机构开出的保函或保证书均有效。

(6) 投标报价书和报价说明（根据招标文件规定格式）。

(7) 投标人拟在本项目中采取的项目管理组织机构、联合体的协调机构。

(8) 投标项目负责人和项目总工的资历，包括学历、专业、职称、专长、类似项目经验、业绩等，并附业绩证明材料。

(9) 与投标项目相适应的各种人力资源配置，包括各专业人员的数量、年龄、学历、专业、职称、专长、类似工程经验、业绩等，最好以一人一表的形式介绍。

(10) 投标人类似项目的总承包经验、其他相关管理经验和正在进行的勘察设计与施工建设项目，并附业绩证明材料和业主评价意见。

(11) 投标可以提供的技术顾问班子和解决可能遇到复杂疑难问题的方案。

(12) 经注册会计师事务所审计的投标人（包括联合体各方）近三年财务状况。

(13) 投标人（包括联合体各方）现有已获得银行评定的信用等级证书等资信情况和履约能力证明。

(14) 投标人（包括联合体各方）已经获得的荣誉和业绩情况证明。

（15）投标人认为需要提供的其他内容，如投标人已有的国家认可的各种认证文件证明。

（16）投标人提出的优惠条件及其说明。

（17）为实施本工程项目，投标人拟投入的自有流动资金证明文件。

（18）为实施本项目，投标人可能得到银行或其他金融机构提供的信贷额度或其他资金来源证明。

（19）招标文件规定的其他需要提交的材料和投标人认为需要提交的资料。

三、总承包投标应注意的问题

（1）总承包联合投标时，要注意投标人代表必须得到联合体各方法定代表人的一致授权才有效。

（2）总承包投标时，作为投标人首先要弄清楚项目资金落实情况，即业主的项目资金是否有保证？如果发生延期支付，投标人要充分估算自己能够承受的时间和能力。

（3）由于水利项目总承包一般不包括征地移民，项目涉及的征地移民由地方政府负责，但征地移民问题往往直接影响到项目建设进度与投资。因此，投标报价时要考虑征地移民对工程的影响，考虑采取什么措施确保工程按计划完成。

（4）联合投标时，要认真考虑联合体各方的权利义务，明确主责任方，明确项目管理机构和负责人的地位，明确规定联合体各方协调机制，以及发生纠纷时的解决办法。

（5）要注意明确投标人与项目业主方对项目管理责任划分，明确管理费的划分与负担原则。

（6）设计施工总承包投标时，要注意与项目业主明确总承包的基数，注意承包方式（总价或单价），明确优化设计与优化施工方案后带来的节约效益如何处理。

（7）对于设计施工超过一年以上的项目总承包投标，要注意考虑物价上涨的影响，明确调价办法。

（8）由于总承包投标一般处于项目可行性研究阶段，设计精度不足，往往带来许多难于估计的技术风险，特别是大型水利工程，往往会发生水文、地质、防汛等方面风险和不可抗力。因此，投标时要注意各种风险，并与业主明确发生超出招标文件规定的重大水文、地质和不可抗力问题时的解决办法，注意考虑重大设计变更时增加投资的解决办法和处理规定。

第八节 代建单位投标文件编制

一、代建单位投标的特点

（1）项目代建招标的实质就是项目管理服务，代建单位招标属于服务招标的性质，其标的就是项目服务。因此，代建单位投标的重点是做好项目管理服务，而不是价格。

（2）根据原建设部有关规定，目前我国对代建单位不实行资质管理制度，一般具有工程勘察设计、施工、咨询、监理的一项或几项资质的项目管理单位均具有投标资格。

(3) 项目代建招标一般采用综合评估法，因此，代建投标充分发挥投标人的综合管理服务能力，特别是对项目勘察设计、施工、监理、招标采购和合同管理的经验、技术实力。

(4) 项目代建就是代替业主履行大部分业主职能，因此，代建投标应特别注意综合协调能力，要注意与上级部门、地方政府、有关各方及当地群众的协调。

二、代建单位投标文件的编制

代建单位投标文件编制准备工作与监理投标准备工作类似，可参考监理投标准备要求。

1. 技术投标文件主要内容

(1) 拟派出的代建项目组织机构配置。

(2) 对代建项目建设任务、建设目标的理解和认识。

(3) 对代建项目建设管理的重点、难点分析。

(4) 代建项目管理总体计划与管理目标。

(5) 代建单位投入的技术资源、装备、技术支持与保障。

(6) 对项目总体管理协调方案和措施。

(7) 对项目征地移民及当地群众的协调方案与措施。

(8) 对项目技术管理方案和措施。

(9) 对项目进度管理方案和措施。

(10) 对项目投资管理方案和措施。

(11) 对项目质量管理目标及质量管理措施。

(12) 对项目安全管理目标与管理措施。

(13) 对项目环境管理目标和措施。

(14) 对项目合同管理与信息管理的措施。

(15) 对项目文明生产管理目标和措施。

(16) 有关项目管理采用的软件与方法。

(17) 有关项目代建管理方案的表格和框图。

(18) 招标文件要求的其他内容。

2. 商务经济投标文件主要内容

(1) 代建单位资质证书和企业法人营业执照复印件。如果是联合投标，还需附联营协议书和联营各方的资质证书、营业执照等。

(2) 代建单位已经获得的质量认证、环境、安全等资格证书。

(3) 投标保证文件（根据招标文件规定采用保函、支票或现金等形式）。

(4) 投标报价书（按招标文件规定格式）。

(5) 投标报价的计费依据、计费基础、费用结构，代建服务的范围、时限，所包含的项目内容。

(6) 项目管理负责人（包括项目经理和项目总工）的素质和能力，包括项目经理、项目总工程师的资格和简历，其主持或参与的项目管理的业绩和类似项目经验，有关方面对项目经理的评价意见、每月驻现场的工作时间等。

(7) 投标人派出的与现场管理相适应的组织机构人力资源配置情况，主要包括各有关专业管理部门负责人、各专业工程师的资格和简历，项目相关专业人员和管理人员的数量、来源、专业、职称、资格、年龄结构、人员进场计划，主要管理人员的月驻现场工作时间、从事类似工程的相关经验，随时可以调用的后备资源。

（8）投标人拥有的技术顾问班子和解决复杂问题的初步思路。

（9）投标人近3～5年内完成的项目管理、代建工程经验和从事设计、施工、监理、咨询的经验与业绩，有关方面对投标人的评价意见，获奖证明等。

（10）投标人的履约能力证明和银行资信等级证明文件。

（11）由注册会计师事务所出具的投标人近3年的财务状况。

（12）招标文件要求的其他内容。

（13）投标人认为需要提供的其他文件。

三、代建单位投标应注意的问题

（1）项目代建投标时，应充分理解招标文件规定的项目代建管理范围和内容，派出的组织机构与专业技术人员应与项目管理范围内容相适应。

（2）项目代建单位招标中，代建单位的职责一般不包括建设资金的筹集及以后的还贷。代建投标时应注意项目资金及时筹集与项目管理目标进度的关系，明确资金供应滞后的责任划分。

（3）对大型水利工程来说，征地移民对工程建设进度的影响非常大，或者说是决定性的。一般情况下，征地移民由地方政府负责，但项目代建投标人应注意协调征地移民与当地政府群众的关系，明确协调机制，提出协调方案。

（4）项目代建单位可以提出对项目建设管理方案的建议，可提出优化设计、优化施工方案的建议，最好能明确节约投资后的奖励制度。

（5）应注意明确项目业主与代建单位的职责划分，投标人既不能越权，也不能怠于行使业主授予的权力，应以积极的态度完成项目代建任务。

第九节　项目法人投标文件编制

一、项目法人投标的特点

（1）水利项目法人投标，实质上就是水利基础设施项目为吸引非政府投资主体参与经营性基础设施项目投资、建设和经营，政府或其授权机构在确定项目的建设目标、建设规模和建设标准以及政府出资方式（包括直接投资、补贴、贷款、贴息或担保等多种方式）等内容后，投标人通过公开招标的方式获得项目的投资经营权，成为项目法人。

（2）投标人中标成为项目法人以后，由中标人负责对项目的前期组织、资金筹措、建设实施、生产经营、债务偿还和资产的保值增值实行全过程负责。

（3）对于项目法人招标的投标人资格，目前国家没有规定实行资格制度和有关资质管理规定，只能根据项目情况和市场因素确定投标资格。一般来说，水利基础设施项目法人投标人必须具有企业法人资格，具有相应的资金实力、融资能力、水利专业技术、项目管理能力，并有经营管理的相关经验。

(4) 由于项目法人招标项目具有公益性与经营性的双重特点，因此项目法人投标具有公益性、社会性特点，要求投标人应具有社会公益服务的理念，具有公共服务意识和社会责任感。

(5) 投标人应充分认识基础设施项目法人招标属性，正确处理好经营性与公益性的关系。对于水利基础设施来说，就是要服从防洪调度、灌溉供水等公共服务的需要。投标时，要充分考虑公共服务方面的投入，满足社会公益性需要。

(6) 基础设施项目法人招标投标一般采用综合评估法，投标人要求具有较强的资金、管理与技术等综合能力。

二、项目法人投标文件的编制

项目法人投标准备主要包括成立投标机构、充分收集项目资料、研究招标文件、制定投标策略等工作。其投标文件编制一般也分成技术标和商务经济标两部分。

1. 技术投标文件主要内容

(1) 拟成立（派出）的项目法人组织机构设置计划。

(2) 对拟建项目规划、建设性质、建设任务、建设目标、公益性与经营性之间的认识和理解。

(3) 对拟建项目建设与运营管理的重点、难点分析。

(4) 对拟建项目的总体建设方案，主要建设与运营管理目标规划。

(5) 投标人对公益性建设任务、公益性服务功能的保证方案与承诺。

(6) 拟派出的项目建设班子与今后运营管理班子的初步计划。

(7) 对拟建项目准备投入的技术资源、装备、支持与保障。

(8) 对拟建项目征地移民及当地群众的协调方案与措施。

(9) 对拟建项目投资、进度、质量管理的目标与措施。

(10) 对拟建项目安全、环保、文明施工管理的目标与措施。

(11) 有关项目建设与管理方案的表格和框图。

(12) 招标文件要求的其他内容。

(13) 投标人认为应提交的其他资料。

2. 商务经济投标文件主要内容

(1) 投标单位企业法人营业执照复印件，有关资质证书（如有）。如果是联合投标，还需附联营协议书和联营各方的营业执照或有关资格证书等。

(2) 投标单位已经获得的质量认证、环境、安全认证等资格证书（如有）。

(3) 投标保证文件（根据招标文件规定采用保函、支票、汇票或现金等形式）。

(4) 投标报价书和自筹资金承诺书（按招标文件规定格式）。

(5) 投标人有关自有资金的证明文件、筹资计划、获得的银行授信额度等证明文件。

(6) 投标人拟派出的项目建设与经营管理负责人（包括项目经理和项目总工）的素质、能力、资格、简历，以及其主持或参与项目管理的业绩和类似项目经验等。

(7) 投标人派出的与项目建设管理相适应的组织机构人力资源配置情况，主要包括各有关专业管理部门负责人资格和简历，项目相关专业人员和管理人员的数量、来源、专业、职称、年龄结构，主要管理人员从事类似工程相关经验。

（8）投标人近 3～5 年完成的建设管理与运营项目经验，有关从事管理、设计、施工、监理、咨询的经验与业绩，有关方面对投标人的评价意见，获奖证明等。

（9）投标人的履约能力证明和银行资信等级证明文件。

（10）由注册会计师事务所出具的投标人近 3 年的财务状况（一般至少要包括资产负债率和损益表等）。

（11）招标文件要求的其他内容。

（12）投标人认为需要提供的其他文件。

三、项目法人投标应注意的问题

（1）项目法人招标的目的之一是利用民间资本和商业资本来实现公益性建设目标，政府对项目公益性部门会给予适当的补助。因此，投标人应着重对于项目非公益部分的建设资金进行筹集和融资，除自身的资金实力应达到招标文件规定的水平外，还要提出使项目主管部门和招标人信服的、可满足项目建设需要的融资计划和融资方案。

（2）项目法人招标项目一般均兼有公益性与经营性的特点。投标人不但要注重项目建设运营的能力，还应特别注重对项目公益性功能的建设与管理，注重项目对国家有关公益性服务的承诺。

（3）水利项目法人招标投标一般采用综合评估法，因此投标人在编制投标文件时应着重关注、综合考虑其项目建设管理技术、管理经验、自身资金实力、融资能力、服务能力、经营能力、协调能力和对项目公共服务、公共利益的承诺与履行能力。

（4）大型水利基础设施建设往往涉及征地移民，虽然征地移民一般由地方政府负责，但作为项目法人投标人要提出关于征地移民的协调方案，承担招标文件规定的征地移民筹资进度和承诺。

（5）大型水利基础设施涉及面广，影响范围大，项目法人投标人应注意提出与当地有关部门和群众的协调机制和方案。

（6）如果项目法人投标人自身具有设计、施工和管理经验，投标时要着重给予介绍和说明，并出具有关项目建设和经营管理的证明文件，以及有关主管部门的评价意见，使招标人和评委信服。

第十节 河砂开采权投标文件编制

一、河砂开采权投标的特点

（1）河砂开采权投标实质上是一种资源型的特许经营权出让投标。

（2）由于河道采砂关系到防洪、供水、航道等公共安全，采砂权招标范围必须经相应水行政主管部门或其授权机构严格规定，实行采砂许可制度，投标人获得采砂权后不得随意转让，不得转包分包。

（3）目前，国家对河砂开采没有实行资质管理制度，但采砂权投标人必须满足有关河道管理和采砂管理法规的规定和招标文件特定要求。根据国家对招标投标的有关规定和地方有关规定，采砂权投标人至少应满足如下条件：①有经营河砂业务的法人营业执照；②有符合规定的采砂作业方式和作业工具；③没有违法采砂记录，应有投标人所在地水行政管理部门出具的证明材料；④采用船舶采砂的，船舶证书齐全；⑤具有与采砂经营相适应的技术和管理人员；⑥财务状况良好，应提供注册会计师事务所出具的近年财务审计报告。

（4）由于河砂开采与出售事关建筑市场的基础价格，社会影响大，因此河砂开采权出让招标一般规定最高限价和最低限价，投标人应严格遵守限价规定。

（5）河砂开采可获得的经济利益较大，因此投标竞争激烈，一般要求投标人具有较大的注册资金和投标保证金。

（6）国家对河道采砂实行许可制度，而且河砂开采涉及面较广，河砂开采权中标人必须接受水行政主管部门和国土、航道、海事等部门的严格管理。

二、采砂权投标文件的编制

采砂权投标准备工作主要包括成立投标机构、收集项目资料、了解采砂河段情况和当地建筑市场情况、认真研读招标文件、制定投标策略等。

河砂开采权招标一般采用二阶段评标法，第一阶段为技术标评审，第二阶段为经济标（报价）评审。如果不采用暗标方式，一般将技术、商务合在一起编制投标文件，简称为技术标。技术标合格者进入第二阶段经济标评审。

1. 技术标文件编制内容

（1）投标单位企业法人营业执照正、副本复印件，复印件需加盖本单位公章和注明只供本项目投标使用的字样。如果投标单位具有设计、施工或监理资质，也应一并提交复印件。

（2）投标单位法定代表证明书和法定代表的授权委托书原件。如果招标文件专门规定了格式，则必须严格按照招标文件的规定格式。

（3）符合招标文件要求的投标承诺书或投标保证书原件。

（4）投标单位的基本情况介绍和本单位专长说明。

（5）投标单位计划投入本工程的采砂作业组织机构体系、技术力量与管理人员。采砂船的有关船员要有任职证书。

（6）投入本项目的主要机械设备数量、型号、工况、使用年限、制造厂等资料清单。如果采用船舶采砂，要提供船舶检验证书、船舶登记证书。

（7）投标单位采砂业绩材料和证明文件。最好以列表形式来说明本单位已完成或正在实施的采砂业绩，一个项目列一张表。

（8）采砂作业组织设计方案，主要包括采砂作业高程控制、采砂范围控制技术方案和措施，对所在河道河势、堤防、航道、渔业等的保护措施，采砂运输与砂场堆放方案，对所在河段的生态环境保护措施，服从海事部门的监管方案，服从水行政主管部门的管理方案等。

（9）采砂作业总进度计划和有关图表，保证采砂期完成规定采砂量的组织措施和技术措施。

（10）投标人应对各种危及防洪、航道、供水等安全的措施。

（11）采砂作业安全保证组织体系与保障措施。

（12）投标单位支付河道采砂管理费、矿产资源补偿费的计划与承诺（根据招标文件规定，也可放在经济标中）。

（13）投标单位与地方政府、群众协调关系的方案与承诺。

（14）注册会计师事务所出具的本企业近三年（具体时间按招标文件规定）的财务审计报告，一般至少要包括资产负债表和损益表。

（15）投标单位已获得银行评定的信用等级证书和其他有关资信文件。

（16）招标文件和补充通知要求提交的其他文件和资料。

（17）投标人认为应提交的其他文件资料。

2. 经济标文件编制内容

（1）投标单位的企业资质等级证书和企业法人营业执照复印件，并加盖本单位公章。

（2）投标单位法定代表证明书和法定代表授权书原件。应按招标文件规定格式填写，若无规定格式，则应按国家工商行政管理部门统一制定的格式填写。

（3）投标担保证件，按招标文件规定采用保函、支票、汇票、现金等。保函应按招标文件规定来填写；如招标文件无规定格式，则任何金融机构开出的保函或保证书均有效。

（4）投标报价书（即总报价）。投标报价书的格式必须按招标文件规定的格式来填写。

（5）投标单位支付河砂开采权出让金、采砂管理费、矿产资源补偿费的计划与承诺。

（6）招标文件规定应提交的其他文件。

（7）投标单位认为应提交的其他资料。

三、河砂开采权投标应注意的问题

（1）河道采砂权投标行政强制性规定较多，受主管部门监管严格，投标人必须有充分准备，投标书须严格遵守有关规定。

（2）河砂开采权技术标要求相对不高，但必须十分注意投标文件的符合性与实质性审查，否则容易出现废标情况。

（3）河道采砂与地方政府和当地群众关系密切，必须处理好与当地政府、群众的关系，投标时一般应提出协调当地群众关系的措施和方案。

（4）河道采砂大多数为水面作业，必须着重做好采砂作业安全生产措施。投标时必须具有符合安全要求的船舶、设备、船员等，投标文件中应提出具体的安全管理措施。

（5）河道采砂事关防洪、航运、供水等公共安全，投标时应注意招标文件对此的有关规定，承诺服从社会公共利益需要的调度与检查。

（6）采砂作业一般有严格的作业时间限制，投标时应注意符合招标文件的有关规定。

（7）采砂数量和范围控制是水行政主管部门监控的重点，投标书必须满足招标文件要求投标人接受采砂数量和采砂范围的检查方案、严格执行主管部门和监理的监控和核查。

第六章　开标、评标与定标

项目招标过程中，最重要的环节就是开标、评标与定标，只有经过开标、评标与定标，由依法组成的评标组织、按照法定的程序和招标文件规定的评标定标办法，项目招标才能评选出合格的中标人，最终实现招标目的。

第一节　项　目　开　标

招标过程中，开标环节是招标“公开原则”的重要体现，整个开标过程在《招标投标法》、地方法规和国家发改委等有关部门颁布的规章中，都有明确的法定程序，必须严格执行。

一、开标的基本程序和内容

（1）在规定时间、地点收取投标文件。开标前，必须按照招标文件规定的时间收受投标人递送的投标文件。投标截止时间后，任何投标人的投标文件都不能收受。接受投标文件的地点必须是招标文件中预定的，不能随意更改。如果递交投标文件的时间、地点有改变，必须按规定通知所有购买招标文件的投标人。

（2）在招标文件规定的时间开标。这是《招标投标法》规定的法定时间，既不能提前也不能推迟。这体现对所有投标人的公平、公正。

（3）由招标人或其委托的招标代理机构主持开标。开标时应邀请所有投标人参加，同时一般也应邀请监督单位参加开标现场监督。也可以邀请公正机构进行现场公证。

（4）开标的主要内容。开标时，首先由招标人或招标代理机构代表、监督单位代表、投标人代表检查投标文件的密封情况，并可由招标人委托的公证机构检查并公证。其次，经检查确认无误后，投标文件由工作人员当众拆封，宣读投标人名称、投标报价、投标人法定代表证明书、授权委托书、投标文件的签署、盖章、投标保证金、工期（交货期）等投标文件的主要内容。再次，请投标人代表检查、核对开标现场公布的内容。最后，请投标人代表对开标情况进行签字确认，现场监督单位代表、公证机构代表签字。

（5）做好记录和存档工作。招标人或招标代理机构对整个开标过程须认真做好记录并存档，备查。

二、开标过程中应注意的问题

（1）收取投标文件的时间段应根据招标文件规定，提交投标文件的截止时间必须严格执行。不管任何投标人，只要迟到一分钟，其投标文件就不能接受，也不允许在投标截止时间后对已经送交投标文件进行任何补充。为避免人为因素，避免对投标截止时间的准确性产生争执，可以拨打117电话报时台，以报时台报出的时间为准确的投标截止时间，这样大家就不会有争执。

(2) 投标人递送投标文件时，一定要求投标人代表在标书递送登记表中登记签字，并要其注明标书递送时间和标书份数。到截止时间后，如果有监督单位或公证机构在场，应请在场的监督单位、公证机构代表签字确认。

(3) 投标截止时间就是开标时间，这一点是《招标投标法》明确规定的。也就是说开标应该在招标文件规定的提交投标文件的同一时间公开进行。开标时间（也即是投标截止时间），必须准确到某年某月某日几时几分。这样是为了防止投标截止时间与开标时间有一段时间间隔，避免给不端行为造成可乘之机（如在开标前泄露投标文件内容等）。

(4) 开标时必须现场公布各投标人的名称、报价、投标保证金、工期、招标文件的签字盖章等主要内容，凡是没有在开标现场公布名称、报价等主要内容的，是违反《招标投标法》第三十六条规定的违法行为，应该不予承认。

(5) 开标现场只如实记录投标文件的主要内容，并不对投标文件的有效或无效作出现场判断。这样做也可以避免在开标现场引起争执和混乱，同时根据国家发改委、水利部等七部委2001年颁发的12号令《评标委员会和评标方法暂行规定》规定，投标文件是否有效应由依法组建的评标委员会审查判断，其他任何人无权作出判断。当然，评标委员会违法作出的判断肯定可以由招标投标行政监督部门进行纠正并作出裁决。

(6) 为防止有些投标人弄虚作假，一般应要求投标人拟派出的项目经理（建造师）出席开标会，并在现场检查其身份证，以免给一些人以可乘之机。

第二节　评标组织与评标程序

一、评标组织

《招标投标法》第三十七条规定，评标由招标人依法组建的评标委员会负责，依法组建评标委员会就是招标评标的唯一合法评标组织。任何依法必须进行招标的项目都必须根据《招标投标法》和国家发改委等七部委2001年颁发的12号令的有关规定进行。

（一）评标委员会组建规定

(1) 评标委员会由招标人负责依法组建，而不是由主管部门、监督部门或交易中心负责组建，其他任何单位或个人都不能干预招标人依法组建评标委员会。

(2) 评标委员会由招标人或其委托的招标代理机构熟悉相关业务的代表，以及有关技术、经济等方面的专家组成。除此以外的其他人员包括主管部门、行政监督部门、监察部门、交易中心等均不能参加评标。

(3) 评标委员会的负责人，一般应采取民主推举的方式产生，由专家担任比较合适。

(4) 依法必须进行招标的项目，其评标委员会由5人以上（大中型水利工程的评标委员会要求在7人以上）单数组成，其中技术、经济等方面的专家不得少于成员总数的2/3。就是说，招标人或其委托的代理机构在评标委员会中所占比例只能等于或少于1/3，只准少不能多，这样规定是为了更好地发挥专家的作用，减少招标人的因素。

（5）组成评标委员会的专家成员，由招标人或者招标代理机构从合法的专家库内随机抽取。根据《招标投标法》和国家发改委的有关规定，入选评标专家库的专家必须具备如下条件：①从事相关专业领域工作满八年并具有高级职称或同等专业水平；②熟悉有关招标投标的法律法规；③能够认真、公正、诚实、廉洁地履行职责；④身体健康，能够承担评标工作。

（6）如果是公益性项目或者使用国有资金、依法必须招标的项目招标评标，其评标专家必须从国务院有关部门或者省、自治区、直辖市人民政府有关部门提供的专家名册中随机抽取，而不能从招标代理机构的专家库中抽取，更不能从其他专家库中抽取。

（7）项目招标应采取随机抽取方式，除非是技术特别复杂、专业比较特殊的招标项目才可以由招标人直接确定。最好的方法应该是设立一个特殊专业的小专家库，这个小专家库专家人数一般不少于抽取专家人数的三倍；如果所涉及专业确实很特殊，专家数量很少，则直接确定，但应该在招标前报请有关行政主管部门批准。抽取专家一般应在监督单位或公证机构的监督、见证下进行。

（二）评标专家主要权利义务

根据原国家计委2003年颁布的29号令、水利部2001年颁布的14号令等有关规定，评标委员会成员主要有如下权利义务。

1. 评标专家主要权利

（1）接受招标人或其招标代理机构聘请，担任评标委员会成员。

（2）依法对投标文件进行独立评审，提出评审意见，不受任何单位或者个人的干预。

（3）接受参加评标活动的劳务报酬。

（4）根据评标报告提出推荐中标单位和备选中标单位，或者根据招标人授权直接决定中标单位。

（5）决定投标文件的有效或无效。

（6）法律、行政法规规定的其他权利。

2. 评标专家主要义务

（1）有《招标投标法》第三十七条和《评标委员会和评标方法暂行规定》第十二条规定情形之一的，应当主动提出回避。

（2）遵守评标工作纪律，不得私下接触投标人，不得收受他人的财物或者其他好处，不得透露对投标文件的评审和比较、中标候选人的推荐情况以及与评标有关的其他情况。

（3）客观公正地进行评标。

（4）协助、配合有关行政监督部门的监督、检查。

（5）撰写评标报告。

（6）法律、行政法规规定的其他义务。

（三）建立评标组织应注意的问题

（1）与投标人有利害关系的人不得进入相关项目的评标委员会。所指利害关系包括：是投标人或其代理人的近亲属；在5年内与投标人曾有工作关系；或有其他社会关系或经济利益关系。

（2）根据原国家计委、水利部等七部委颁布的12号令第十二条规定，有下列情形之一的，不得担任评标委员会成员：①投标人或者投标人主要负责人的近亲属；②项目主管部门或者行政监督部门的人员；③与投标人有经济利益关系，可能影响对投标公正评审的；④曾因在招标、评标以及其他与招标投标有关活动中从事违法行为而受过行政处罚或刑事处罚的。

（3）担任评标委员会成员的，包括招标人代表、招标人委托的代表机构代表、评标专家，只要有以上四种规定情形之一的，应当主动提出回避。评标专家即使到达评标现场才发现自己有应该回避的规定情形，也应该主动提出回避。

（4）评标委员会成员名单一般在开标前一天或开标当天确定，所有评标委员会成员包括招标人代表和评标专家，其名单在中标结果确定前应该保密。当然，最好是评标结果公布后也不要公开评委的名单。

二、评标原则和评标纪律

1. 评标原则

（1）评标应遵循公平、公正、科学、择优的原则，切实保护合法竞争。

（2）评标应遵守国家、有关部委和地方的有关招标投标规定和专业技术规范、造价管理以及招标文件的规定。

（3）评标应鼓励企业采用新技术、新材料、新工艺，不断提高企业的技术水平和经营管理水平。

（4）招标人应当采取必要措施，保证评标在严格保密的情况下进行。

（5）评标活动及其当事人应当接受依法实施的监督。重点项目的招投标主要接受行业主管部门、纪检监察机关、发展改革部门、职务预防部门的监督。

（6）评标活动必须严格按照国家有关法规和招标文件规定的评标方法和标准进行，凡是没有在招标文件上公开的评标方法和标准不能作为评标依据。

（7）评标活动由评标委员会负责人主持进行，其职责主要是组织评标工作，掌握评标进度，进行评委分工，协调评委工作，组织评标过程中重大技术问题的讨论分析，但不能干预其他评委的工作。

（8）开标后，投标单位提出的任何修改、声明和附加的优惠条件，一律不能作为评标的依据，评标只能依据在招标文件上公开的评标方法和标准。

2. 评标纪律

（1）所有评标委员必须遵循守法、廉洁、公平、公正、诚实信用的原则。

（2）评标委员必须执行国家有关招标投标的法规，严格按照招标文件中规定的评标方法和标准进行评标，不得随意修改评标方法和标准，招标文件上没有规定的标准和方法不能作为评标的依据。

（3）参加评标的所有专家均不代表原来各自的单位和组织，评标委员的名单在中标结果确定前保密。

（4）评标委员会成员应当客观、公正地履行职责，遵守职业道德，对所提出的评审意见承担个人责任。

(5) 评标委员会各成员必须独立评审标书，不受任何单位和个人指示；任何单位和个人不得非法干预或者影响评标过程和结果。

(6) 评标委员会成员不得与任何投标人或者与招标结果有利害关系的人进行私下接触，不得收受投标人、中介人、其他利害关系人的财物或者其他好处。

(7) 评标委员会成员和与评标活动有关的工作人员不得透露对投标文件的评审和比较、中标候选人的推荐情况以及与评标有关的其他情况。所称与评标活动有关的工作人员，是指评标委员会成员以外的因参与评标监督工作或者事务性工作而知悉有关评标情况的所有人员。

三、评标基本程序

各类项目招标评标程序大致相同，评标委员会的评标都要经过评标准备、初步评审、详细评审三个阶段，最后形成评标报告，提出推荐中标人并标明排列顺序；或者是根据招标人的授权，由评标委员会直接确定中标人。

1. 评标准备

(1) 评标会场应采取保密措施，并接受有关行政监督单位、监察单位、职务预防机关的监督。

(2) 召开预备会议，评标委员会成员在评标委员签到表上签到，由招标人或招标代理机构宣布评标委员会成员名单并确定主任委员、副主任委员（一般采用民主推举方式产生）。

(3) 招标人或招标代理机构、监督单位代表宣布有关评标纪律，或签订保密承诺书（如需要）。

(4) 根据需要，在主任委员主持下讨论通过成立有关专业组和工作组；如成立非评委组成的工作组，只负责协助评委做统计等辅助性工作，没有表决权，不得发表引导性言论，遵守保密纪律。

(5) 听取招标人或招标代理机构介绍招标文件、项目情况，以及工程的重点、难点等。

(6) 由主任委员组织评标委员会成员学习、了解和熟悉以下四方面内容：①招标的目标；②招标项目的范围和性质；③招标文件中规定的主要技术要求、标准和商务条款；④招标文件规定的评标标准、评标方法和在评标过程中考虑的相关因素。

2. 初步评审

初步评审的主要内容有：

(1) 对投标人的投标文件进行初步审查，经评标委员会讨论，并经 1/2 以上委员同意，提出需投标人澄清的问题，一般应以书面形式送达投标人。

(2) 根据招标文件的规定对各投标文件进行算术错误修正。

(3) 按照法规和招标文件规定，判断各投标文件的重大偏差和细微偏差。

(4) 确认投标文件的有效或无效，并最终确定可以进行评审的有效投标人数量。评标委员会确定投标文件是否存在重大偏差，必须采取严肃、认真、谨慎、负责的态度，凡没有明确的依据（包括法规和招标文件），不要轻易判定为重大偏差。因为一旦被评标委员会判定为重大偏差，就意味着该投标文件为废标，不再参加评审。如果评标委员会成员对投标文件是否属于重大偏差存在争议，应按照少数服从多数的原则通过投票、举手表决等方式作出最终决定。

（5）根据目前国家有关招标投标法律法规的规定，结合水利招标经验和实际情况，评标过程中可以比较明确判断投标文件存在重大偏差的情况主要有25种（如下）。在具体评标时，应以实际的招标文件和法规明确规定为准。

1）未按招标文件规定提交投标保证金或投标保证金有瑕疵（如有效期、金额不满足要求或签署不符合要求）。

2）投标文件正本没有按招标文件规定由投标人代表亲笔签字和加盖法人公章（盖投标专用章或其他章均无效）。

3）投标文件的密封包装不符合招标文件规定要求。

4）投标人代表未按时参加开标会议或其身份证原件与投标文件中所附复印件不一致，或者未能提供本人身份证原件的。

5）投标人提供虚假资料的（包括业绩材料、技术力量、资格、资信、证明材料等）。

6）投标文件载明的工期（项目完成期限或设备交货时间等）超过招标文件规定期限。

7）未按招标文件规定的格式编写，或字迹模糊导致无法确认投标报价、进度、关键技术方案等。

8）投标文件载明的工程质量检验标准、方法不符合国家规范和招标文件规定，或违反国家强制性规定。

9）投标文件（包括技术标和经济标）中未附法定代表人证明书或授权委托书，或其签署不符合招标文件规定的格式和要求。

10）对合同中规定的双方的权利和义务作实质性修改或投标文件附有招标人不能接受的条件。

11）投标报价高于（低于）招标文件中规定的最高（最低）限价，或经评标委员会判断其投标报价为低于成本价的。

12）投标人递交两份或多份内容不同的投标文件，或在一份投标文件中对同一招标项目报有两个或多个报价，且未声明哪一个有效。按招标文件规定提交备选投标方案的除外。

13）投标人名称或组织结构与资格预审时不一致的。

14）对投标的工程范围和工作内容有实质性的偏离（包括擅自增加或减少某个工程项目、增加或减少某个项目的工程量等）。

15）以他人名义投标，或者以其他方式弄虚作假的。

16）不同投标人递交的投标文件主要内容雷同的。

17）投标人提交的授权委托书中委托代理人不是招标文件规定的特定授权人的。

18）投标人不按招标文件规定的内容和格式强制性要求提交投标人承诺书或其他关键文件的。

19）联合体投标时没有按招标文件规定提交联合体协议书的。

20）联合体通过资格预审后在组成上发生变化，含有未经资格预审或资格预审不合格的法人或其他组织。

21）招标文件规定的投标书上不得标明投标人名称、标记或可能反映投标人信息的图案，但相应投标文件上标明了投标人名称或有任何可能透露投标人名称或标记的。

22）投标人资格条件不符合国家有关规定和招标文件要求的。

23）投标人拒不按照评标委员会要求对投标文件进行澄清、说明或者补正的。

24）对合同中规定的双方权利和义务作实质性修改。

25）违反招标文件规定的其他实质性要求。

3. 详细评审

(1) 如果投标文件分成技术标与商务经济标的，先评审技术标，待评审完毕提交工作人员统计后，才评审商务经济标。详细评审时，应严格按照招标文件中公布的评标方法和标准进行，凡是招标文件中没有公布的评标方法和标准均不能作为评标依据。

(2) 对评标委员会提出需要投标人书面澄清的问题，投标人应当以书面形式通过监督单位（或招标文件规定）送达评标委员会。需要现场答辩的内容除外。

(3) 评标委员会按招标文件确定的评标标准和方法，对投标文件进行全面评审并汇总统计后，确定中标候选人（1～3人）推荐顺序。

(4) 在评标委员会2/3以上委员同意并签字的情况下，通过评标委员会评标工作报告，并报招标人；评标委员会成员有不同意见的应签名并予以注明，也可以另附意见作为评标报告的附件，附件包括有关评标的往来澄清函、有关评标资料、评标表格、统计过程、废标说明及推荐意见等。评标委员会的评标报告中应非常明确提出推荐的中标候选人顺序，或者经授权确定的中标人和候选中标人。

4. 评标定标时间要求

评标和定标应当在投标有效期结束日30个工作日前完成。不能在投标有效期结束日30个工作日前完成评标和定标的，招标人应当通知所有投标人延长投标有效期。拒绝延长投标有效期的投标人有权收回投标保证金。同意延长投标有效期的投标人应当相应延长其投标担保的有效期，但不得修改投标文件的实质性内容。因延长投标有效期造成投标人损失的，招标人应当给予补偿，但因不可抗力需延长投标有效期的除外。

四、评标报告

1. 评标报告撰写

根据国家有关规定，评标委员会完成评标后，应当向招标人提出书面评标报告，并抄送有关行政监督部门。评标报告由评标委员会负责撰写；在招标人委托招标时，评标报告一般由招标代理机构先草拟，然后交给评标委员会主任委员修改补充，最终由评标委员会全体成员通过。

2. 评标报告的主要内容

(1) 基本情况和数据表。

(2) 评标委员会成员名单。

(3) 开标记录。

(4) 符合要求的投标一览表。

(5) 废标情况说明。

(6) 评标标准、评标方法或者评标因素一览表。

(7) 经评审的价格或者评分比较一览表。

(8) 经评审的投标人排序。

(9) 推荐的中标候选人名单与签订合同前要处理的事宜。

(10) 澄清、说明、补正事项纪要。

通过评标报告时，应按照少数服从多数的原则进行表决，评标报告由评标委员会全体成员签字。对评标结论持有异议的评标委员可以书面方式阐述其不同意见和理由。评标委员会成员的不同意见可以直接记录在评标报告上，也可以另附页说明。评标委员会成员拒绝在评标报告上签字且不陈述其不同意见和理由的，视为同意评标报告结论。评标委员会应当对此作出书面说明并记录在案。

向招标人提交书面评标报告后，评标委员会即告解散。评标过程中使用的文件、表格以及其他资料应当即时归还招标人或招标代理机构。

评标委员会推荐的中标候选人应当限定在1～3人，并标明排列顺序。

第三节 评 标 方 法

招标评标的方法和标准有多种，根据招标项目的具体情况可采用的主要方法包括：最低投标价法、综合评估法、二阶段评标法、合理最低投标价法、综合评议法（包括寿命期费用评标价法），以及法律、行政法规允许的其他评标方法。水利项目招标评标常采用的方法主要有：最低投标价法、综合评估法和二阶段评标法三种。本节主要对这三种方法进行论述。

一、最低投标价法

1. 最低投标价法概述

所谓最低投标价法，是指能够满足招标文件规定的各项技术要求和商务要求，经评审的投标价格最低的投标人即作为中选投标单位的一种评标方法。这种方法一般适用于具有通用技术、性能标准、简单定型设备、半成品、原材料采购以及其他性能、质量相同或容易进行比较的设备货物的招标评标，或者招标人对其技术、性能没有特殊要求的招标项目，也适用于技术较简单的小型水利工程（如小型灌区、渠道整治、小型堤防等）的招标评标。

所谓最低投标价，是指投标人的投标报价是经评审的最低价，但不能低于成本价，低于成本价的按废标处理。这里所指的成本，是指投标人自己的个别成本，而不是社会平均成本。由于每个单位的技术力量、装备、经验和管理水平不同，有些投标人的个别成本可能低于社会平均成本。投标人以低于社会平均成本但不低于其个别成本的价格投标，应该是受到保护和鼓励的。但如果投标人的价格低于其个别成本，则意味着投标人就是中标获得合同，为了节省开支不亏本，肯定会想方设法偷工减料、粗制滥造，制造“豆腐渣”工程，给招标人和国家带来重大损失。

此外，如果投标人是以排挤竞争对手为目的，以低于其个别成本的价格投标，则违反国家《价格法》和《反不正当竞争法》的有关规定，构成低价倾销的不正当竞争行为，国际惯例也是不允许的。

2. 应用最低投标价法需注意的问题

(1) 采用最低投标价法评标时，首先要判断投标人是否实质上满足招标文件规定的技术商务要求，有无存在重大偏差的情况，只有在投标人实质上响应招标文件的基础上才能采用最低投标法，然后根据评标委员会的评审确定最低评标价。也就是说，当具有通用技术、性能标准的设备、材料采购招标或招标人对性能技术没有特殊要求的招标项目采用此法时，投标人的企业资质、资格、法定代表证明、授权委托书、投标保证金、项目技术标准、要求、制造能力、设备材料性能指标、技术参数、交货期、标书签署盖章等符合招标文件的规定，投标书实质上满足要求，没有重大偏差，在此基础上才能以价格作为评标的唯一依据。或者是当小型简单水利土建工程招标采用此法时，投标人的企业资质、资格、投标人的法定代表证明、授权委托书、投标保证金、技术力量、机械设备、进度计划、质量、安全保证体系、度汛措施等，必须满足招标文件规定的实质性要求。

(2) 最低投标价法中所说的最低报价，必须是经过评标委员会评审的最低报价，即评标价最低。评标委员会根据招标文件规定的评标价格调整方法和算术错误修正方法，对所有投标人的投标价以及投标文件的商务部分进行必要的价格调整，而不对投标文件的技术因素进行价格折算或量化，在这个基础上对所有评标价进行比较，以最低评标价作为推荐中标人。

(3) 由于越来越多的招标要规定最高限价，此时所谓最低投标价，要求投标人的投标报价应该在合理报价范围内，这个报价范围就是招标文件规定的最高限价与投标人报出的不低于成本价的最低报价之间，也就是说投标人中标价应该是不低于其个别成本的同一项目的最低报价。因为根据《招标投标法》的规定，投标价格低于成本价的不能中标并应判定为废标。

(4) 采用最低投标价法评标，关键是如何确定这个最低投标价（评标价）不低于其个别成本。特别是在评标现场时间较短的情况下，如何确定这个最低报价是不低于成本价的。根据原国家计委、水利部等七部委2001年发布的12号令第二十一条规定，在评标过程中，评标委员会发现投标人的报价明显低于其他投标报价或者在设有标底时明显低于标底，使得其投标报价可能低于其个别成本的，应当要求该投标人作出书面说明并提供相关证明材料。投标人不能合理说明或者不能提供相关证明材料的，由评标委员会认定该投标人以低于成本报价竞标，其投标应作废标处理。

(5) 采用最低投标价法时，评标委员会一定要制作投标文件实质上响应招标文件的检查表和各投标人报价比较表，投标报价比较表应当载明投标人的投标报价、对商务偏差的价格调整和说明，以及经评审的最终投标价。这样才有利于准确评审，避免差错。

(6) 在大型水利工程或技术较复杂的项目中，一般不应采用最低投标价法来评标，而应该采用综合评估法或二阶段评标法。

二、综合评估法

1. 综合评估法概述

所谓综合评估法，就是在评标过程中，根据招标文件中的规定，将投标单位的（经济）报价因素、技术因素、商务因素等方面进行全面综合考察，推荐最大限度地满足招标文件中规定的各项评价标准的投标为中标候选人的一种评标方法。

衡量投标文件是否最大限度地满足招标文件中规定的各项评价标准，可以采取折算为货币的方法、打分的方法或者其他方法。常采用打分的方法进行量化，需量化的因素及其权重应当在招标文件中明确规定。

水利项目招标评标，特别是大型项目，无论是勘察设计、建设监理，还是土建施工、重要设备材料采购、科技项目、项目法人、代建单位、设计施工总承包等招标，大多采用综合评估法。可以说，综合评估法是大型和复杂工程和服务招标普遍采用的一种评标方法，在水利项目招标评标中占有重要地位，但如何科学、公正、公平地设置各种评标因素和评审标准，也是值得研究的重要课题。综合评估法一般采用百分制评分，列入评标项目的技术、报价、商务等因素的每一项赋予一定的评分标准值，然后将各评委的评分根据评标办法的规定进行汇总统计，以综合评分得分高低先后顺序推荐第一、第二、第三中标候选人。

2. 应用综合评估法需注意的问题

（1）综合评估法主要适用于大中型水利工程，技术复杂的其他项目招标，项目需要综合考虑投标人的技术经济、资源资金、商务资信等因素的服务招标等。对于技术要求较低或具有通用技术标准的项目，不宜采用综合评估法。

（2）综合评估法使用的关键之一是如何合理确定各评标因素的权重。应用综合评估法时，应注意结合项目实际和市场竞争程度，在咨询专家和参考类似项目的基础上确定各评标因素的权重。一般来说，技术工艺复杂、技术质量要求高的项目应在技术因素方面设置较大的权重，相应降低报价因素的权重；对于服务招标，如项目管理、科技、勘察、设计、监理、咨询等招标更应该注重技术方案、实力、资信和经验的因素。各种类型的评标因素设置和权重确定，参见下一节“综合评估标准”的有关内容。

（3）对于技术要求和质量要求较高的项目，除在评标因素权重方面考虑外，还可以对某些技术指标因素设置合格标准或最低要求，规定投标人的该项技术指标因素达不到要求时，可以就此判定其技术不合格而判定其整个投标不合格，但这类规定一定要在招标文件上明确规定，对所有投标人一视同仁。

（4）综合评估法一般均应设置最高限价，对于公益性水利工程和采用财政性资金的项目招标，最高限价以国家批准的概算或国家有关限额规定为基础确定最高限价。是否规定最低限价则根据项目实际和市场竞争等因素来确定。

（5）采用综合评估法评标，在进行评标专家的抽取或确定时，应保证有技术方面和造价经济方面的专家参加评标，不能仅抽取技术专家或造价经济专家，必须根据项目涉及的专业技术因素和报价比重等因素确定技术专家与造价经济专家的比例和具体数量。无论如何，采用综合评估法时不能没有造价经济方面的专家参加评标。

(6) 采用综合评估法时，招标文件中应明确规定，评标委员会评标时首先应根据招标文件和评标办法的有关规定对各投标人的标书进行有效性评审，凡无效的标书就不应该再进行技术经济评审了。

(7) 采用综合评估法时，必须明确定标条件和排名规定，一般应规定综合评估分数最高的为第一名，依次类推；而且评标报告也必须推荐或确定第一、第二、第三名候选人。对于使用国有资金的项目，建议直接授权评标委员会确定中标人。

三、二阶段评标法

1. 二阶段评标法概述

所谓二阶段评标法，一般是指在招标评标过程中，将投标文件的技术（或包括技术与商务）部分与经济（报价）部分分成两个阶段分别进行评审，一般先评审技术（商务）标，后评审投标报价即经济标，只有技术标评审合格通过才能进入下一阶段报价的评审，最后通过规定的评价办法来确定和推荐中标人的一种评标方法。

二阶段评标法主要适用于大型、技术较复杂、要求较高的工程施工招标、设计方案招标、河道采砂权招标等评标。

根据招标项目的技术标评审是否带入经济标评审的情况，二阶段评标法的评审过程又可以分成两种：

(1) 评标时先进行技术标评审，以技术标是否达到招标文件的评标办法中规定的合格线为标准，没有达到合格线的一律不能进入第二阶段报价标的评审，但所有技术标合格的投标人的技术标评审分数都不带入投标报价的评审。也就是说，技术标只要达到合格即可，最终评标结果只依报价决定。世界银行贷款项目基本上就是按此评标的。

(2) 评标时同样先进行技术标的评审，并且只有技术标（或包含商务标）合格的投标人才能进入报价标的评审，但技术标评审合格以上的分数带进经济（报价）标的评审，也就是说技术标的优劣还与报价标相联系，并影响最终评标结果，最终评标结果是合格的技术标与经济标综合评审结果的反映。

二阶段评标法中技术（商务）标的评审内容可参考综合评估法中技术（商务）标的评标内容和标准；报价标的评审同样也可以参考综合评估法中的基本做法，即采用报价公式法对各投标人报价进行评审，并根据招标项目的实际情况加以适当调整即可。

二阶段评标法中报价的评审可按照公式法折算成分数，按照分数高低来确定中标人；也可以在技术标合格后，以有效报价最低者来确定中标人。世界银行贷款项目一般认为，只要技术标合格，说明该投标人在技术上均可胜任该项目的任务，有效报价最低者即为中标人。

2. 应用二阶段评标法需注意的问题

(1) 采用二阶段评标法时，一定要根据项目的性质、规模和技术要求，结合市场因素、竞争程度等条件并在充分咨询专家的基础上来选择确定技术标合格条件或合格的分数线（例如 60 分、70 分）。合格分数线既不能太高也不能太低。合格线太高，则可能找不够合格的投标人，造成缺乏竞争；合格线太低，则增加评标负担，造成竞争过度，招标不经济。

（2）应用二阶段评标法时，无论是采用何种评审标准和评标定标办法，都必须在招标文件上全文公开，凡是没有在招标文件上公布的评标方法和标准，均不能作为评标依据。既不能在评标时另搞一套评标办法，也不能在评标期间修改原来公布的评标方法和标准。

（3）由于二阶段评标法花费时间较长，在小型水利工程中建议不要随便采用，以免造成招标不经济。

（4）关于二阶段评标法的开标问题。根据现行有关招标投标法规，二阶段评标法是在评标时分成两个阶段，而不是开标时分成两个阶段。一些招标项目采用二阶段评标法时，将技术标和经济标（报价）分别开标，甚至技术标开启几天后才开经济（报价）标，规定技术标合格的投标文件的经济标才开启，这里不仅涉及经济标在技术标评审期间的保密问题，更重要的是，如此开标不符合《招标投标法》第三十六条的规定，“开标时，由投标人或者其推选的代表检查投标文件的密封情况，也可以由招标人委托的公证机构检查并公证；经确认无误后，由工作人员当众拆封，宣读投标人名称、投标价格和投标文件的其他主要内容。招标人在招标文件中要求提交投标文件的截止时间前收到的所有投标文件，开标时都应当当众予以拆封、宣读。开标过程应当记录，并存档备查”。

因此，从《招标投标法》的规定来看，无论采用何种评标办法，招标人在开标时对在投标截止时间前收到的所有投标文件包括技术、商务、报价等都要开启，不准有所保留，否则就会违反《招标投标法》。但是，开标时要采取保密措施使参加评审的所有评标委员，在技术标评审之前不能知悉各投标人的报价，这样更能做到公平、公正地进行技术标评审；或者可以规定将各投标人的技术标按暗标进行递交，即评标专家在评标时不知道标书是哪一个投标人的。

（5）采用二阶段评标法规定技术标的合格标准时，对于一些大型或技术复杂、要求高的工程招标项目，除规定技术标总体合格线（即总分合格）外，还可规定一些关键的技术方案、参数或指标不能低于该项评标的合格等级，如果投标人有任何一项规定的主要评审项目或关键方案、技术参数或指标达不到合格等级，即使其技术标总分合格，也不能算合格，应判定为不合格投标。

第四节 综合评估标准

综合评估法是水利水电工程招标评标中应用比较广泛的一种方法，它主要适应于各类大中型水利工程水电和复杂项目的招标评标。本节按照大型水利项目勘察设计、建设监理、土建施工、设备材料、科技、总承包、代建单位、项目法人招标评标的顺序，分别介绍各类项目综合评标标准。

一、勘察设计招标综合评标标准

这里论述的评标标准是按照水利建设项目可行性研究报告经过主管部门批准后，进行勘察设计一体化招标的情况。当水利工程从可行性研究报告阶段开始进行勘察设计一体化招标或勘察、设计分开招标，或分成可研、初设、技施设计阶段进行招标时，可参考进行。

勘察设计属于服务招标，评标的侧重点在技术和商务，报价只占次要地位。评标标准中报价、商务、技术（答辩）部分根据项目的重要程度、技术复杂程度、环境条件等因素的不同情况，一般分别占10%～20%、20%～30%、40%～50%的权重。

（1）报价因素，一般可占总评分的10%～20%。根据原国家计委计价格［2002］10号文颁布的《工程勘察设计收费管理规定》，凡建设项目总投资估算额在500万元及以上的工程勘察和工程设计收费实行政府指导价；总投资估算额在500万元以下的工程勘察和工程设计收费实行市场调节价。实行政府指导价的工程勘察和工程设计收费，其基准价根据《工程勘察收费标准》或者《工程设计收费标准》计算，除在设计中采用新技术、新工艺、新设备、新材料，有利于提高建设项目经济效益、环境效益和社会效益的以外，浮动幅度为上下20%。实行市场调节价的工程勘察、工程设计收费，由发包人和勘察人、设计人协商确定收费额。

由于大中型水利建设项目的总投资估算额都超过500万元，因此大中型水利工程的勘察设计招标基本都采用政府指导价，按照《工程勘察收费标准》或者《工程设计收费标准》计算出的收费标准的上下浮动20%来招标。

因此，在水利工程建设项目勘察设计招标中，报价因素的评审标准一般都必须根据主管部门审定的设计概算中批准的勘察设计费的上下浮动率20%来评价，如果在可研阶段开始招标，则可按照国家计委［2002］10号文规定计算出的勘察设计费的上下浮动20%来计算报价分。一般投标人只报上、下浮动率就可以，浮动率的范围在±20%内，具体浮动幅度由招标人根据项目技术复杂程度、现场环境条件、市场因素等情况来决定，但必须在招标文件中明确规定，让所有投标人都清楚。

以下给出一个报价分的经验计算公式，供参考。

$$F_1 = 20 - (B - A) \times 100 \quad (\text{当} B \geqslant A)$$

或

$$F_1 = 20 - (A - B) \times 150 \quad (\text{当} A > B)$$

式中：F_1 为投标人报价分；A 为所有有效投标人的下浮率的算术平均值；B 为各投标单位的下浮率，必须在0～20%范围以内才为有效报价。

当按上式计算出来的分数小于零时，按零分计。

（2）商务因素，一般占总评分的30%左右，这里按照勘察、设计一起招标来考虑。主要评审下列四项因素：

1）勘察设计经验，一般占总评分的5%～10%。可分别考察投标人的一般工程经验和类似项目经验，根据近五年来承担过的勘察设计工程情况包括工程规模、专业、工作内容和效果。

2）业绩和资信，一般占总评分的2%～5%。主要考虑投标人的勘察设计业绩、履约能力和资信等级来评分。根据原国家计委规定，不能以行业或主管部门或地方性的获奖或业绩作为加分条件。

3）财务状况，一般占总评分的1%～3%。根据投标人提供的由注册会计师事务所出具的近三年财务状况的给分。

4）组织实施方案和机构，一般占总分的10%～15%。主要考虑投标人的项目组织实施方案，项目勘察总工、设计总工的资历，主要专业人员和其他人力资源配备，技术支持与保障等因素。

(3) 技术因素，一般占总分的40%～50%。一般情况下，除报价、商务因素外，可以将水利工程评标的技术因素分为优、良、中、差四等，各等对应因素评分数可参考的分值范围见表6-1（表中Y为评标项目各分项的满分值）。

表6-1 四等技术因素对应的评分分值范围

等级	优	良	中	差
区间	(1.0～0.85) Y	(0.85～0.70) Y	(0.70～0.5) Y	(0.5～0.0) Y

一般主要评审以下六项因素：

1）勘察方案，一般占总评分的8%～10%。主要考察投标人提出的勘察工作大纲、勘察方案是否满足设计需要，以及对勘察的重点和难点进行分析的情况。

2）主要设计方案，一般占总评分的25%～30%。主要评审投标人对本工程的理解，重点、难点分析，工程总体布置分析，主要项目土建设计方案，机电设备、自动控制等方面的设计方案，主要设计方案的效果图，各种推荐方案的附图情况。

3）勘察设计方案的创新，一般占总评分的2%～5%。主要考察投标人提交的设计方案是否有所创新、有所突破。

4）造价及其控制措施，一般占总评分的3%～5%。主要考察投标人对所提交的推荐方案的造价是否合理，造价控制措施是否可行，有无做到结构安全、经济性、外观等方面的和谐统一。

5）设计进度安排与服务承诺，一般占总评分的3%～5%。可分为设计进度及保证措施和设计服务承诺事项两个方面分别评价。

6）质量标准及质量管理措施，一般占总评分的3%。主要考察投标人质量管理体系、设计质量标准及质量控制措施。

(4) 陈述与答辩，一般占总评分的5%。在大型水利工程建设项目勘察设计招标中，为了更加准确地理解勘察设计投标人的设计理念、设计方案以及对设计工作重点、难点的分析，检验投标人的实际水平，防止个别投标人聘请"枪手"弄虚作假，或者由于评标委员会认为有疑问、有必要，或者是投标人的投标文件需要澄清时，可以要求投标人对投标方案进行陈述和答辩。答辩可以采用书面形式或其他形式，具体根据项目实际情况在招标文件中予以说明和规定。

二、监理招标综合评标标准

水利项目建设监理招标与勘察设计招标一样，属于服务招标的范畴。其评标方法和标准基本采用综合评估法，评标的重点是技术商务部分，报价在评标标准中只占次要地位，也不宜设置标底。评标标准一般包括投标人的业绩和资信、项目总监理工程师的素质和能力、资源配置、监理大纲、投标报价等方面，根据项目的技术复杂程度、施工监理现场条件、重要程度等一般可分别赋予10%～20%、15%～25%、20%～25%、20%～30%、10%～20%的权重。

(1) 投标人业绩和资信，一般占10%～20%的权重。主要可考虑评价投标人的监理业绩、监理效果、财务状况、履约情况、资信等级、近三年受到表彰或不良记录情况以及有关方面评价意见、创优质工程和文明工地的经验等。

(2) 项目总监理工程师的素质和能力，一般占15%～25%的权重。主要评价投标人派出的总监的简历和监理资格，总监监理经验和业绩，有关部门和业主对总监的评价意见，总监月驻现场工作时间，总监的陈述情况（当招标文件规定要总监陈述和答辩时）等。

(3) 投标人资源配置，一般占20%～25%的权重。主要评价投标人派出的副总监、专业负责人的资历，其他专业人员的配置情况，副总监、专业负责人月驻现场工作时间，副总监、专业负责人类似工程相关经验，拟投入本工程的设备，随时可调用的后备资源，解决复杂技术问题技术咨询准备等。

(4) 监理大纲，一般占25%～35%的权重。一般主要评价投标人对监理范围和目标的理解与认识，对监理项目的重点、难点分析及对策，拟投入的监理组织机构与管理的实效性，对质量、进度、投资控制目标和相应的控制措施，合同、信息管理方法，协调能力与方法，拟定的监理质量体系文件，安全监督措施等。

(5) 报价因素，一般占10%～15%的权重。水利工程建设项目监理投标报价的评价一般有报费率、报下浮率和报总价等三种方法。报总价的方法可参考施工报价的办法，其他两种方法介绍如下。

1) 第一种方法是直接报监理费率，投标人在招标文件规定的费率范围内进行报价，在规定的费率范围内，报价费率越低，分值越高，费率越高，分值越低；或者以所有投标人报价费率的平均值为基准，平均值为满分，报价费率与平均值比较，费率每高一定比例（如1%）扣一定分（如1分），每低一定比例（如1%）扣一定分（如2分），在它们之间的按比例扣，扣完为止。

2) 第二种方法是投标报价仅按主管部门审定概算监理费的下浮率报价，投标人可以根据本单位的实际情况在一定范围（如0～15%）内选择一个下浮率。各投标人的下浮率必须在规定范围以内才为有效报价。

取所有有效投标文件的报价的算术平均值为A，A所对应的分值为满分，各投标人的报价B与A比较，下浮率每高一定比例（如1%）扣一定分值（如1分），每低一定比例（如1%）扣一定分值（如2分），在它们之间的按比例扣，扣完为止。这里提供一个报价分计算经验公式（供参考）：

$$F = 20 - (B - A) \times 100 \quad (\text{当 } B \geqslant A)$$

或

$$F = 20 - (A - B) \times 200 \quad (\text{当 } A > B)$$

报价分F最高为本项满分（如20分），最低为0分。

三、施工招标综合评标标准

水利建设项目土建施工和安装施工招标评标是水利工程建设项目招标中最常遇到的评标，在水利工程招标中占有重要地位。由于土建施工招标既有一般性，又有其特殊性，使施工招标更具有敏感性。以下就大型和复杂水利水电施工招标评标标准进行论述。

大型水利工程土建施工招标采用综合评估法时，根据项目的技术复杂程度、施工条件、施工工期、现场环境条件等因素的不同，其评标标准的报价、商务、技术一般在总评分中分别占50%～70%、10%～15%、30%～60%的权重。在具体项目招标时，对技术、商务、报价分在整个评标标准中所占权重的取值范围的取值原则是：施工条件好、工期较宽松、技术要求不高的工程项目报价权重取大值；施工条件差、工期紧、有防洪度汛要求、技术复杂、要求高的报价权重取小值，技术和商务权重取大值。

1. 经济标主要评价因素

报价因素的评审标准，一般占50%～70%的权重。

大中型水利工程施工招标一般均用工程量清单报价，在招标文件中直接给出工程量清单，投标人不必也不能自己计算工程量，因为只有工程量清单相同，投标报价才有比较的相同基础，如果招标人计算或打印错误工程量，则评标时应进行算术修正，使之统一报价基础，以便公平、合理地进行报价评审和比较。

根据国家发改委等部门有关规定，财政性投资的水利工程建设项目鼓励采用无标底招标，因为设置标底时，标底的保密非常困难，在实践中容易出现这样那样的问题，因此国家鼓励采用无标底招标的方式，但要设置最高限价。最高限价的设置必须以国家批准的初步设计文件和设计概算为依据，一般由招标人自己或委托招标代理机构或造价咨询机构进行编制。当然最好以施工图设计为依据编制最高限价，这样最高限价的确定会更加准确。当土建工程施工招标采用总价合同承包时，必须以施工图设计和预算为依据编制最高限价；当采用单价承包合同方式时，可以设计概算为基础编制最高限价。

(1) 当招标项目不设标底时。不设置标底，而只编制最高限价并采用单价承包合同时，施工招标报价的评价应该同时评审总价和单价；当设置最高限价并采取总价承包合同时，报价的评审只需按总价计算。在大型或技术较复杂的水利工程施工招标中，由于工程的复杂性和不可预见因素较多、工期也较长，故较多采用单价承包合同方式。下面介绍的就是采用单价承包合同的报价评审方式；采用总价合同方式时，只需将单价评价的内容去掉并加以适当改造就可。推荐两个（总价和单价）报价评分的计算经验公式，供参考。

公式一：总报价直接得分 F_1（设总报价占总评分的50%时），按下式计算（精确到小数点后两位）：

$$F_1 = 50 - 100 \times (0.95B_0 - B)/0.95B_0 \quad (当\ B_0 \geqslant B)$$

或

$$F_1 = 50 - 150 \times (B - 0.95B_0)/0.95B_0 \quad (当\ B \geqslant B_0)$$

式中：B 为投标单位的总报价；B_0 为所有有效投标报价算术平均值，计算投标报价算术平均值 B_0 时，当有效投标报价超过5个时去掉一个最高报价和一个最低报价，当有效投标报价超过10个时去掉两个最高报价（即第一、第二顺序的高报价）和两个最低报价（即倒数第一第二顺序的低报价），每增加5家，相应增加去掉2家，以此类推。

公式二：单价合理性得分 F_2（设单价占总评分的10%时），主要评价招标文件规定的10个（或多个）主要项目的单价合理性。F_2 等于10个项目的分项得分 f_i 的和，即 $F_2 = \sum f_i$。f_i 按下列经验公式计算，当 f_i 按下式计算出来后小于零时，按零分计。

$$f_i = 1 - 20 \times (b - a)/3a \quad (当\ a \leqslant b)$$

$$f_i = 1 - 5 \times (a - b)/a \quad (当\ b \leqslant a)$$

式中：b 为投标人的某个项目（即招标文件规定的10个主要项目之一）的单价；a 为所有

有效投标人相应项目单价的平均值，a 的计算方法同 F_1 中的 B_0。

(2) 当招标项目设有标底时。根据《招标投标法》和国家发改委的有关规定，当招标项目设有标底时，应参考标底，但不能将标底作为评标的唯一依据。标底可以招标人自己或委托招标代理机构或造价咨询机构编制，任何单位和个人不得以任何理审批、审查标底，也不能以任何理由干预标底的编制，但无论谁编制标底，在标底的编制应采取保密措施并在有关监督单位的监督下全封闭进行。最终评标参考标底的确定可按照如下步骤进行。

1) 以招标人自己编制或委托具有水利造价咨询资质的单位或招标代理机构编制的标底为 A。

2) 以所有合格的投标人的投标报价为基础，当合格的投标人多于 5 家时，去掉一个最高值和一个最低值后，有效投标人多于 10 家时，去掉两个高值和两个低值（每增加 5 家，相应增加去掉 2 家，以此类推），取其余各家的平均值为 B；若投标人少于 5 家时，取所有投标人的报价平均值为 B。也可以标底的一定范围（如＋5％～－10％）内的投标报价为有效报价，然后以有效报价的平均值作为 B。

3) 评标委员会在开标前定出 A、B 的权重，A 的权重可在 50％～70％范围内决定，相应 B 的权重可在 30％～50％范围内决定。最后将 A、B 分别乘以各自的权重后相加，得出最终标底 C。

与上述（1）不设置标底时计算报价分的原理一样，报价的评审同样可参照上述公式进行计算，当招标项目采用单价合同承包时，需要同时对投标报价总价和单价进行评审；当采用总价合同时，只需对投标报价的总价进行评审计算。应注意的是，计算报价分时采用的报价或单价，应以评标委员会根据招标文件和评标办法的规定对各投标人的报价进行算术修正后的报价作为评标价，评标价和标底才是作为计算报价分的依据。

2. 技术标主要评价因素

技术标一般占总分的 30％～60％权重，其取值原则是：施工条件好，工期较宽松，技术难度低的取小值；施工条件差，工期紧，有度汛要求，技术较复杂的取大值。

根据招标项目的实际，技术标评价可分为多达十几个评价项目进行评审，具体应该在招标文件中明确规定。下面提出参考的评审因素。

(1) 组织机构及投入的人力资源，一般占技术标分数的 5％。主要评审投标人投入的组织机构是否合理，投入的技术力量和技术工人（专业、职称、人数）能否满足工程需要，建造师（项目经理）的资质与经历是否符合本项目的要求等。

(2) 投入项目的机械设备，一般占技术标分数的 5％。主要评审投标人计划投入的机械设备能否满足工程施工需要，其适应性、使用时间和设备的完好率如何，施工机械设备的考虑是否周全、是否留有余地等。

(3) 施工布置，一般占技术标分数的 5％。主要评审投标人对其所需的施工机械、加工场地、材料、半成品和构件堆放场地及临时运输道路、施工道路、临时供水、供电、供风、导流、其他临时设施、后勤生活设施的布置是否合理、紧凑，是否有利于施工、有利于安全，是否节约用地，管理是否方便等。

(4) 施工难点与对策分析，一般占技术标分数的 10％～15％。主要评审投标人对所投标工程的重大技术问题和重大、难点问题是否理解，有无作出切实可行的施工方案和对策分析。

(5) 主要施工技术方案，一般占技术标分数的25%～35%。考察投标人对投标项目的主要施工方法、施工顺序、施工流向、施工工艺和主要施工机械设备的选择，是否符合规范、是否满足工程需要、是否有利施工和管理，施工中对新技术、新工艺、新材料的应用程度等。

(6) 进度计划和工期保证措施，一般占技术标分数的10%。包括施工进度横道图和网络图计划，主要考虑投标单位对整个工程项目的进度安排（包括控制性工期）和分年分季度分月计划是否合理又留有余地，工期的安排是否满足招标文件的要求（若进度不满足招标文件的要求，还将导致废标）；工期进度安排有无切实可行的保证措施，特别是投标人计划比招标文件提前完成时，更要考察投标人有无保证提前完成工期的组织措施、技术措施、物质措施等，否则其工期或提前或保证都是不可靠、不可信的。

(7) 防洪度汛措施，一般占技术标分数的10%。主要是针对有度汛要求的水利水电工程，考察投标人有无具体的防洪度汛计划和度汛方案，有无安全度汛的保证措施，抢险方案是否切实可行；当工程遇超标准洪水时，对受洪水影响的工程如何处理，如何把耽误的工期时间抢回来。

(8) 质量保证体系和保证措施，一般占技术标分数的10%。主要评审投标人的质量保证体系是否完整、落实，或者是有无通过ISO系列质量体系认证，其保证质量措施如管理机构、制度、人员、检测能力与手段是否完善可靠，是否满足工程需要。

(9) 职业健康、安全保证体系和保证措施，一般占技术标分数的5%～10%。主要评审投标人职业健康与安全保证体系是否取得认证，其保证安全的措施如管理机构、制度、人员是否完整、落实，有无安全保证具体而有效的措施。

(10) 文明施工与环境保护，一般占技术标分数的5%～10%。主要评审投标人的文明施工和环境保护的方案是否落实，文明施工和环境保护的目标是否明确，有无开展文明施工的具体计划和措施等。环境保护方面主要考虑投标人在施工期间对水质、粉尘、噪音和生态的保护与控制措施如何。

(11) 优化设计的建议。本条主要针对大型或技术较复杂的水利工程施工招标项目，也可不设此项，对一般水利工程则不应设置此项。设置此项目的是为了鼓励投标人的技术积极性和发挥主观能动性，促进投标人采用新技术、新工艺、新材料。主要评审投标人有无提出切实可行的合理化建议，提出的优化设计方案是否能改进施工、提高质量、缩短时间、节约投资，是否合理可行，是否采用经充分论证或经过国家认可的新技术、新工艺、新材料。可根据项目情况设置一定分值。

3. 商务标主要评价因素

商务标的评价一般占总分的10%～15%权重，具体应根据工程的实际需要而有所侧重。对于在资格预审文件中包含商务标内容，并且只有资格预审评审合格的投标人才能购买招标文件的招标项目，在招标文件规定的评标标准中可以不再设置商务标的评审项目内容。对于资格预审文件没有包括或不完全包含商务标内容的招标项目，或者是采用资格后审的招标项目，则在制定综合评标方法和标准中，一定要评审商务标的内容。

（1）建造师（项目经理）经验，一般占商务标评分的15%～20%。建造师的类似工程经验对于水利建设的顺利实施具有重要意义，因此商务标的评审中最重要的一项内容就是对建造师的考核。一般考察拟投入的建造师（项目经理）近3年从事类似工程的经验，着重考察同类型、同性质、同规模以上的相关工程施工经验，所有经验必须有合同、验收报告、获奖证书、荣誉证书、业主评价等证明材料，没有证明材料的不予认定。

（2）类似工程经验，一般占商务标评分的15%～20%。主要考察投标人本身的类似（规模、性质）工程经验，一般以3～5年内的业绩为计算期限。水利工程经验一般可分为：①导流、截流经验；②基础处理经验；③大坝工程经验（包括混凝土重力坝、拱坝、土石坝、浆砌石坝、碾压混凝土坝、面板堆石坝等）；④电站工程经验（包括坝后电站和引水电站、地下和地上厂房电站等）；⑤隧洞工程经验；⑥渡槽工程经验；⑦水闸工程经验；⑧船闸工程经验；⑨泵站工程经验；⑩堤防工程经验；⑪引水工程经验；⑫河湖疏浚工程经验；⑬金属结构制造安装经验；⑭机电设备（水轮发电机、变电站设备等）安装经验等。

（3）财务状况，一般占商务标评分的10%～15%。评审投标人提供的经注册会计师事务所出具的资产负债表和损益表，其他财务情况和资金能力证明。

（4）履约能力和资信情况，一般占商务标评分的10%～15%。主要评审投标人近3年的履行合同能力的证明（工商部门颁发的“守合同、重信用”称号）和商业银行授予的资信等级证明。

（5）经营业绩和企业信誉，一般占商务标评分的10%～15%。主要评审投标人单位的经营业绩、信誉，如承建工程竣工验收质量情况、所获荣誉、安全、文明施工、诚信记录等，但不能以获得本地区、本行业、本部门奖励为加分条件。

（6）优惠条件，一般占商务标评分的10%～15%。主要评审投标人保修服务、免费培训、备品备件赠送，赶工期和提前完工的优惠，特殊情况下付款落后于进度时的不索赔等因素，此条标准在一般国内土建招标项目不多采用，在设备招标中有部分采用。如果采用应在招标文件明确规定，投标人给予的优惠必须在投标截止时间前递交的投标文件中注明，开标后的一切优惠均不能作为评标的依据。

四、设备材料采购综合评标标准

水利水电项目重要设备材料的采购招标，其中重要设备主要包括水轮发电机组（水轮机、发电机）、各种水泵、各种闸门、各种启闭机、拦污栅、天车门吊、变压器、各种开关柜断路器等高低压配电设备、计算机监控系统、自动控制系统、（自动）观测设备、防汛或运输船泊、车辆、电线电缆、各种水文测报设备等；重要材料主要包括钢材、水泥、木材、砂、石、各种油料等。下面主要按照大中型水利水电工程中占主要地位的水轮发电机组（泵组）设备采购招标评标为基础对采用综合评标时的评标标准予以介绍，供参考。

大中型水利水电工程重要设备的采购招标综合评标标准中，报价、技术、商务三大主要因素一般分别占40%～60%、30%～50%、15%～25%的权重，具体权重的取值应根据项目技术复杂程度、物价水平、竞争程度等条件，在招标文件中明确规定具体的权重。

1. 报价因素

报价因素一般占总分 40%～60%的权重。

重要设备材料的采购招标一般不设置标底，因为没有从事设备制造的企业和单位很难搞清设备的真正造价，就是设计单位也难搞清楚，但是应该设置最高限价。报价分的计算一般只计总价，个别项目评审可以适当考虑报价平衡问题，对于价格的调整，制造周期在一年以内的，一般不予调整；一年以上的价格调整应根据国家物价部门或造价管理部门公布的指数或物价涨幅进行调整，也可以规定物价涨幅在一定范围（如+5%）内不予以调整，超过规定范围才予以调整。报价分的计算这里推荐（主要适用于水轮发电机组等重要设备招标）如下计算公式，供参考。

$$F_1 = 40 - (0.95B_0 - B) \times 100 / 0.95B_0 \quad （当 B \leqslant 0.95B_0）$$

$$F_1 = 40 - (B - 0.95B_0) \times 150 / 0.95B_0 \quad （当 B > 0.95B_0）$$

式中：F_1 为报价分；B 为投标人的报价；B_0 为所有有效投标报价的算术平均价，按以下公式计算：

$$B_0 = (B_1 + B_2 + \cdots + B_n)/n$$

式中：B_1、B_2、…、B_n 为从低至高的有效投标书的投标价（单位：元）；n 为有效投标个数，如果 $n \geqslant 6$，则去掉一个最高和一个最低的投标价进行计算，$n \geqslant 10$ 时，去掉两个依次最高和两个依次最低的投标价进行计算，以此类推。

2. 技术标因素

技术标因素一般占总分 30%～50%的权重。

技术标因素的各项分值 Y，除该项另有规定外，可按表 6-2 分四等进行评分，可以内插。

表 6-2　四等技术因素对应的评分分值范围

等级	优	良	中	差
区间	(1.0～0.9) Y	(0.9～0.8) Y	(0.8～0.6) Y	(0.6～0.3) Y

（1）技术性能和技术参数，一般占技术标权重的 40%～50%。技术性能的评价指标，主要根据设计文件要求来提出具体评价项目。例如：对于水轮机项目，根据招标设备的情况不同，技术性能可以分为最大功率、效率保证值、调节保证、可靠性、噪声大小、叶轮和主轴使用的材料等项目进行评价；对于发电机项目，其技术性能可分为效率、噪声、耐压、振动、性能保证、可靠性等方面进行评价。以上评价性能指标和参数在评标时，应该与设计指标进行比较，也应该在投标人之间进行比较评价。

（2）质量保证体系和措施，一般占技术标权重的 20%～30%。主要评价投标人的质量保证体系，对投标人是否通过 ISO 系列认证，投入本项目的技术力量，质量保证的组织机构、人员、措施、方法、检测设备等方面进行评价。

（3）使用和检修条件，一般占技术标权重的 20%～30%。主要评价投标人设备的正常使用寿命，运行条件、保养条件、维修检查条件、方便性等指标。

3. 商务因素

商务因素一般占总分的15%～25%的权重

(1) 分项目设备报价的合理性，一般占商务标权重的10%～15%。

(2) 各项相关设备的配套情况（例如水轮机和发电机的配套），一般占商务标权重的10%～12%。

(3) 零配件供应和售后服务承诺是否满足招标文件要求，一般占商务标权重的10%～12%。

(4) 供货范围、交货期，一般占商务标权重的15%～20%。主要评价供货范围是否按照工程量清单，交货期（包括分批交货期）是否满足招标文件要求。

(5) 技术服务和人员培训，一般占商务标权重的10%～15%。主要评价投标人对所供设备的运行人员上岗前技术培训，技术指导，产品升级等服务承诺。

(6) 类似设备制造经验，一般占商务标权重的15%～20%，主要评价投标人有类似设备的制造经验，以前用户对投标人设备质量和服务的反馈评价如何，所获荣誉如何，要求投标人提供类似经验的证明材料。

(7) 履约证明和资信证明，一般占商务标权重的10%～12%。主要根据投标人是否获得政府或工商行政管理部门颁发的“守合同、重信用”称号和商业银行授予的资信等级如何。

(8) 财务状况，一般占商务标权重的10%～12%。主要评价投标人提供的由注册会计师事务所出具的近3年财务状况（资产负债表、损益表、利润表）。评价指标主要有资产负债率、净资产负债率和利润率等。

五、科技项目招标评标标准

科技项目招标从本质上说也属于服务招标的范畴，基本采用综合评估法，评标标准的设置主要考虑技术方案、技术力量、设备条件、经验等因素。

1. 投标人的资源配置（建议占总分的15%～20%）

本项评估因素一般包括：①投标人项目组织机构；②项目技术负责人的资历；③投入的技术资源配置；④科研条件和技术装备；⑤技术支持与保障条件。

2. 投标人经验与业绩（建议占总分的10%～15%）

主要评估因素有：①投标人的经验和业绩；②主要技术人员的能力经验；③投标人履约能力和信誉；④投标人资信和财务状况。

3. 科研技术方案评审（建议占总分的50%～60%）

主要评估因素包括（但不限于）：①对科研项目的理解；②项目重点难点分析；③技术路线和工作大纲；④科研技术创新；⑤主要思路与方法；⑥技术成果和指标；⑦技术质量保证体系；⑧进度安排和服务承诺。

4. 技术答辩（建议占总分的3%～5%）

科技项目可根据需要设置技术答辩环节，主要根据投标人在技术答辩环节的情况来给分。

5. 投标报价（建议占总分的15%～20%）

建议采用公式法计算价格分值，并根据国家批准的科研项目概算（经费）为基础设置投标最高限价，个别情况也可以设置最低限价。这里提供一个报价分计算公式，供参考：

$$F = 15 - (B - A)/A \times 100 \quad (当 B \geqslant A)$$

或

$$F = 15 - (A - B)/A \times 150 \quad (当 A > B)$$

式中：第一项数值15可根据报价分总分值予以调整；A 为所有有效报价的算术平均值，当有效报价超过5个时去掉一个最高报价和一个最低报价再计算；B 为投标人的报价。

六、设计施工总承包招标评标标准

设计施工总承包一般从初步设计阶段开始，包括初步设计、施工、安装、采购、试运行等内容，当然也可以从可行性研究报告开始。设计施工总承包招标中，投标人一般以设计单位或设计单位与施工单位联合投标为主。

1. 对总承包项目的理解和目标（占总分的10%）

主要评价因素包括：①对总承包项目建设的理解和认识；②项目总承包总体计划和目标；③项目总承包管理的重点和难点分析。

2. 总承包人的资源配置（占总分的10%）

一般评价因素包括：①总承包组织机构，联合体各方职责和主责任方职责；②项目负责人的资历与经验；③项目技术负责人的资历与经验；④设计投入的人力资源配置；⑤施工投入的技术与装备；⑥技术支持与保障。

3. 总承包管理方案和措施（占总分的30%～35%）

主要评价因素包括：①项目总体计划管理方案、目标和措施；②对设计、施工方或其他分包商的管理方案和措施；③对项目勘察设计进度、质量管理目标和措施；④对项目施工进度、质量、投资控制目标和措施；⑤对项目试运行方案；⑥对安全生产、文明施工、环境保护管理目标和措施；⑦与当地政府、部门和群众的协调措施；⑧工程建设与征地移民的协调管理方案。

4. 总承包人的经验与业绩（占总分的5%～10%）

一般评价因素包括：①投标人进行项目设计施工总承包经验；②从事类似工程建设设计与咨询经验；③从事类似工程施工经验；④从事工程运行管理经验；⑤从事项目总承包和设计、施工等的业绩（附项目法人或主管部门评价意见和证明材料）。

5. 总承包人资信和财务状况（占总分的5%～10%）

主要评价因素包括：①总承包人近三年履约情况；②总承包人近年度资信等级或银行授信情况；③总承包人近三年财务状况。（如果联合体投标，要提供联合体各方的财务情况）

6. 总承包报价（占总分的30%～35%）

设计施工总承包既要考虑总承包人的综合管理能力、设计施工能力，也要考虑其总承包的报价；投标报价在整个评标中的比重不应放得太大，但对项目法人来说又是一个重要因素。因此，建议总承包报价在评标因素中权重占1/3左右的比重较合适。对报价的比较建议采用公式法来评价。对于公益性水利工程来说，由于其投资大部分由国家出资，须由国家批准，因此总承包报价必须规定以国家批准的总投资概算为基础，并综合考虑工期、技术复杂程度、市场竞争等因素，设置最高限价；报价可采用概算总价下浮承包，综合单价承包等形式。

七、代建单位招标评标标准

代建单位招标实质上属于服务招标的性质，因此水利工程代建单位招标应该采用综合评估法比较合适。下面根据水利工程的特点提出采用综合评估法（百分制）评标标准，供参考。

1. 代建人的经验与业绩（占总分的10%～15%）

一般评价因素包括三项：①从事水利工程建设（包括设计、施工、监理、咨询等）的经验；②承担代建工程和项目管理（包括水利或其他工程）的经验；③从事水利工程建设（包括设计、施工、监理、咨询等）的业绩。

2. 代建人的资源配置（占总分的25%）

一般评价因素包括六项：①代建人组织机构；②项目负责人的资历；③项目技术负责人的资历；④投入的人力资源配置；⑤投入的技术装备；⑥技术支持与保障。

3. 对代建项目的理解和目标（占总分的10%）

主要评价因素包括：①对代建项目建设的理解和认识；②项目管理的总体计划和目标；③项目管理的重点和难点分析。

4. 代建项目管理方案和措施（占总分的30%）

主要评价因素包括：①项目总体管理方案和措施；②项目技术管理方案和措施；③项目进度管理方案和措施；④项目投资管理方案和措施；⑤质量目标及质量管理措施；⑥安全与文明生产管理目标和措施；⑦环保管理目标和措施；⑧与当地政府群众的协调措施；⑨工程建设与征地移民的协调管理方案。

5. 代建人资信和财务状况（占总分的10%）

主要评价因素包括：①代建人近三年履约情况；②代建人近年度资信等级；③代建人近三年财务状况。

6. 投标报价（占总分的10%～15%）

由于代建单位招标属于服务招标的范畴，因此不应将投标报价在整个评标中的比重放得太大。对代建投标人报价的比较建议采用公式法来评价。对于公益性水利工程来说，由于其投资须由国家批准，因此代建费用建议以国家批准的建设单位管理费为基准综合考虑工期、技术复杂程度、市场竞争等因素，并设置最高限价。

八、项目法人招标评标标准

基础设施项目法人招标是为了吸引非政府投资主体参与具有经营性的基础设施项目投资、建设和经营，政府在确定项目建设任务、目标、规模和标准以及政府出资方式基础上，以招标方式选择项目法人，并由中标的项目法人（投资者）自主进行项目决策、融资、建设以及今后的运营和维护。因此，项目法人的评标方法和标准，可采用综合评估法，综合考虑其资金实力、融资能力、管理经验、协调能力等因素。

1. 对项目建设目标与任务的理解（占总分的10%）

主要评价因素包括：①对招标项目建设任务、功能的理解，项目在流域规划中的地位和作用；②项目建设总体计划和目标；③项目建设管理重点和难点分析。

2. 投标人的资金能力和融资计划（占总分的15%～20%）

主要评价因素包括：①投标人总承包组织机构，联合体各方职责和主责任方职责；②项目负责人的资历与经验；③项目技术负责人的资历与经验；④设计投入的人力资源配置；⑤施工投入的技术与装备；⑥技术支持与保障。

3. 保证公益性目标与任务的措施方案（占总分的10%～15%）

主要评价内容包括：①对项目包含的公益性目标和建设任务的理解；②实现公益性目标和任务的计划方案；③保障实现公益性目标和任务的具体措施（包括组织机构、制度、人力资源、物质保障等）。

4. 项目建设管理方案（占总分的10%～15%）

主要评价因素包括：①项目总体计划管理方案、目标和措施；②对设计、施工、设备制造或其他分包商的管理方案和措施；③对项目施工进度、质量、投资控制目标和措施；④对安全生产、文明施工、环境保护目标和措施；⑤与当地政府、部门和群众的协调措施；⑥工程建设与征地移民的协调管理方案。

5. 项目运营管理方案（占总分的10%～15%）

主要评价因素包括：①项目运营管理总体计划目标和方案；②项目运营管理组织机构与资源配置；③项目运营成本控制和计划利润目标；④经营目标与公益性任务的协调管理和保证方案；⑤运营过程接受有关部门监督检查的承诺与保障；⑥运营期满时保证完好移交的措施与承诺。

6. 投标人的经验与业绩（占总分的5%）

一般评价因素包括：①投标人进行项目管理的经验；②从事类似工程投资建设管理的经验；③从事项目投资管理的业绩（附项目法人或主管部门评价意见和证明材料）。

7. 投标人资信和财务状况（占总分的5%）

主要评价因素包括：①投标人近三年履约情况；②投标人有效的资信等级或银行授信情况；③投标人近三年财务状况（如果联合体投标，要提供联合体各方的财务情况）。

8. 投标总报价（占总分的30%～35%）

基础设施项目法人招标是要引进民营资本参与具有经营性的基础设施投资经营，因此招标中既要考虑投标人的项目管理能力、财务状况、融资能力，也要考察其真正的出资能力和报价。投标报价在整个评标中的既不应比重放得太大，但也要对投标人有相当的吸引力，建议报价在评标因素中权重占1/3左右的比重较合适，对报价的比较可采用公式法来评价。

第五节 成本价判定

无论采用哪种评标方法，都会碰到投标人成本价的判定问题，因为《招标投标法》第三十三条规定：“投标人不得以低于成本的报价竞标。”特别是采用最低投标价法和二阶段评标法时，投标人投标价最低且不低于其成本价是决定其是否中标的决定性因素，因此，成本价的判定就成为评标委员会能否准确提出推荐中标人的关键。但是究竟如何判断其投标价是否低于其成本价呢？下面以水利工程施工招标为例，从水利工程的费用构成入手分析。

一、水利工程费用构成分析

根据水利部水总［2002］116号文颁布的《水利工程设计概估算编制规定》，水利工程费用组成包括建筑及安装工程、设备费、独立费、预备费和建设期融资利息共五部分，而我们通常所说的土建工程费由以下四部分组成：①直接工程费，包括直接费、其他直接费和现场经费；②间接费，包括企业管理费、财务费和其他费用；③企业利润；④税金，包括营业税、城市维护建设税和教育费附加。

可见，构成土建工程的直接成本主要包括：直接费中的人工费、材料费、机械使用费，其他直接费，现场经费的一部分和税金。其中，现场经费的一部分、间接费和计划利润可以算作非直接成本。下面以水利枢纽、引水及河道工程中土建工程的土石方、混凝土、灌浆工程为例，列出各自的现场经费费率和间接费费率表（见表6-3）。

表6-3　水利建筑工程现场经费费率和间接费费率简表

工程性质	工程类别	现场经费费率 （计算基础：直接费）	间接费率 （计算基础：直接工程费）	企业利润
枢纽工程	1. 土石方工程	4%+5%=9%	9%	直接费与间接费之和的7%
	2. 模板工程	4%+4%=8%	6%	
	3. 混凝土浇筑工程	4%+4%=8%	5%	
	4. 灌浆工程	3%+4%=7%	7%	
引水及河道工程	1. 土方工程	2%+2%=4%	4%	
	2. 石方工程	2%+4%=6%	6%	
	3. 模板工程	3%+3%=6%	6%	
	4. 混凝土浇筑工程	3%+3%=6%	4%	
	5. 灌浆工程	3%+4%=7%	7%	
平均费率		6.8%	6%	7%

从表6-1可以得出，水利枢纽、引水及河道工程中土石方工程的现场经费费率平均为9.5%，间接费费率平均为9.5%；混凝土工程（含模板）的现场经费费率平均为14%，间接费费率平均为10.5%；灌浆工程的现场经费费率平均为7%，间接费费率平均为7%。

以上两类工程的现场经费费率和间接费费率平均值是根据水利部水总［2002］116号文颁布的《水利工程设计概（估）算编制规定》统计出来的。水利部的现行定额水平可以理解为全国水利行业的平均施工技术和管理水平的反映。为简化计算，去除现场经费、间接费、企业利润三项计算基础的差别，各类工程的平均综合费率为：土石方工程26%；混凝土工程（含模板）31.5%；灌浆工程21%。因此，目前水利工程概算造价投资中，各类工程直接成本平均占总造价的概化比例为：土石方工程直接成本约占该项工程总造价的74%，混凝土工程（含模板）直接成本约占该项工程总造价的68.5%，灌浆工程直接成本约占该项工程总造价的79%。当然，在实际施工中，土石方工程的现场经费和管理费较低，而混凝土工程和灌浆工程的现场经费和管理费较高，上述估计可能有偏差。

二、评标过程中对施工成本价的判定

原国家计委、水利部等七部委2001年颁布的12号令第二十一条规定："在评标过程中，评标委员会发现投标人报价明显低于其他投标报价或者在设有标底时明显低于标底，使得其投标报价可能低于其个别成本的，应当要求该投标人作出书面说明并提供相关证明材料。投标人不能合理说明或者不能提供相关证明材料的，由评标委员会认定该投标人以低于成本报价竞标，其投标应作废标处理。"

由此可知，评标委员会要判断投标人报价是低于成本价的，必须基于两种情况：一是发现投标人的报价明显低于其他投标报价或者在设有标底时明显低于标底；二是投标人作出的书面说明不合理和不能提供相关证明材料。只有这两个条件具备时才能判断其投标报价低于成本价，定为废标。根据多年的招标实践，12号令二十一条的规定，在大型水利工程招标评标中还基本可行，因为大型工程评标时间较长，评标专家素质较高，有较充裕的时间对投标人的报价进行质疑和对相关证明材料进行审核；而在大多数项目施工评标中，这些条款都难于操作，招标人和评标委员会无法对投标人的报价是否低于成本价进行判别，特别是在中小型水利工程招标中更难于操作。因为中小型水利工程招标项目多、量大面广，评标时间较短，一般只有1～2天，不可能为了一个几十万、一百万或几百万的项目而花费几天甚至更长的澄清、说明和评标时间，这样做也不经济。此外，即使投标人提供了书面材料对报价进行说明和证明，评标委员会也不一定能在短时间内搞清楚投标人的个别成本。

那么，如何在一般中小型水利工程施工评标时做到较快判别投标价是否低于成本价呢？根据实践经验，可以有三种判别方法：

（1）招标文件上设置最高限价和最低限价。最高限价的设置以批准的初步设计概算为控制，根据水利部（或地方水利部门）颁发的水利工程预算定额和施工组织设计来编制；最低限价则根据水利工程费用构成的分析，按概算平均成本来控制，并考虑概算与预算平均差别5%的水平和施工设备与管理水平约5%的差异，同时考虑土石方工程的现场管理费较低等因素，近似设定最低限价。建议按如下比例来判定平均成本价：

1）一般土石方或以土石方为主的工程最低限价（成本价）可规定为最高限价的60%～70%。

2）一般混凝土（含模板）工程或以混凝土为主的工程最低限价（成本价）可规定为最高限价的65%～75%。

3）一般灌浆工程的最低限价（成本价）可规定为最高限价的65%～78%。

4）综合工程的最低限价（成本价）可规定为最高限价的62%～73%。

凡低于以上比例的报价，评标委员会即可认为其报价低于成本价，判定其投标价无效。大型或技术复杂工程对其报价有疑问时，还是应要求该投标人作出书面说明并提供相关证明材料，评委会进行审核后再判定其是否低于成本价。

（2）规定投标人报价明显低于其他投标报价的情形。在招标文件中只设置最高限价，不提出明确的最低限价，而是规定投标人报价属于明显低于其他投标人报价的情形。这个“明显低于其他投标人报价”实际可以作为“成本价”的判别标准。“明显低于其他投标人报价”的确定，可以所有有效投标报价中去掉一个最高价和一个最低价后的算术平均值（有效报价超过10个时，去掉2个最高值和2个最低值；有效报价超过20个时，去掉3个最高值和3个最低值，如此类推）作为判定各投标报价是否低于其成本价的依据，该算术平均值即可以作为本项目的社会平均施工成本。建议按如下比例来判定平均成本价：

1）一般土石方工程或以土石方为主的工程以上述算术平均值的60%～70%作为判定其是否低于成本价的标准。

2）一般混凝土工程（含模板）或以混凝土为主的工程以上述算术平均值的65%～75%作为判定其是否低于成本价的标准。

3）一般灌浆工程的成本价以上述算术平均值的65%～78%作为判定标准。

4）综合工程的成本价以上述算术平均值的62%～72%作为判定标准。

（3）规定明显低于标底或低于其他报价的情形。当招标项目设有标底时，应该在招标文件中明确规定属于明显低于标底的情形。明显低于标底的情形按以下情况设定：

1）一般土石方工程或以土石方为主的工程，以标底的60%～70%作为判定其是否低于成本价的标准。

2）一般混凝土工程（含模板）或以混凝土为主的工程，以标底的65%～75%作为判定其是否低于成本价的标准。

3）一般灌浆工程的成本价以标底的65%～78%作为判定标准。

4）综合工程的成本价以标底的62%～72%作为判定标准。

只要达到上述标准，就可判定该投标人报价低于其成本价，其投标无效。

实际操作中，对于大型工程或技术复杂的工程，建议采用综合评估法。如果采用最低投标价法，发现投标人报价异常，出现明显低于标底或其他投标人报价的情况，则还应该要求投标人对其报价作出说明并提供有关证明材料，如果投标人不能在一定时间（如24小时）内作出说明或不能提供证明材料的，评标委员会即可判断该投标文件为废标。

三、成本价判定应注意的问题

（1）合理确定最高限价和成本价标准。上述成本价判定标准只是对中小型工程评标而言的简易方法，在实际操作过程中，如何合理确定最高限价和最低限价、正确定出属于明显低于其他投标报价的标准、合理确定明显低于标底的标准，这三个问题必须采取慎重和科学的态度。这个尺度确实比较难于把握，但有两点应该是明确的：①必须根据工程施工条件、技术难易程度、物价水平、现行定额水平、社会平均成本、竞争程度等情况来确定；②应该在咨询有关专家的基础上来确定。

（2）注意最低投标价法的适用条件。实际上，成本价的判别问题较多发生在采用最低投标价法的评标中。虽然最低投标价法具有操作简单、评标成本低、人为因素少的优点，但是也有过于强调报价因素、技术要求低、成本价难于确定的缺点。因此，必须强调其适用范围：①必须做好资格预审工作；②编制好招标文件和合同条件；③应该组建以经济专家为主的评标委员会；④投标人必须满足招标文件规定的实质要求；⑤根据项目实际合理确定成本价的标准；⑥必须以经过评审的最低投标价并不低于成本价的报价为中标条件。

第六节 定 标 办 法

招标项目的定标，就是招标人根据评标委员会的意见确定中标人的过程，是招标评标过程的最终结果，是《招标投标法》赋予招标人的一项重要权利。根据《招标投标法》第四十条的规定："招标人根据评标委员会提出的书面报告和推荐的中标候选人确定中标人。招标人也可以授权评标委员会直接确定中标人。"根据评标方法和标准的不同，定标办法一般有以下几种。

一、最低投标价法的定标办法

所谓的最低投标价，是指经评标委员会评审确认的最低价，并不一定是投标人的投标价。因此最低投标价法的定标依据就是评标价最低（但不低于成本价），其中标人也就是满足招标文件规定，在技术商务等方面实质响应招标文件要求的，经评审的投标价最低的投标人。

二、综合评估法的定标办法

综合评估法的定标原则是，投标人的投标能够最大限度地满足招标文件中规定的各项综合评价标准。因此，不管是勘察、设计、监理招标，还是施工、安装、设备材料采购招标，或者是项目法人、设计施工总承包、代建单位招标，只要是采用综合评估法评标，不管其评标的具体标准有何不同，其定标原则和办法是一致的。即综合评估法的定标办法是，能够最大限度地满足招标文件中规定的各项评价指标，其技术、商务和报价综合评分最高的投标人即是中标人。

三、二阶段评标法的定标办法

二阶段评标法的定标原则是，技术标合格并且其报价符合招标文件规定的投标人为中标人。根据不同项目对技术（商务）标合格后的报价评审方法的不同，一般有四种定标方法：①技术标合格并且报价最接近合理低价（如技术标合格投标人的报价平均值的负向或正向接近者）的投标为中标人；②技术标合格并且报价最低（但不低于成本价）的投标为中标人；③技术标合格并且报价评分最高的投标为中标人；④技术标合格并且技术分和报价分相加最高的投标为中标人。

四、定标过程应注意的事项

(1) 定标是《招标投标法》赋予招标人的法定权利，任何组织和个人不能随意剥夺。当然，招标人也可以授权其依法组建的评标委员会直接定标。

(2) 使用国有资金投资或者国家融资的项目，招标人确定中标人必须按照评标委员会的推荐意见来确定，即招标人应确定评标委员会推荐排列第一的中标候选人为中标人，不能随意决定中标人。公益性水利工程即属于此类项目。其他项目可以由招标人从推荐的备选中标人中选择。

(3) 使用国有资金投资或者国家融资的项目，排名第一的中标候选人放弃中标、因不可抗力提出不能履行合同，或者招标文件规定应当提交履约保证金而在规定的期限内未能提交的，招标人可以确定排名第二的中标候选人为中标人。排名第二的中标候选人因前面规定的原因同样不能签订合同的，招标人可以确定排名第三的中标候选人为中标人。

应当注意的是，这里规定使用国有资金投资或者国家融资的项目，并没有规定具体的资金数量，只要有使用就应该按照上述规定来确定中标人。

当确定的中标人拒绝签订合同时，招标人可与确定的候补中标人签订合同，并按项目管理权限向水行政主管部门备案。但由于招标人自身原因致使招标工作失败（包括未能如期签订合同），招标人应当按投标保证金双倍的金额赔偿投标人，同时退还投标保证金。

(4) 在确定中标人前，招标人不得与投标人就投标价格、投标方案等实质性内容进行谈判。

(5) 中标人确定后，招标人应当向中标人发出中标通知书，同时通知未中标人，并与中标人在 30 个工作日之内签订合同。为使定标工作更加透明公正，目前不少地方的主管部门要求招标人在正式颁发中标通知书前应将评标结果在规定的媒体和场所公示 3～7 天，然后才正式颁发中标通知书。

(6) 招标人应当与中标人按照招标文件和中标人的投标文件订立书面合同。招标人与中标人不得再行订立背离合同实质性内容的其他协议。招标人与中标人签订合同后 5 个工作日内，应当向中标人和未中标的投标人退还投标保证金。中标人的投标保证金经与招标人协商同意后也可以转作履约保证金。

(7) 依法必须招标的项目，招标人应当自确定中标人之日起 15 日内，按项目管理权限向有关行政主管部门提交招标投标情况的书面报告。书面报告至少应包括下列内容：

1) 开标前招标准备情况。

2) 开标记录。

3) 评标委员会的组成和评标报告。

4) 中标结果确定。

5) 有关附件如招标文件等。

第七章 招标投标监督管理

《招标投标法》第七条规定："招标投标活动及其当事人应当接受依法实施的监督。""有关行政监督部门依法对招标投标活动实施监督，依法查处招标投标活动中的违法行为。"水利项目的招标投标活动同样应当接受依法实施的监督。

第一节 监督管理的依据和机构

一、招标投标监督管理的法律依据

我国现阶段对水利工程建设项目招标投标监督管理的有关法规依据主要有：

(1) 九届全国人大常委会第十一次会议通过、国家主席令第21号公布的《招标投标法》，自2000年1月1日起施行。

(2) 国务院办公厅国办发［2000］34号文《国务院办公厅印发国务院有关部门实施招标投标活动行政监督的职责分工意见的通知》。

(3) 国务院办公厅国办发［2000］21号文《关于健全和规范有形建筑市场若干意见的通知》。

(4) 国家发改委（原国家计委）单独及其与有关部委联合颁布的规章，主要有：

1) 国务院批准的原国家计委颁发的3号令《工程建设项目招标范围和规模标准规定》。

2) 原国家计委颁发的4号令《招标公告发布暂行办法》。

3) 原国家计委发布的《关于指定发布依法必须招标项目招标公告的媒体》。

4) 原国家计委颁发的5号令《工程建设项目自行招标试行办法》。

5) 原国家计委颁发的9号令《建设项目可行性研究报告增加招标内容以及核准招标事项暂行规定》。

6) 原国家计委、经贸委、建设部、铁道部、交通部、信息产业部、水利部七部委联合颁发的12号令《评标委员会和评标方法暂行规定》。

7) 原国家计委发布的第29号令《评标专家和评标专家库管理暂行办法》。

8) 原国家计委、水利部等七部委（局）联合发布的30号令《工程建设项目施工招标投标办法》。

9) 国家发改委、水利部等八部委局联合发布的2号令《工程建设项目勘察设计招标投标办法》。

10) 国家发改委2005年第36号令颁布的《中央投资项目招标代理机构资格认定管理

办法》。

11）国家发改委等九部委 2007 年 56 号令颁布的《〈标准施工招标资格预审文件〉和〈标准施工招标文件〉试行规定》。

（5）水利部发布的规章和规范性文件，主要有：

1）水利部颁布的 14 号令《水利工程建设项目招标投标管理规定》。

2）水利部水建管［2002］587 号《水利工程建设项目监理招标投标管理办法》。

3）水利部水建管［2002］585 号《水利工程建设项目重要设备材料采购招标投标管理办法》。

4）水利部水建管［2006］38 号《水利工程建设项目招标投标行政管理暂行规定》。

5）水利部《水利工程建设项目评标专家管理办法》。

6）水利部 2006 年《水利工程建设项目招标投标行政监察暂行规定》。

7）水利部 2007 年《水利工程建设项目招标投标审计办法》。

（6）原建设部 2007 年第 154 号令《工程建设项目招标代理资格认定办法》。

（7）各省级人大及其常委会、省级政府颁发的有关招标投标的地方性法规、规章等。

二、招标投标的主要监督管理部门

招标投标的监督管理主要包括：行政监督、行政监察、审计监督、司法监督。根据国务院办公厅国办发［2000］34 号文及一些地方性法规等有关规定，水利工程建设项目招标投标的有关监督管理部门主要有以下几个。

1. 国家发改委（原国家计委）

根据国务院办公厅国办发［2000］34 号文有关规定，国家发展计划部门负责指导和协调全国招标投标工作，会同有关行政主管部门拟定《招标投标法》配套法规、综合性政策和必须招标项目的具体范围、规模标准以及不适宜招标的项目，报国务院批准；指定发布招标公告的报刊、信息网络或其他媒介。此外，国家发展和改革部门还负责组织国家重大项目稽查特派员，对国家重大建设项目建设过程中的招标投标进行监督检查。

2. 行业主管部门

根据国务院办公厅国办发［2000］34 号文有关规定，对于招标投标过程（包括招标、投标、开标、评标、中标）中泄露保密资料、泄露标底、串通投标、歧视排斥投标等违法活动的监督执法，按现行的职责分工，分别由有关行政主管部门负责并受理投标人和其他利害关系人的投诉。按照这一原则，工业（含内贸）、水利、交通、铁道、民航、信息产业等行业和产业项目招标投标活动的监督执法，分别由经贸、水利、交通、铁道、民航、信息产业等行政主管部门负责；各类房屋建筑及其附属设施的建造，以及与其配套的线路、管道、设备的安装项目和市政工程项目的招标投标活动的监督执法，由建设行政主管部门负责；进口机电设备采购项目的招标投标活动的监督执法，由外经贸行政主管部门负责。

可见，水利工程建设项目招标投标过程（包括招标、投标、开标、评标、中标）中泄露保密资料、泄露标底、串通招标、串通投标、歧视排斥投标等违法活动的监督执法，由水行政主管部门负责并受理投标人和其他利害关系人的投诉。水利部 14 号令也规定：水利部是全国水利建设项目招标投标活动的行政监督与管理部门，省、自治区、直辖市人民政府水行政主管部门是本行政区域内地方水利工程建设项目招标投标活动的行政监督与管理部门。

3. 纪检监察部门

根据《行政监察法》和国家有关招标投标监督管理的有关规定，监察机关依法对参与招标投标活动的国家机关及其工作人员实施监察，对有关行政部门及其工作人员履行职责情况进行检查，并依法调查处理违纪违法行为。

4. 审计部门

对于水利项目，根据水利部水审计［2007］560 号发布的《水利工程建设项目招标投标审计办法》的有关规定，在水利项目招标投标审计中，审计部门具有：对招标人、招标代理机构及有关人员执行招标投标有关法律、法规和行业制度的情况进行审计监督；对招标项目评标委员会成员执行招标投标有关法律、法规和行业制度的情况进行审计监督；对属于审计监督对象的投标人及有关人员遵守招标投标有关法律、法规和行业制度的情况进行审计监督；对与招标投标项目有关的投资管理和资金运行情况进行审计监督；协同行政监督部门、行政监察部门查处招标投标中的违法违纪行为等职责。

5. 检察部门

国家检察机关主要对参与招标投标活动的国家机关及其工作人员实施职务预防监督，并依法查处违法行为。

第二节　监督管理的原则、方式和内容

一、监督管理的基本原则

根据《招标投标法》、国务院办公厅、水利部、监察部、建设部等法规、规章的有关规定，对水利工程建设项目招标投标监督管理的基本原则为：

（1）对水利工程建设项目招标投标活动及其当事人进行监督，并依法调查处理违纪、违法行为。

（2）水利工程招标投标进行监督的具体范围和规模、标准，执行原国家计委 3 号令、水利部 14 号令及有关地方性法规的规定。

（3）对水利工程招标投标的监督工作，应由水行政主管部门有关业务部门和监察部门负责组织实施与协调。

（4）对水利工程招标投标的行政监督，应坚持依法监督、突出重点、相对独立的原则。

二、监督管理的工作方式和权限

1. 监督基本工作方式

根据国家有关规定，对水利工程招标投标的监督检查可以概括为“事前预防，过程监

督、事后检查"，即：①对水利工程建设项目招标投标活动的事前介入；②对招标投标活动的重要环节和关键程序进行现场监督；③对招标投标活动开展事后执法监察和专项检查。

2. 监督基本权限

根据《招标投标法》、国务院办公厅、国家发改委、水利部和有关地方法规的规定，提出水行政主管部门对水利工程招标投标的监督管理权限，供参考：

(1) 查阅工程项目招标投标的有关文件。

(2) 如果招标工程设有标底，由水行政主管部门、纪检监察部门或有管辖权的政府监察部门监督标底编制。

(3) 参与开标、评标等有关招标投标活动。

(4) 要求有关责任单位、责任人员将工程建设项目的总结报告等文件送水行政主管部门和有关监察部门备查。

(5) 由水行政主管部门、有关纪检监察部门单独或会同建设、财务、审计等有关部门组成工作组，共同对招标投标工作实施执法监察。

(6) 受理投诉和举报，对招标投标中发生的各类违纪行为进行查处。

(7) 水行政主管部门中的纪检监察部门对已发现的严重违反招标投标规定的行为，可对负有监管职责的主管部门提出监察决定书。

(8) 纪检监察部门对有可能影响招标投标公平、公正进行的程序性问题不予修正的，可对负有监管职责的主管部门提出监察建议书。

(9) 对于大中型或重点水利工程的招标投标活动，还要邀请发展改革部门的稽查办、政府纪检、监察部门、检察机关等参与监督。其他项目一般由水行政主管部门或与当地纪检监察部门一起监督。

三、监督管理的主要内容

根据《招标投标法》等有关法规规定，招标投标监督重点在于监督招标投标的有关当事人、程序、法定条件、国家法规强制性规定的贯彻执行情况。

(一) 对招标人的监督

1. 对招标方式、形式和招标范围的监督

(1) 主要检查招标人是否按项目审批部门核准的招标方式（公开招标或邀请招标）、招标组织形式（自行招标或委托招标）、招标范围（全部项目招标还是部分项目招标）进行招标。

(2) 检查招标人有无肢解发包或规避招标的行为等。

2. 对招标条件进行监督检查

主要检查招标项目是否具备招标的法定条件，重点是检查工程建设项目是否履行了项目核准、审批手续，工程建设项目的勘察、设计、监理、施工、安装、设备材料的采购招标条件是否符合《招标投标法》、原国家计委、水利部等部门规章和有关地方性法规规定的招标条件。

(二)对招标程序(过程)的监督

1. 对招标文件进行监督检查

主要检查招标文件是否符合国家和地方有关法规规定,有无违反法律法规的强制性规定等。

(1)招标公告时间(水利部规定,大型工程项目的公告时间从公告正式发布至发售资格预审文件或招标文件的时间间隔应不少于10天)。

(2)资格预审文件或招标文件出售时间(原国家计委、水利部等七部委2003年30号令规定,从资格预审文件或招标文件出售之日至停止出售之日,最短不得少于5个工作日)。

(3)投标截止时间(《招标投标法》规定,从开始发出招标文件之日至递交投标文件截止之日,最短不得少于20日。有关地方法规规定:大中型项目施工和设备招标不少于45日,一般项目应不少于30日)。

(4)招标文件澄清、修改时间(《招标投标法》规定,招标文件的澄清、修改,应当在招标文件要求提交投标文件截止时间至少15日前,以书面形式通知所有招标文件的收受人)。

(5)开标时间(检查招标文件规定的开标时间是否与投标截止时间相同)。

(6)检查开标的时间、地点是否公开(《招标投标法》规定,开标应当在招标文件确定的提交投标文件截止时间的同一时间公开进行,开标地点应当为招标文件中预先确定的地点)。

(7)合同签订时间是否合规(《招标投标法》规定,招标人和中标人应当自中标通知书发出之日起30日内,按照招标文件和中标人的投标文件订立书面合同)。

(8)投标保函退保时间是否符合国家规定(《招标投标法》规定,招标人与中标人签订合同后5个工作日内,应当向未中标人退还投标保证金)。

(9)提交书面报告时间是否及时(《招标投标法》规定,在确定中标人之日起15日内应向水行政主管部门提交招标投标情况的书面总结报告)。

(10)招标文件有无规定限制性的歧视条款,有无歧视投标人的条款,有无霸王条款。

(11)格式合同条款是否符合《合同法》第三十九条(以合理的方式提请对方注意免除或者限制其责任的条款)、第四十条(格式合同条款是否具有第五十二条规定的无效合同条款和第五十三条规定的违法免责条款,或者提供格式合同条款的一方免除其责任、加重对方责任、排除对方主要权利的条款)的有关规定。

(12)检查评标标准和方法,有无针对不同的投标人规定不同的要求,是否符合《招标投标法》、原国家计委等七部委12号令和水利部14号令的规定。

2. 对招标公告的监督检查

主要检查水利工程招标公告以下内容:

(1)是否符合原国家计委4号令《招标公告发布暂行办法》和各省级人民政府颁布的有关招标公告发布办法的规定内容,是否有限制潜在投标人的条件。

(2)招标公告的发布媒体是否符合国家发改委和各省级发改委根据国务院、省政府授权指定的公告媒体。

(3) 申请改变招标方式或不招标时，是否连续两次均在国家发改委和各省级发改委指定的媒体上发布招标公告。

(4) 公告的时间间隔是否符合水利部 14 号令的有关规定，是否故意缩短公告时间。

3. 对资格审查的监督检查

(1) 主要检查招标人是否按照规定组成资格审查委员会对所有潜在投标人进行审查。

(2) 招标人组成的资格审查委员会有无按照资格预审文件或招标公告要求的统一标准，对所有资格预审文件进行审查。

(3) 资格审查过程是否存在不公正、不公平的行为，是否受到其他干扰。

4. 对招标项目标底编制的监督

(1) 有关工程建设招标，国家发改委等有关部门都鼓励实行无标底招标，财政性投资的项目一般不设标底，但也没有禁止编制标底。

(2) 原国家计委等七部委 30 号令和有关规章都明确规定，如果工程建设项目要编制标底，只能由招标人或其委托的有资质的中介机构（招标代理机构、造价咨询单位或设计单位）编制，任何单位和个人不得强制招标人编制或报审标底或干预其确定标底，不允许任何单位和个人审查标底。

(3) 标底编制过程中，要重点检查招标人是否具有标底编制的能力，受委托单位是否具有相应的资质，标底编制时工作环境是否封闭，编标工作的保密性如何，编标纪律是否严格，是否有其他单位或个人要审查、审批标底。

5. 对开标过程的监督

(1) 检查开标程序是否符合法律规定，是否体现公开、公平、公正原则。

(2) 检查开标时间、地点是否与招标文件或其补充文件规定的时间、地点一致。

(3) 检查开标时间与接受投标文件的截止时间是否为同一时间。

(4) 监督开标时是否按法定程序检查每一个投标人投标文件的密封情况。

(5) 监督开标现场是否公开唱标，是否公开所有投标人的名称、报价、法定代表人证书、授权委托书、投标保证金、签字、盖章等主要内容。

(6) 监督开标现场是否确保每个投标人递交的所有投标文件全部当场拆封公开宣读。

(7) 设有标底时，是否在开标现场公布标底。

6. 对评标工作的监督

(1) 对评标委员会的监督检查：①评标委员会的组成人数是否符合《招标投标法》和国家计委 12 号令、水利部 14 号令的规定（大中型工程必须有 7 人以上单数）；②评标委员会中技术经济专家是否占有 2/3 以上；③专家库的采用是否符合法规规定从国家或省有关行政主管部门颁发的专家库中随机抽取；④抽取的专家是否符合回避规定。

(2) 对评标办法的监督检查：①主要检查评标方法和标准是否与招标文件中公布的一致；②是否体现公平、公开、公正的原则，是否含有明显有利于或不利于特定投标单位的内容；③评标方法和标准是否违背有关强制性条款。

(3) 对评标过程的监督检查：①检查评标的工作环境是否符合保密要求；②是否严肃评标纪律；③评标委员会和工作人员的通信工具是否采取措施，与否切断与外界的联系；④评标过程中评委是否公正、公平，是否独立评审；⑤ 是否签订保密承诺书（如有要求）；⑥评标委员会是否出具了评标报告，明确推荐了中标人或候补中标人。

7. 对定标结果的监督

（1）对使用国有资金的工程，主要检查招标人是否按评标委员会的推荐意见确定中标人。

（2）如果出现第一顺序的中标候选人放弃中标时，是否按规定由第二顺序的中标候选人中标。

（3）检查招标人是否按规定在中标人确定后7日内发出中标通知书，同时通知所有其他投标人。

（4）检查招标人是否在确定中标人之日起15日内向行政主管部门和有关监督部门提交招标投标情况的书面报告。

（三）对投标人的监督

（1）检查投标人是否有围标、串标的行为。

（2）检查投标人的资质等级是否与招标工程相适应，是否越级承包。

（3）检查投标人是否违法转包。

（4）检查投标人是否违法分包或转包后再分包。

（四）对招标代理机构和有形建筑市场的监督

1. 对招标代理机构的监督

《招标投标法》规定，招标代理机构是依法设立、从事招标代理业务并提供相关服务的社会中介组织。由此可以看出，招标代理机构是提供招标服务的中介组织，不具有行政管理职能，应接受有关行政监督管理机构的监督和管理。

（1）检查招标代理机构是否与有关主管部门、其他中介机构存在隶属关系或者利益关系。

（2）检查是否有其他单位或个人强制招标人委托有关招标代理机构办理招标事宜，即是否有强行指定代理机构的行为。

（3）检查招标人与招标代理机构是否存在故意限制潜在投标人的行为。

（4）检查招标人、代理人、投标人是否有串通招标投标的行为。

2. 对有形建筑市场的监督

根据国务院办公厅国办发［2002］21号文等有关规定，有形建筑市场（即建设工程交易中心，以下简称“交易中心”）是经政府主管部门批准，为建设工程交易活动提供服务的场所。有形建筑市场必须与政府部门及其所属机构人、财、物脱钩，确保有形建筑市场的服务功能不具有行政管理职能。可见，有形建筑市场是提供服务的中介组织，不具有行政管理职能，必须接受有关行政监督管理机构的监督和管理。

（1）检查交易中心与招标人、投标人等是否有串通招标、串通围标等行为。

（2）检查交易中心与有关政府机关或所属单位是否有经济利益关系。

（3）检查交易中心与招标代理机构是否有隶属关系或者经济利益关系。

（4）检查交易中心有无从事招标代理业务。

（5）检查交易中心有无以各种方式限制和排斥本地区、本系统以外的企业参加投标，或者以任何方式非法干涉招标投标活动（如设置外来企业的备案、注册等投标许可手续、审查招标文件、标底、干涉资格审查等）。

(6) 检查交易中心是否与政府有关部门及其所属机构搞“一套班子、两块牌子”，造成政事不分、政企不分。

(五) 对合同签订、履行的监督

(1) 检查招标人是否违规进行合同谈判。《招标投标法》规定，确定中标人前，招标人不得与投标人就投标价格、投标方案等实质内容进行谈判。

(2) 检查招标人是否按规定时间（发出中标通知书30天内）与中标人签订合同。

(3) 检查合同签订与招标结果是否一致。

(4) 检查合同内容与招标文件是否一致。

(5) 检查项目实施过程中，概算控制情况与合同确定情况是否一致。

(6) 检查中标人履行质量、进度等情况与招标文件及合同是否一致。

(7) 检查招标人是否违规指定分包和投标人是否违规转包或分包。

四、监督过程中应注意的问题和建议

(1) 正确定位，到位不越位。对水利工程招标投标进行监督管理，是《招标投标法》，国家发改委2号、12号、29号令，水利部14号令和各地方性法规等赋予水行政主管部门的一项重要职责，作为行政监督部门，必须正确对待法律赋予的权力，在招标投标过程中，做到既监督到位（主要监督招标投标程序和内容是否合法），又不越权，不随便干预招标投标工作，真正做到有所为，有所不为；在监督过程中，特别注意不能代替招标人或交易中心、代理机构的工作，尊重招标人、评标委员会的各项合法权利，维护水利建设市场秩序。

(2) 履行职责，依法监督。在对水利工程招标投标进行监督的过程中，作为监督人员，必须时刻牢记自己的神圣职责，对水利工程建设项目招标投标任何一项事务的监督都必须符合国家的各项法规，以国家法律、地方性法规、部门规章和地方政府规章为依据，不做超越职责和权限的行为。不但要求招标投标各方依法守法，还必须要求自己的监督程序、监督行为也要合法。只有这样才能树立监督人员的威信。

(3) 保护国家利益，维护合法权益。《招标投标法》第一条就明确提出，招标投标活动必须保护国家利益、社会公共利益和招标投标活动当事人的合法权益。因此作为行政监督人员，不但要依法监督招标投标各方的行为，监督招标投标的程序和内容是否合法；既要维护水利工程招标投标的市场秩序，保护国家和社会公共利益，更要自觉保护招标人、投标人的合法权益。对水利工程来说，招标人的权益说到底就是国家和集体利益。而投标人一般处于弱势，在招标投标过程中，要切实注意监督招标人是否有限制潜在投标人或者对投标人不公平的条件，评标委员会是否公平、公正，注意保护投标人的各种合法权益。当然，对于挂靠投标、围标、串标的不法投标人，或者故意捣乱水利建筑市场秩序的投标人也要坚决查处。

(4) 加强学习，与时俱进。水利项目招标投标工作，是一项法律性、政策性强而且又具有很强专业性的工作。对于监督人员来说，也是一项充满挑战性的工作，招标投标的各项法律规范非常多，而且还在不断制定和完善之中。因此要求行政业务主管及其纪检监察部门人员必须时刻注意学习，掌握最新的法律法规，不断充实自己，提高自身综合素质，与时俱进。不但要掌握水利基本建设程序和水利专业知识，而且要及时学习招标投标的各项法律规范，只有掌握了招标投标的理论、法律知识和水利建设程序，在招标投标监督过程中才能做到依法监督，规范到位，促进水利工程建设项目招标投标各项活动健康有序的发展。

第八章 项目合同管理

第一节 合同管理基础

一、合同法律制度基本知识

(一) 合同基本概念

根据《合同法》，所谓合同，是指平等主体的自然人、法人、其他组织之间设立、变更、终止民事权利义务关系的协议。建设工程承包合同是承包人进行工程建设、发包人支付价款的合同。建设工程承包合同包括工程勘察、设计、监理、施工合同等。水利工程建设项目承包合同属于建设工程合同的范畴（河砂开采权招标不属于建设工程合同），是指水利工程建设项目的发包人（招标人）和承包人（中标人）为完成合同项目，明确双方权利义务关系的协议。

(二) 合同适用范围

这里所说的合同是《合同法》范围内所规定的合同，不包括婚姻、收养、监护等有关身份的协议。水利工程建设项目的合同当然在《合同法》适用的范围之内。

(1) 从合同主体适用范围来看，《合同法》规定的主体包括：中国、外国的自然人之间、组织之间以及自然人与组织之间的合同。

(2) 从合同的种类看，合同法不仅适用于经济合同、技术合同、涉外经济合同，而且适用于其他民事合同。

(3) 适用的合同必须属于民事法律关系，不属于民事法律关系的合同不能适用《合同法》。政府对经济的管理活动所订立的合同，属于行政关系，不适用于合同法；企业、单位内部管理所订立的合同，属于管理关系，也不适用于合同法。

对于政府机关参与的合同，应区别不同情况处理：

(1) 政府机关作为平等主体与对方签订的合同，如购买办公用品，属于一般的合同关系，适用《合同法》。

(2) 关于指令性计划和国家订货任务，虽然指令性计划不是《合同法》普遍适用的基本原则，但根据《合同法》规定，国家根据需要下达指令性任务或国家订货任务的，有关企业、事业单位之间应依照有关法律法规规定的权利义务签订合同。

(三) 签订合同基本原则

根据《合同法》的有关规定，合同法律制度规定了“平等、自愿、公平、诚实信用和合法”五条基本原则，签订任何合同都必须遵守，水利工程合同也不例外。

1. 平等原则

《合同法》第三条规定："合同当事人的法律地位平等，一方不得将自己的意志强加给另一方。"平等原则要求的是法律上的平等，法律地位的平等，而不是要求当事人实体权利的平等或经济实力的平等。

平等原则贯穿于合同的全过程，主体表现在如下三个方面。

（1）订立合同时双方当事人法律地位平等。不管合同主体的所有制性质、隶属关系、单位大小、经济实力如何，在订立合同时，任何一方都无权以大压小，以强凌弱，合同内容只能经过双方当事人平等协商确定；特别是项目法人不能以自己发包方的地位压制对方，不能把自己提出的合同条款强加给对方，不得强迫对方签订霸王合同。

（2）履行合同时双方当事人法律地位平等。双方当事人都必须全面履行合同规定的义务，不能只享受权利，不承担义务，任何一方不得擅自变更和解除合同。

（3）承担合同责任时双方当事人法律地位平等。任何一方当事人不履行合同约定的义务，都应当依法承担违约责任；任何一方当事人不得凭借自己的特殊地位或身份推卸应当承担的责任。

2. 自愿原则

《合同法》第四条规定："当事人依法享有自愿订立合同的权利，任何单位和个人不得非法干预。"

合同自愿原则是指自然人、法人、其他组织是否订立会同、与谁订立合同、订立什么内容的合同，完全取决于他们的自由意志；只要不违反法律、道德和公共秩序，每个人都享有完全的合同自由。合同自愿表现在如下方面。

（1）缔结合同的自由，指合同当事人有决定是否与他人缔结合同的自由，当事人有权依照自己的意志自主地决定订立或不订立某个合同。任何人均不得违背当事人意愿强迫当事人订或不订合同。

（2）选择合同相对人的自由，即当事人有权决定同谁订立合同。但国家根据需要下达的指令性任务则必须根据法律规定，如抗洪抢险的工程；还有国家规定必须通过招标确定的中标人，不能随便选择相对人，须按国家有关规定选择。

（3）决定合同内容的自由，即选择合同条款的自由。除法律法规的强制性规定外，当事人可以改变法律的任意性规定。

（4）选择合同类型的自由，法律法规有强制性规定除外。

（5）变更和解除合同的自由，即当事人有单方表示变更、解除合同的自由，单方解除合同与违约不同，必须有法律或合同明确规定的原因，当事人才能解除合同。无原因的随意解除合同，属于违约行为。变更合同必须经过合同双方协商一致才行。在水利水电工程承包合同履行过程中，由于水利工程专业与水文地质条件的特殊性，合同变更是经常发生的，但必须通过双方共同协商解决。

（6）选择解决合同纠纷方法的自由，即发生合同纠纷时，当事人有权不愿协商、调解或协商调解不成时，可以选择仲裁或诉讼方式解决，当事人可事先在合同中约定此类问题，但约定后就应该按规定解决。

（7）选择法律的自由，即在涉外合同中，当事人所享有的选择所适用的争议解决的法律的自由。

(8) 当事人有选择合同形式的自由，即当事人可选择口头、书面、电子等，但法律有规定的必须按法律规定执行。对于水利工程承包合同来说，由于工程涉及面广，内容多，履约时间长，应采用书面形式才能更好地避免纠纷。《合同法》也明确规定工程合同应采用书面形式。

3. 公平原则

《合同法》第五条规定，“当事人应当遵循公平原则确定各方的权利和义务。”合同法中规定的公平原则实际上是作为民法基本原则的贯彻与体现，平等原则为合同关系提供了主体方面的前提条件，公平原则是为合同关系提供了内容方面的前提条件。

公平原则主要包括如下三方面内容。

(1) 合同当事人的权利义务要对等。任何一方当事人既要享有权利，也要承担义务，权利义务对等，除非法律另有规定和当事人另有约定。公平原则在《合同法》第五十四条有具体体现：“订立合同时显失公平的，当事人一方有权请求人民法院或仲裁机构变更或撤销。”可见，违反公平原则的法律后果就是订立的合同成为可撤销或可变更合同。但应注意，显失公平的合同有三个构成要件：①必须是一方当事人利用了自己的优势或对方的劣势；②合同的内容明显背离了公平原则；③该不公平系表意人无经验所致。如果当事人的意思表示无瑕疵、不满足三个条件，则该合同不能被认为显失公平。

(2) 在合同关系存续期间，客观情势因不可归责于当事人的事由发生事先不可预料的异常变化，从而导致原来的合同关系显失公平时，应变更原来的合同关系，这就是情势变更原则，实际上是公平原则的具体体现。如在水利工程施工过程中，发生了特大暴雨事件，造成承包商损失严重，且使原来规定的工期不能按时完成，这时，项目法人与承包商就应该本着公平原则，共同协商对合同进行调整，对承包商进行适当的补偿，求得双方利益的重新平衡和公平。

(3) 公平原则还体现在对免责条款的限制、违约责任的承担和风险的承担等方面。对于合同双方约定的免责事由，法律一般承认其效力，但为追求公平，法律规定了两个免责条件无效：①因故意或重大过失给对方造成财产损失的；②造成对方人身伤害的。

当违约情况出现时，违约的一方当事人承担的违约责任应当公平合理，如果约定的违约金过分高于或过分低于造成的损失，当事人可以请求人民法院或者仲裁机关予以适当减少或者增加。如果双方当事人都违反合同的，应当各自承担相应的责任。当风险造成财产损失时，如果法律对损失的承担没有规定，当事人对损失也没有约定时，应按照公平原则要求当事人合理地承担或分担损失。

4. 诚实信用原则

《合同法》第六条规定，“当事人行使权利、履行义务应当遵循诚实信用原则。”这一原则也是民法中的一项基本原则，主要表现在如下几个方面。

(1) 缔约阶段的缔约过失责任。订立合同时，当事人不得欺诈，不得假借订立合同进行恶意磋商，损害对方利益。

(2) 合同有效成立后至合同履行前，当事人在一些种类的合同中，可能依据诚信原则负有某种随附义务，例如我国《保险法》第三十六条规定：“投保人负有在保险的危险程度增加时告知义务。”

（3）在合同的履行阶段，诚信原则表现得最为充分。在履行合同义务时，当事人应当根据合同的性质、目的和规定或习惯履行通知、协助、提供必要条件、防止损失扩大、保密等义务。在履行时间上，如果未规定合同履行时间，债务人提出履行应给债权人必要的合理的准备时间，同时，债权人要求对方履行也应给其合理的准备时间。

（4）当事人一方不得利用自己的优势争取不当的利益。

（5）在双方合同中，如果债务人一方给付数量不足，但所差甚微，对债权人不会造成明显损害，则债权人不得行使同时履行抗辩权而拒绝对待给付。

（6）在当事人就合同发生争议时，诚实信用原则是法院解释合同条款、干预社会从而调整当事人利益冲突的根据。

（7）在合同履行完毕后，当事人也应该根据合同规定或交易习惯履行通知、协助、保密等义务，例如合同中的保密义务。

5．合法原则

《合同法》第七条规定：“当事人订立、履行合同，应当遵守法律、行政法规，尊重社会公德，不得扰乱社会经济秩序，损害社会公共利益。”这条规定实际上包括了合法原则和公序良俗原则。

所谓“合法”，是指要符合法律规定的禁止性规定和强制性规定。

“合法”之法包括法律、行政法规、地方性法规，也包括法律规定的应遵守的国家政策。一般地，合同违法的范围包括目的违法、标的违法、条件违法和方式违法四种。例如：行为人旨在从事走私和贩毒的委托合同；以禁止流通物为标的物的合同；附加不法条件的赠与合同；行为方式将产生违法后果的合同。这些合同都属于违法合同。

（四）合同订立的方式

《合同法》规定：“当事人订立合同，采取要约、承诺方式。”这条规定体现了与国际接轨的表述和规定。

1．要约

（1）要约。即希望和他人订立合同的意思表示。该意思表示应当符合两条规定：①内容具体确定；②表明经受要约人承诺，要约人即受该意思表示约束。要约在实践中又称为发盘、发价或报价。在工程招标投标中，投标人是要约人，招标人是受要约人。

（2）要约邀请。即希望他人向自己发出要约的意思表示。寄送的价目表、拍卖公告、招标公告、招股说明书、商业广告等为要约邀请。商业广告的内容符合要约规定的，视为要约。在工程招标中，招标公告（包括招标文件）为要约邀请，投标人的投标文件就是要约。

（3）要约的生效时间。这在国际上有两种方式，英美法系采用投邮主义（发信主义），而欧陆法系采用到达主义（受信主义）。我国《合同法》规定采用到达主义，要约到达受要约人时生效。对于采用合同书、信件订立合同的，要约到达受要约人的时间就是受要约人收到要约书的时间；在工程招标投标过程中，就是投标文件在招标文件规定的截止时间前交到指定地点才有效，超过截止时间的投标文件无效；对于采用数据电文形式订立合同，收件人指定特定系统接收数据电文的，该数据电文进入该特定系统的时间，视为到达时间；未指定特定系统的，该数据电文进入收件人的任何系统的首次时间，视为到达时间。

（4）要约的撤回或撤销。《合同法》规定，要约可以撤回或撤销。要约发出后，如果要约已经到达受要约人，要约生效，就不能撤回；在招标投标中，就是投标文件的撤回撤销或修改都必须在招标文件规定的截止时间前，过了投标截止时间，投标文件就不能随意撤回、撤销和修改。因此，撤回要约的通知应当在要约到达受要约人之前或者与要约同时到达受要约人。撤销要约，其通知应当在受要约人发出承诺通知之前到达受要约人。由于受要约人收到要约后，可能拒绝其他人的同种要约，可能为承诺做了准备，如筹集资金、组织货源等。如果要约撤销，受要约人就会受到损失。因此，对于撤销要约必须加以严格限制。《合同法》规定，有下列情形之一的，要约不得撤销：①要约人确定了承诺期限或者以其他形式明示要约不可撤销；②受要约人有理由认为要约是不可撤销的，并已经为履行合同作了准备工作。

（5）要约的失效。《合同法》规定，有下列情形之一的，要约失效：①拒绝要约的通知到达要约人；②要约人依法撤销要约；③承诺期限届满，受要约人未作出承诺；④受要约人对要约的内容作出实质性变更。在工程招标投标中，招标人不得随意对投标文件进行变更修改，也不得随意拒绝投标，除非有法定事由出现。

2. 承诺

（1）承诺。这是受要约人同意要约的意思表示。在工程招标投标中，招标人发出的中标通知书即是承诺。要约人发出要约，受要约人作出承诺，承诺的内容应当和要约的内容一致。要约生效时即合同成立。在具体合同谈判时，并不都是要约和承诺的简单过程，而是经过反复的要约与承诺才形成合同，大型水利工程的合同形成大多就是这样。有时，承诺对要约内容作出实质性的变更（但招标时不允许对投标文件作实质性的变更），成为新要约，再通过对新要约人的承诺，双方达成一致，合同才能成立。但在国家规定必须招标的项目中，合同谈判时不允许对实质性内容进行谈判。

（2）承诺的方式。《合同法》规定，承诺应当以通知的方式作出，但根据交易习惯或者要约表明可以通过行为作出承诺的除外。通知可以是口头，也可以是书面。根据交易习惯或要约表明可以通过行为作出承诺的，行为即为承诺的方式，如买卖合同一方实际发货或者汇了款。但工程合同要求必须采用书面形式。

（3）承诺的生效。承诺的生效，国际上有两种不同的习惯，英美法系采用投邮主义（发信主义），欧陆法系采用到达主义（受信主义）。我国《合同法》规定采用到达主义，规定承诺通知到达要约人时生效，承诺不需要通知的，根据交易习惯或要约的要求作出承诺行为时生效。承诺到达要约人的时间要符合法律的规定，应当在要约确定的期限内到达要约人；例如《招标投标法》规定，招标人和中标人应当自中标通知书发出之日起30日内，按照招标文件和中标人的投标文件订立书面合同。要约没有确定承诺期限的，承诺应当依照下列规定到达：①要约以对话方式作出的，应当即时作出承诺，但当事人另有约定的除外；②要约以非对话方式作出的，承诺应当在合理期限内到达。

如何计算承诺期限呢？这要根据要约形式而定。要约以信件或电报方式发出的，承诺期限自信件载明的日期或电报交发之日开始计算；如果信件未载明日期，则自投寄该信件的邮戳日期开始计算；要约以电话、传真等快速通信方式作出的，承诺自要约到达受要约人时开始计算。在工程招标中，承诺期限在招标文件中要明确规定。

如何确定承诺通知的到达时间呢？承诺以合同书、信件、电报作出的（招标时就是中标通知书），承诺通知的到达时间为要约人收到合同书、信件、电报、中标通知书的时间；采用数据电文形式订立合同的，收件人指指定特定系统接收电文的，该数据电文进入该特定系统的时间视为到达时间；未指定特定系统的，该数据电文进入收件人的任何系统的首次时间，视为到达时间。

（4）承诺的撤回。《合同法》规定，承诺可以撤回。但撤回承诺的通知应当在承诺通知到达要约人之前或者与承诺通知同时到达要约人。在水利工程招标中，承诺即中标通知书不能随意撤回，除非发生法定事由，例如招标被监督管理部门裁定无效等。

（5）逾期承诺。逾期承诺是指要约人在超过期限收到的承诺。对逾期承诺的处理，分为两种情况：①对受要约人超过承诺期限发出承诺的，如招标人延期开标，除要约人及时通知受要约人该承诺有效的以外，为新要约；②受要约人在承诺期限内发生承诺，按照通常情形能够及时到达要约人，但因其他原因承诺到达要约人时超过承诺期限，除要约人及时通知受要约人因承诺超过期限不接受该承诺的以外，该承诺有效。

（6）承诺对要约内容的变更。承诺的内容应当与要约内容一致，承诺对要约内容变更的，视变更是否具有实质性进行处理。承诺对要约内容作出实质性变更的，为新要约。在工程招标中，招标人不得随意对投标文件作出实质性变更。所谓对要约内容的实质性变更，是对合同的标的、数量、质量、价款或报酬、履行期限、履行地点和方式、违约责任和解决争议的方法作出的变更。

承诺对要约的内容作出非实质性变更的，除要约人及时表示反对或者要约表明承诺不得对要约内容作出任何变更的以外，该承诺有效，合同的内容以承诺的内容为准。

（五）合同的法律约束力

《合同法》第八条规定，“依法成立的合同，对当事人具有法律约束力。当事人应当按照约定履行自己的义务，不得擅自变更或解除合同。依法成立的合同，受法律保护。”

（1）合同的成立。合同为一般民事法律行为，它首先应具有民事法律行为的一般成立要件，即当事人意思表示和标的。以意思表示和标的为核心要件，意思表示须一致。

（2）合同成立的法律效力。对已经成立的合同而言，其主要表现在：除非依据法律规定或取得对方同意，当事人不得擅自变更或解除合同。如果合同尚未成立，自然无效力可言。

（3）合同的生效。对于已经成立的合同，能否真正产生法律上的效力，必须看是否符合生效要件。该要求包括：①要有相应的民事行为能力，即主体合格；②意思表示真实一致；③必须是内容不违反法律法规和社会公共利益。凡不符合这三个要件的合同，就视为无效，可撤销或可补正的合同不能发生法律效力。

（4）合同生效的法律效力。既具备合同的生效要件，又具备合同的成立要件。该合同即产生合同的生效法律效力。合同的生效效力，主要指履行效力，即当事人实施合同标的的行为。

二、建设工程合同基本内容

1. 一般合同主要条款

根据《合同法》规定，合同的内容由当事人约定，不得违反法律法规，不得损害社会公共利益和他人合法利益，必须包含八条主要条款。所谓合同的主要条款，是指每一份合同都必须具备的共同性条款，又称合同的必要条款。它是合同的实体表现，是合同的核心部分，是合同当事人权利义务的根据，是确定合同是否合法和有效的要件，是双方履行合同和承担法律责任的根据。任何合同均应包括的八条主要条款的内容有：①当事人的名称或姓名、住所；②合同标的；③合同数量；④合同规定的质量要求，国家有强制性规定的必须按照国家法律法规规定；⑤合同价款或报酬、酬金（包括价款结算规定）；⑥合同履行期限、地点和方式；⑦违约责任规定，包括对合同各方的违约责任规定；⑧解决争议的方法。

（1）无论合同当事人是法人、其他组织或自然人，在订立合同时都必须写明名称、姓名和住所。这是为了便于合同双方进行资格审查，保证合同有效性，也是为了发生纠纷时，便于明确责任，便于适用法律。

（2）标的必须准确、具体，绝不可模棱两可，必须符合国家法律法规的强制性规定。

（3）数量和质量是标的的具体化，必须使用国家法定的计量单位，统一计量方法。在确定数量时，要充分考虑正负尾数、超欠幅度、自然损耗等因素。

（4）合同的质量包括规格、性质、款式、标准等，对质量标准，凡有国家强制性标准或行业强制性标准的，不得低于强制性标准；同时还要注明国家、行业的具体标准、哪一年颁布实施的。对于协商确定的标准（国家无强制性标准时），应当约定具体的验收标准或提交一定的样品。

（5）价款和报酬条款中必须包括单价、总价、计算标准、付款期限、结算方式。对于大中型水利工程，由于特殊的专业性和工程的不可预见性，一般最终总价很难在订立合同时确定，就算合同上确定，实际上也不准，一般只在合同上规定一个按工程量清单计算的暂定价；但必须明确结算依据、计量办法等，必须明确超出合同范围的工程量如何确定、单价如何确定、如何结算付款。

价格除由国家定价的以外，均由双方协商议定。

（6）合同履行期限，是指履行合同标的和价款的时间界限。有些合同履行期限等于合同有效期，有些则需在合同中分别明确履行期和有效期。

合同履行地点，是指履行合同义务或接受履行的地点，对于工程合同一般比较清楚，但对于货物采购合同则要注意明确。

合同履行方式，是指合同当事人履行义务的方法，包括交付标的物或完成工作的方法，以及支付价款和酬金方法。如付款是一次性支付或分期支付，交货是交付实物或所有权凭证等。在水利工程施工合同中，一般不规定施工方法，只规定质量工期要求，工程设备采购则要求交付实物。

（7）合同的违约责任，是指当事人一方或双方过错造成合同不能履行或不能完全履行时，责任方必须承担的责任，是保证合同履行的条款。法律有规定的按照法律规定，没有规定的双方协商。违约责任可以规定违约金，约定赔偿金或赔偿损失的计算方法。

(8) 解决争议的方法包括协商、调解、提交仲裁或诉讼等方式，必须注意，明确仲裁或诉讼地点，明确或裁或讼。

2. 水利项目合同组成

水利项目合同组成，根据不同的类型而有所不同。根据目前基本上所有水利工程和河道采砂都实行招标的情况，水利项目的勘察、设计、监理、施工、货物采购、设计施工总承包、项目法人、代建、采砂权招标等合同一般都包括：合同协议书，中标通知书，投标报价书，合同条款（包括专用合同条款和通用合同条款），项目技术要求或技术条款，合同范围和工程量或设备清单，图纸，招标文件的其他内容，合同双方确定进入合同的补充文件、协议、会议纪要，投标文件等。

目前，水利部和国家工商行政管理局等部门颁发了水利水电土建工程施工合同、监理合同、堤防工程合同条件（示范文本），而水利工程勘察设计、设备材料采购、项目法人、设计施工总承包、代建、项目法人和河砂开采权等合同，水利部和国家工商行政管理部门还没有颁布统一合同示范文本。在实际应用时，只要国家和有关主管部门颁布有统一的招标与合同文本的，就应该优先采用统一的合同示范文本。

三、与水利合同有关的几个问题

(一) 合同主体

水利合同主要包括勘察设计合同、科研试验合同、征地合同、监理合同、施工合同、货物采购合同、设计施工总承包合同、项目法人合同、代建合同、河道采砂权合同、融资货款合同等。由于水利的专业性和复杂性等特点，目前国家对承担水利工程建设各项任务都规定了资质或资格准入制度，除极个别科研项目外，一般都要求法人才能承担合同任务，根据实行项目法人责任制的要求，建设单位也必须是项目法人或法人才行。因此水利工程合同的主体应该是法人。

(二) 合同订立方式

根据《合同法》的规定，合同必须采取要约、承诺方式订立，水利项目合同的订立也不例外。由于水利项目基本上属于国家规定的必须招标的范围，因此各种水利合同订立基本上都是采取招标方式进行的，就公开招标的方式而言，发布的招标公告是要约邀请，招标文件也属于要约邀请，合格的投标人购买了招标文件则是接受了要约邀请，投标人根据招标文件作出的投标文件（包括报价）是要约，而招标人（发包人）发出的中标通知书就是承诺。招标人发出了中标通知书并被投标人接受，就意味着要约、承诺的完成。

(三) 合同订立形式

水利工程合同属于建设工程合同的一种，是《合同法》中明确规定的十五种合同之一，合同法规定建设工程合同包括工程勘察、设计、监理、施工、设计施工总承包等合同均采取书面形式，因此水利工程建设项目的有关合同必须严格遵守《合同法》对此的有关规定；由于水利工程项目的复杂性、专业性和工期较长等特点，其所有合同和有关项目法人、代建、河道采砂权招标，均必须采用书面形式，不能采取口头等其他形式。

（四）合同成立时间地点

1. 合同成立时间的确定

合同的成立时间是合同有效期和履行期限的时间基础。确定合同的成立时间，对履行合同以及处理合同纠纷具有重要意义。《合同法》规定，当事人采用合同书形式订立合同的，自双方当事人签字或者盖章时合同成立；当事人采用信件、数据电文等形式订立合同的，可以在合同成立之前签订确认书，签订确认书时合同成立。签字或盖章不在同一时间的，最后签字或盖章时间为合同成立时间，水利工程合同一般要求由双方法定代表人签字并且加盖法人公章时才有效；授权代表签字的，必须要求附有法定代表的明确授权范围的授权委托书才行。合同成立时间一定要写明具体的年月日，甚至具体到小时。

2. 合同成立地点的确定

合同成立的地点对合同的订立和履行来说，并无多大的关系，但在合同履行出现纠纷，需要人民法院处理时，涉及人民法院的管辖权问题，因为合同成立地点是确定法院对合同管辖权的依据之一。

对合同成立地点的确定，《合同法》规定承诺生效的地点为合同成立的地点。在具体确定合同成立地点时，《合同法》依据不同的合同形式分别处理：

（1）采用合同书包括确认书形式订立合同的，双方当事人签字或盖章的地点为合同成立地点。签字盖章不在同一地点的，最后签字或盖章的地点为合同成立地点。水利工程由于是采用书面合同形式的，因此合同成立地点按照此规定确定。

（2）采用数据电文形式订立合同的，收件人的主营业地（即其经济活动中心、主要业务开展地）为合同成立的地点；没有主营业地的，其经常居住地为合同成立的地点，对于法人没有主营业地的，以其主要办事机构所在地即管理中心所在地为合同成立地；当事人另有约定的，按照其约定。水利工程施工承包合同由于水利施工企业流动性较大，其合同成立地就经常碰到这种情况，当然最好在合同中明确合同成立地，以避免不必要的纠纷。

（五）合同效力问题

根据《合同法》规定，合同效力有四种情况：①有效合同；②无效合同；③可撤销合同；④效力待定合同。

1. 有效合同

《合同法》规定，依法成立的合同，自成立时生效。法律、行政法规应当办理批准、登记等手续的，依照其规定。水利工程建设合同，法规没有规定必须办理登记批准手续，因此从成立时就开始生效。根据有关规定，合同有效需具备三个条件：①订立合同的主体合法，当事人具有相应的民事权利能力和民事行为能力；②意思表示真实，合同当事人订立合同是真正自愿的，合同不是在违背当事人真实意思的情况下订立的；③不违反法律法规，不得损害国家和社会公共利益。

对于合同效力，《合同法》规定了当事人可以对合同附条件或附期限。

对合同效力约定附条件的，既可以约定附生效条件，也可以约定附解除条件。附生效条件的合同，自条件成就时生效；附解除条件的合同，自条件成就时失效。

对合同效力约定附期限的，既可以约定生效期限，也可以约定终止期限。当事人对合同效力约定附生效期限的，自期限届至时生效；对合同效力约定附终止期限的，自期限届满时失效。

水利项目的有效合同，自合同成立时生效。水利项目合同双方中后签字盖章一方或双方约定的日期就是合同开始生效期，招标文件中大多数还规定投标人提交了履约保证金后合同才成立，这个规定就是附条件的合同。水利工程建设项目招标文件一般还规定明确的工期和保修期限，一般保修期结束就是合同结束（失效）期，也就是保修期限到时合同失效，这个规定就是附期限的合同。

2. 无效合同

无效合同是指不具有法律约束力的合同。确立无效合同的根本目的在于保护国家和社会公共利益。合同由当事人自愿订立，但不得危害国家和社会公共利益，如果合同危害国家和社会公共利益，国家就要干预，不允许合同成立，合同无效。

《合同法》规定，有下列情形之一的，合同无效：①以欺诈、胁迫手段订立合同，损害国家利益的；②恶意串通，损害国家、集体或第三人利益的；③以合同形式掩盖非法目的；④损害社会公共利益的；⑤违反法律、行政法规的强制性规定的。

无效合同分为整个合同无效和部分无效。整个合同无效自始至终没有法律效力；合同部分无效，不影响其他部分效力的，其他部分仍然有效。例如，公益性水利工程建设项目中，如果项目还没有经过国家有关主管部门审批立项，没有经过设计审批，建设单位就擅自进行施工招标发包，此时签订的合同就是无效合同；投标人通过串通投标或贿赂业主、评委等不正当手段获取的合同也是无效合同。又如，水利工程招标中两个资质独立的联合体投标人中标后，联合体的一方投标人在实施过程中独自实施自己无资质的项目，此时即可以判断该项实施无效，即合同部分无效，但该单位自己有资质的并承担实施的部分仍然是有效的。

3. 可撤销合同

可撤销合同是对当事人一方显失公平，一方当事人依法请求人民法院或者仲裁机构变更或撤销的合同。可撤销合同与无效合同的根本性区别是：无效合同损害的是国家和社会公共利益，可撤销合同损害的是当事人利益，是对当事人显失公平的补救。

根据《合同法》有关规定，下列合同可撤销：①因重大误解订立的（指受要约人对要约的重大误解）；②订立合同时显失公平的；③一方以欺诈、胁迫的手段或乘人之危，使对方在违背真实意思情况下订立的合同。特别是对于显失公平的合同，比较容易发生。但显失公平，不是指有点不公平，也不是商业上的风险，不能把赔多赔少作为衡量公平的尺度。显失公平有三条构成要件：①为有偿行为；②依社会一般观念认为合同内容明显背离公平原则；③该不公平是由于表意人没有经验所致。符合这三条要件才属于显失公平。

例如，水利工程设备采购招标中，经两次公开招标后投标人仍不足三家只有一家，招标人与此投标人进行合同谈判时，投标人利用招标人对设备性能不了解、没有经验等原因，故意抬高价格，将本来每台 2 万元的设备抬高为 20 万元，这显然是显失公平的合同，招标人了解后可以向有管辖权的人民法院申请撤销。

必须注意的是，《合同法》对撤销权的行使规定了一定期限和条件：具有撤销权的当事人自知道或者应当知道撤销事由之日起一年内没有行使撤销权的，或者具有撤销权的当事人知道撤销事由后明确表示或者以自己的行为放弃撤销权的，撤销权消灭。

合同被人民法院或仲裁机构撤销后，因该合同取得的财产，应当予以返还；不能返还或者没有必要返还的，应折价补偿；有过错的一方应当赔偿对方因此受到的损失，双方都有过错的，应当各自承担相应的责任。

4. 效力待定合同

效力待定的合同，是指合同的某些方面不符合生效条件，但也不属于无效合同或可撤销合同。《合同法》对这种合同规定了补救办法，有条件的尽量促使其成就。

(1) 限制民事行为能力人订立合同的问题。《合同法》规定，当事人订立合同应当具有民事权利能力和民事行为能力。限制民事行为能力的人只可以进行与他年龄、智力或精神相适应的民事活动，其他民事活动由他的法定代理人代理。根据《民法通则》，限制民事权利能力的人有三种：①十周岁以上的未成年人；②不能完全辨认自己行为的精神病人；③间歇性精神病人。限制民事行为能力的人订立合同，经法定代理人追认后该项合同有效，相对人可以催告法定代理人在一个月内追认，法定代理人未作表示的，视为拒绝追认。水利工程合同签订中很少发生此类问题。

(2) 代理方面发生的问题。此类问题可能在水利工程特别是中小型水利工程合同中发生。代理方面的问题有三种情况：①代理权终止后还以被代理人名义订立合同；②代理人越权代理；③行为人没有代理权。这三种情况相对人均可以催告被代理人追认，追认后合同有效；未经被代理人追认的，对被代理人不发生效力，由行为人承担责任。相对人可以催告被代理人在一个月内予以追认，被代理人未作表示的，视为拒绝追认；合同被追认前，善意相对人有撤销的权利。

在实践中，有时被代理人是有过错的，如被代理人知道行为人以他的名义订立合同而不作出否认表示，或者委托代理书中对委托权限没有写清楚；还有的原来是代理人，后来不要他作代理人了，但没有通知长期往来的客户。在此情况下，相对人认为行为人有代理权是有道理的，是善意相对人，代理人的行为是表见代理，应推定为有效。如果被代理人提出无效，应当提出自己没有过错的证明。故《合同法》第四十九条规定："行为人没有代理权、超越代理权或代理权终止后以被代理人名义订立合同，被代理人知道其以本人名义订立合同而不作否认表示或者相对人有正当理由相信行为人有代理权的，该代理行为有效。"至于被代理人与行为人相应之间的责任问题，是另一个法律关系，由他们之间去解决。

代理方面发生的问题还有法定代表人超越权限订立合同的问题。《合同法》第五十条规定：法人或者其他组织的法定代表人、负责人超越权限订立的合同，除相对人知道或者应当知道其超越权限的以外，该代表行为有效。

在水利工程建设项目招标投标过程中，如果发生无权代理或代理人超越代理权限的情况，是很严重的问题，一般会在评标会上被评标委员会否决，认定该投标为废标。投标人附在投标文件上的授权委托书应严格按照招标文件的规定出具，授权书中法定代表人无签字或者无盖法人公章，或者委托代理人无签字、身份证件不符等都可能被认定无代理权，导致投标文件无效。

(六) 水利工程采用格式合同条款问题

所谓格式合同条款，是指当事人为了重复使用而预先拟定、在订立合同时并未与对方协商的条款。它具有三种法律特性：①格式条款具有单方事先决定性；②格式条款具有不变性；③格式条款的一方在经济方面有优势地位，使其可以将预定的合同条款强加于对方，从而排除双方就合同条款进行协商的可能性。

水利工程建设项目招标投标制的全面实施，使大中型水利工程在招标中基本上都采用了示范文本和格式合同。水利部要求在大中型水利工程中全面采用格式合同，小型工程则参照使用。格式合同的使用对于规范水利工程建设项目各方关系，提高订立合同效率，强化合同管理，控制投资、保证质量等方面，具有非常重要的现实意义。但采用格式合同条款也容易出现对另一方当事人不利的情况。为了维护公平，保护弱者，《合同法》对采用格式条款订立合同作了专门规定，对于招标人和招标代理机构来说，招标文件中采用格式合同条款时必须注意以下事项：

(1) 提供格式条款的一方应该遵循公平原则确定当事人之间的权利义务，并采取合理的方式提醒对方注意免除或限制其责任的条款，按对方的要求对该条款予以说明。

(2) 格式条款具有《合同法》规定的无效合同和可撤销合同的情形，或者提供格式条款的一方免除其责任，而加重对方责任、排除对方主要权利的，该条款无效。

(3) 对格式条款发生争议的，按照保护弱者利益的原则，应当按通常理解予以解释。对格式条款有两种以上不同解释的，应当作出不利于提供格式合同条款一方的解释。格式条款与非格式条款不一致的，应当采用非格式条款优先。这里说的非格式条款，主要就是合同的专用合同条款、补充协议、补充条款等，在水利工程合同中经常会碰到。

(七) 合同履行过程应注意的问题

1. 合同履行基本要求

《合同法》规定，当事人应当按照合同约定全面履行自己的义务，应当遵循诚实信用原则，根据合同的性质、目的和交易习惯履行通知、协助、保密等义务。

(1) 全面履行原则。当事人应当按照合同约定，全面履行自己的义务，包括按照合同规定的标的、数量、质量、价款或报酬以及履行方式、地点、期限等全面履行合同规定的义务。部分履行或未履行合同的，要依法承担违约责任。

(2) 遵循诚实信用原则。诚实信用是合同法规定的一条重要原则，订立和履行合同均要遵循这一原则。据此原则要求，当事人双方要密切配合、相互协作，要守信用，善意对待对方，在尽力履行自己义务的同时，为对方的履行创造必要条件。根据合同性质、目的和交易习惯，履行通知、协助、保密等义务。如设备货物的交付，需要收货人进行运输、储存的，要提前通知对方，以便准备。

(3) 公平合理履行原则。合同的约定要做到明确、周全和细致，尽量避免问题的存在，但只有在执行过程中才能确定和发现问题。对于履行中发现合同存在有些约定没有或约定不明确的问题，能补救的要采取补救办法，不能因此影响到整个合同的履行。

(4) 不得擅自变更或转让合同。合同订立后，当事人双方都要按照合同的约定严格履行各自义务，不能随便变更、转让。但会遇到需要对合同进行变更的情况，或者为便于履行合同，需要将合同的一部分转让给第三人，此时，当事人一方应当与对方进行协商，只有在取得对方同意后并且不违背法律、行政法规强制性规定，才能变更合同。在水利工程建设合同中，根据《招标投标法》规定，主体工程不能转让，非主体工程可以分包，但必须在投标文件中明确分包商，且分包商的资质等级和技术力量、设备等与承担项目规模等级相一致。

2. 约定不明时的合同履行

按照《合同法》规定，合同生效后，当事人就质量、价款或酬金、履行地点方式等约定不明确的，可以签订补充协议；不能达成补充协议的，按照合同有关条款或交易习惯确定；而既不能达成补充协议，又不能按照合同有关条款或交易习惯确定的，采取如下办法。

(1) 合同中质量要求不明确的，依次按国家标准、行业标准履行，没有国家标准、行业标准的，按照通常标准或符合合同目的的特定标准履行。水利工程建设，国家规定了许多强制性规范条款，必须首先执行。

(2) 价款或报酬不明确的，按照订立合同时履行地点的市场价格履行；依法应当执行政府定价或政府指导价的，按照规定执行。

(3) 履行地点不明确，给付货币的，在接受货币一方所在地履行；交付不动产的，在不动产所在地履行；其他标的，在履行义务一方所在地履行。水利工程施工承包合同，肯定是在工程所在地履行；但设备货物定购，则应该在合同中明确交货地点和交货、验收方式，否则争议很大。

(4) 合同履行期限不明确的，债务人可以随时履行，债权人也可以随时请求履行，但应当给对方必要的准备时间。水利工程货物采购中较常遇到此类情况，因此对于交货期限或分批交货的日期应该详细规定。

(5) 履行方式不明确的，按照有利于实现合同目的的方式履行。

(6) 履行费用的负担不明确的，由履行义务的一方负担。

3. 合同履行抗辩权问题

在水利工程建设合同履行过程中，随着投资体制的改革，投资渠道的多元化，合同履行抗辩权问题将越来越多。所谓抗辩权，是指在双方当事人相互负有债务的情况下，一方当事人依法对抗对方履行债务要求或者否认对方权利主张的权利。其可分为同时履行抗辩权、先履行抗辩权和不安抗辩权三种。

(1) 同时履行抗辩权。同时履行抗辩权是指按合同规定，双方应当同时履行债务的情况下，一方在对方未履行债务或履行债务不符合约定时拒绝履行债务的权利。例如，在水利工程货物采购合同中，双方约定在某一时间当事人一方交货时，当事人另一方同时支付价款，如果一方没有在这个时间交货，当事人另一方有权拒绝对方价款的要求。

(2) 先履行抗辩权。先履行抗辩权是指在有履行顺序的双务合同中，后履行合同的一方有权要求应当先履行的一方履行其义务，如果应当先履行的一方未履行债务或者履行债务不符合约定，后履行的一方当事人有权拒绝履行。如水利设备采购合同规定当事人一方先发货，当事人一方后付款，如果一方没有先发货，当事人另一方有权拒绝对方支付货款的要求，这样可以防止当事人一方付款后收不到货的情况。

(3) 不安抗辩权。所谓不安抗辩权，是指在先履行债务的当事人有确切证据证明对方有丧失或者可能丧失履行债务能力的情况下，可以中止合同履行。这样规定是为了保护当事人的合法权益，防止假借合同进行欺诈。但这种中止必须符合法律上的规定，不能随便中止。

根据《合同法》规定，应当先履行债务的当事人有确切证据证明对方有下列情形之一的，可以中止履行：①经营状况严重恶化的；②转移财产，抽逃资金，以逃避债务的；③严重丧失商业信誉的；④有丧失或者可能丧失履行债务能力的其他情形。行使不安抗辩权时，一定要依法定程序进行，当事人中止履行债务，应当及时通知对方，如果对方能够提供担保，要恢复履行；中止履行后，如果对方在合理期限内未恢复履行能力，也未能提供相应担保，中止履行的一方可以解除合同。当事人没有确切证据证明而中止履行的，或者在行使不安抗辩权时没有依照法律规定的条件和程序的，要承担违约责任。

在水利工程建设合同履行中，也经常会碰到不安抗辩权问题。如施工承包招标发包过程中，经评标委员会评定，招标人颁发中标通知书并与中标人签订承包合同后，招标人发现中标人存在重大债务问题，如被人民法院查封账户等法律措施，此时招标人（发包人）可以通知对方（即中标人），要求对方对履行合同任务提供必要的担保，如果中标人不能提供担保，招标人可以行使不安抗辩权而中止合同。又如，在施工承包合同履行过程中，施工承包人连续几个月不能收到发包人（业主）按合同约定应按月支付的进度款，发包人经营状况发生严重恶化，此时，施工单位可以要求发包人及时支付合同款项，如果在一定期限内仍然不能支付，并且也不能提供担保，施工承包人可以正确行使不安抗辩权，在告知对方后中止履行合同。

（八）合同变更、转让和终止

1. 合同变更

合同变更，是指合同依法订立后，在合同没有履行或者完全履行之前，因主客观情况的变化，当事人双方经过协商，对原合同条款进行修改和增补的行为。除国家规定进行批准登记的合同外，当事人协商一致都可以变更合同，合同的变更适用订立合同要约和承诺的程序。合同变更的关键是双方协商一致，单方面擅自变更无效，要承担违约责任。

水利项目合同履行（特别是施工合同履行）过程中，由于水利工程的特殊性和复杂性，使合同实施过程存在许多变更，就水利工程施工来说，常见的有设计方案变更、地质条件变更、水文气象条件变更、工期变更、工程量变更，因此在合同中应明确约定变更计量方法、结算依据、支付办法等，否则会引起许多不必要的纠纷。

2. 合同转让

合同转让，是指合同当事人将合同的权利（债权）或义务（债务）转让给第三人的行为。

(1) 转让权利。根据《合同法》有关规定，除有不得转让的情形外，债权人可以将合同的权利全部或部分转让给第三人。不得转让的情形有三种：①根据合同性质不得转让的，如有关专属于自身的权利；②按照当事人在合同中约定不得转让的，如水利工程承包合同中，招标人与中标人可以在合同中约定，主体项目和非主体项目均不能转让，或非主体项目没有经过发包人同意不得转让，或在设计合同中约定整个设计项目均不得转让；

③依照法律规定不得转让的，如《招标投标法》和国务院《质量管理条例规定》规定，施工承包人不得转让主体工程。

对于一般债权来说，债权人转让权利时应首先通知债务人，一经通知，债权人对合同权利的转让即发生效力；未经通知的，该项转让对债务人不发生效力。

(2) 转让义务。根据《合同法》规定，经债权人同意，债务人可以将合同义务的全部或部分转移给第三人。因此，债务人能否将合同义务转移，其前提条件是债权人是否同意，如果债权人不同意债务人向第三人转让合同义务，债务人就不能转让。转让后新债务人应承担原债务人对债权人的债务以及与主债务有关的从债务，但原专属于原债务人的除外。

转让权利和转让义务，经常是同一问题的不同表达。例如，水利工程施工承包人中标取得施工权后，其有承担本项目施工的合法权利，招标人不得随意剥夺，而同时它又有按合同规定完全适当履行合同的义务。对于法律和行政法规规定不能转让的义务，不管招标人（发包人）同意与否，中标人（承包人）都不能转让，如对于水利主体工程施工来说，国家法律规定不得转让。

(3) 权利义务一并转让。《合同法》规定，当事人经对方同意，可将自己在合同中的权利义务一并转让给第三人，但法律和行政法规规定不能转让的除外。实际上，一般情况下，合同的转让都是权利义务的一并转让，很少有仅转让权利或仅转让义务的。对于工程施工承包合同来说，主体工程施工权利义务一并转让就是违法行为了。

3. 合同终止

合同终止，是指合同当事人双方终止合同关系，合同确定的权利义务消灭。按照《合同法》的规定，遇有法定情形时，合同权利义务终止；合同权利义务终止后，当事人应遵循诚实信用原则，根据交易习惯履行通知、协助、保密等义务。

(1) 合同终止的法定情形。《合同法》规定，有下列情况之一的，合同权利义务终止：①债务已经按照合同约定全部履行完毕；②合同解除；③债务相互抵消；④债务人依法将标的物提存；⑤债权人免除债务；⑥债权债务同归于一人；⑦法律规定或者当事人约定终止的其他情形。

在水利工程建设合同中，合同履行完毕和合同解除这两种情况而导致合同终止的情况经常出现，其他情形较少出现。合同履行完成，是指双方按照合同约定，各自完全完成了各自应承担的责任，即承包人按合同完成了施工任务、设计任务、监理任务或设备交货等任务并完成相应的保修责任，发包人按照合同约定支付完所有价款及相应的其他合同义务，此时合同即可终止。对于合同解除而发生的合同终止，主要是由于发包人或承包人有重大违约、或发生不可抗力、或有其他约定解除合同的情形出现，才会造成合同解除。

(2) 合同解除。合同解除，是指合同依法订立后，在合同没有履行或者没有完全履行之前，因主客观原因的变化，致使合同的履行成为不可能或者不必要，经当事人双方协商一致，提前终止合同法律效力的行为。合同的解除与无效合同和撤销合同是不同的。无效合同确定和可撤销合同撤销后，合同自始没有法律效力。合同的解除是合同生效后的解除，不溯及既往，尚未履行的终止履行。对于已经履行的，可根据履行情况和合同性质，当事人要求恢复原状或者采取其他补救措施。合同解除主要有以下两种情况：

1）协议解除。协议解除是指合同成立后，在合同没有履行或没有完全履行之前，当事人之间经过协商一致解除合同。协议解除合同分两种情况：①在订立合同时就约定了解除合同的条件，合同成立后的任何情况，只要解除条件成就，合同就解除；②履行过程中，双方协商一致后同意解除合同。

2）法定解除。法定解除是指合同成立后，在合同没有履行或者没有完全履行前，当事人一方行使法定解除权而使合同效力消灭。一般，合同生效后，当事人任何一方不得擅自解除合同，但在法律规定的五种情形下可以解除：①因不可抗力致使不能实现合同目的的；②在履行期限届满前，当事人明确表示或者以自己的行为表明不履行主要合同义务的；③当事人一方迟延履行主要义务，经另一方催告后，在合同约定期限内仍未履行的；④当事人一方迟延履行合同义务或者有其他违法行为致使其不能实现合同目的的；⑤法律规定的其他情形。

从上述条件可知，除不可抗力外，只有当事人一方根本违约，才能构成法定解除合同的条件。所谓根本违约，就是不履行主要义务（债务），不能实现合同目的的情况。如果不是根本违约，而是部分违约，如延迟交货或者交货有部分质量不合格，就不能行使法定合同解除权，而应该按照违约责任来处理。

（九）关于违约责任

1. 违反合同民事责任的构成要件

法律责任的构成要件是承担法律责任的条件。《合同法》规定，当事人一方不履行合同义务或履行合同义务不符合约定的，应当承担违约责任。也就是说，不管何种情况也不管当事人主观上是否有过错，更不管是何种原因（不可抗力除外），只要当事人一方不履行合同或者履行合同不符合约定，都要承担违约责任。这就是违反合同民事责任的构成要件。

《合同法》规定，违反合同民事责任的构成要件是严格责任，而不是过错责任。按照这一规定，即使当事人一方没有过错，或者因为别人没有履行义务而使合同的履行受到影响，只要合同没有履行或者履行合同不符合约定，就应当承担违约责任。至于当事人与其他人的纠纷，是另一个法律关系，应分开解决。当然，对于当事人一方有过错的，更要承担责任，如《合同法》规定的缔约过失、无效合同和可撤销合同采取过错责任，有过错一方要向受损害一方赔偿损失。

2. 承担违反合同民事责任的方式及选择

《合同法》规定，当事人一方不履行合同义务或者履行合同义务不符合规定的，应继续履行或采取补救措施，承担赔偿损失等违约责任。承担违反合同民事责任的方式有：①继续履行；②采取补救措施；③赔偿损失；④支付违约金。

承担违反合同民事责任的方式在具体实践中如何选择？总的原则是由当事人自由选择，并有利于合同目的的实现。提倡继续履行和补救措施优先，有利于合同目的的实现，特别是有些经济合同不履行，有可能涉及国家经济建设和公益性任务的完成，水利工程就是这样。水利建设任务能否顺利完成，直接关系的公共利益能否顺利实现。当然，如果合同不能继续履行或者无法采取补救措施，或者继续履行、采取补救措施仍不能完成合同约定的义务，就应该赔偿损失。

（1）关于继续履行方式。继续履行是承担违反合同民事责任的首选方式，当事人订立合同的目的就是为了通过双方全面履行约定的义务，使各自的需要得到满足。一方违反合同，其直接后果是对方需要得不到满足。因此，继续履行合同，使对方需要得到满足，是违约方的首要责任。特别是对于价款或者报酬的支付，《合同法》明确规定，当事人一方未支付价款或者报酬的，对方可以要求其支付价款或报酬。

在某些情况下，继续履行可能是不可能或没有必要的，此时承担违反合同民事责任的方式就不能采取继续履行了。例如，水利工程建设中，大型水泵供应商根本没有足够的技术力量和设备来生产合同约定的产品，原来订合同时过高估计了自己的生产能力，甚至订合同是为了赚钱盲目承接任务，此时履行合同不可能，只能是赔偿对方损失。如果供货商通过努力（如加班、增加技术力量和其他投入等）能够和产出符合约定的产品，则应采取继续履行或采取补救措施的方式。又如季节性很强的产品，过了季节就没法销售或使用的，对方延迟交货就意味着合同继续履行没有必要。《合同法》规定了三种情形不能要求继续履行的：①法律上或事实上不能继续履行的；②债务的标的不适于强制履行或履行费用过高的；③债权人在合理期限内未要求履行物。

(2) 关于采取补救措施。采取补救措施是在合同一方当事人违约的情况下，为了减少损失使合同尽量圆满履行所采取的一切积极行为。如：不能如期履行合同义务的，与对方协商能否推迟履行；自己一时难于履行的，在征得对方当事人同意的前提下，尽快寻找他人代为履行；当发现自己提供的产品质量、规格不符合合同约定的标准时，积极负责修理或调换。总之，采取补救措施不外乎避免或减少损失和达到合同约定要求两个方面。《合同法》规定，质量不符合约定的，应当按照当事人的约定承担违约责任；对违约责任没有约定或约定不明确，依法仍不能确定的，受损害方根据标的性质及损失大小，可以合理选择要求修理、更换、重作、退货、减少价款或者报酬等违约责任。例如在水利工程中，某单位工程的部分单元工程质量严重不合格，一般就要求拆除并重新施工。

(3) 关于承担赔偿损失。承担赔偿损失，就是由违约方承担因其违约给对方造成的损失。《合同法》规定，当事人一方不履行合同义务或者履行合同义务不符合约定的，在履行义务或者采取补救措施后，对方还有其他损失的，应当赔偿损失。至于赔偿额的计算，《合同法》原则规定为：损失赔偿应当相当于因违约所造成的损失，包括合同履行后可以获得的利益，但不得超过违反合同一方订立合同时预见到或者应当预见到的因违反合同可能造成的损失；经营者对消费者提供商品或服务有欺诈行为的，依照《消费者权益保护法》的规定承担损害赔偿责任，即加倍赔偿。《合同法》还规定，当事人可以约定因违约产生的损失赔偿额的计算方法。当事人一方违约后，对方应当采取适当措施防止损失的扩大，没有采取适当措施致使损失扩大的，不得就扩大的损失要求赔偿。

至于支付违约金、定金的收取或返还，它们是一种损失赔偿的具体方式，不仅具有补偿性，而且具有惩罚性。

(4) 关于违约金。违约金是指不履行或者不完全履行合同的一方当事人按照法律规定或者合同约定支付给另一方当事人一定数额的货币。违约金具有两种性质：①补偿性，在违约行为给对方造成损失时，违约金起到一定的补偿作用；②惩罚性，惩罚违约行为，当事人约定了违约金，不论违约是否给对方造成损失，都要支付违约金。

对于违约金的数量如何确定？约定违约金高于或低于违约造成的损失怎么办？《合同

法》有明确规定，当事人可以约定一方违约时应当根据违约情况向对方支付一定数额的违约金，因此，违约金的数额可以由当事人双方在订立合同时约定，或者在订立合同后补充约定。对于违约金低于造成的损失的，当事人可以请求人民法院或仲裁机构予以增加；对于违约金过分高于造成的损失的，当事人也可以请求人民法院或仲裁机构予以适当减少。

(5) 关于定金。定金是订立合同后，为了保证合同的履行，当事人一方根据约定支付给对方作为债权担保的货币。定金具有补偿性，即给付定金的一方在不履行合同约定的义务或债务时，定金不能收回，用于赔偿对方的损失。例如，投标人在递交投标文件时附交的投标保证金就具有定金的性质，投标人在中标后不承担合同义务，无法定情况而放弃中标的，招标人即可以没收其投标保证金。定金还具有惩罚性，即给付定金的一方不履行合同约定义务的，即使没有给对方造成损失也不能收回；而收受定金的一方不履行合同约定义务的，应当双倍返还定金。

第二节　承包合同类型

一、水利项目承包合同的特点

水利项目承包合同，由于水利项目的专业性、复杂性而具有其固有的特点：

(1) 水利建设项目的承包人必须是取得国家相应资格或资质的法人。由于水利工程专业性强、技术要求高，受自然水文、气象、地质、环境等因素影响大，因此，国家对承担水利工程建设项目勘察、设计、施工、监理等设置了较为严格的资质条件，而且必须具有法人资格，不允许个人或其他组织承担建设任务。

(2) 水利工程建设项目承包合同种类多，范围广，政策性强，涉及面大，包括服务合同、施工合同、采购合同、技术合同、征地移民合同以及其他合同。

(3) 水利工程建设项目的各种合同必须采用书面形式。

(4) 水利工程建设项目采用的合同一般属于格式合同，对于免责条款必须注意提醒对方，必须注意不要故意造成不平等条款和无效条款。

(5) 由于水利工程受水文、气象、地质和自然环境条件和不可预见因素影响大，因此大中型水利工程建设项目施工承包合同大多采用单价承包方式，小型工程也有采用总价承包的。

(6) 水利工程建设项目的各种承包合同条款多，涉及面广，技术要求高，专业性特别强。

(7) 河砂开采权出让合同是一种较特殊的与水利有关的合同。河砂开采权出让是水行政主管部门或其授权机构代表国家行使的一种特许经营权出让，是水利资源类的特许权出让。

二、水利项目合同的主要类型

由于水利项目的特殊专业性和不可预见性大等原因，水利项目涉及的合同类多、面广，一般可按合同标的性质和计价方式分成两大类。

(一)按合同标的性质分类

(1)工程服务合同。水利工程建设项目勘察、设计、科研、监理、代建均属于服务合同的类型,可以分成勘察承包合同、设计承包合同、勘察设计一体总承包合同、建设监理合同整体承包合同、设计监理合同、施工监理合同、征地移民监理合同、设备监造监理合同、水土保持监理合同等。

(2)施工承包合同。水利工程建设项目施工承包合同主要包括建筑工程承包合同和安装工程承包合同两种。

(3)采购合同。其主要包括设备采购合同和材料采购合同两种。水利工程的设备主要包括水轮发电机组、各种高低压电器设备、金属结构、启闭设备、监控系统、自动观测系统等;材料采购主要包括水泥、钢材、木材、砂、石料、油料等。

(4)设计施工总承包合同。国际上一般称为交钥匙(EPC)合同,水利项目设计施工总承包一般从初步设计开始,包括勘察设计、施工、采购、安装、试运行和完工验收。

(5)项目法人承包经营合同。其主要在具有一定经营性的水利项目选择投资主体时采用,是具有一定经营性的公益性水利项目引入民营资本来实现公益性目标的一种方式。项目法人招标一般采用总承包合同类型。

(6)河砂开采权出让合同。其具有垄断的性质,是一种水利资源性特许经营权出让合同,一般情况下采用总价承包合同类型。

(二)按计价方式分类

1. 固定总价承包合同

这种合同的特点是合同双方根据招标文件(包括图纸)的规定,以投标价为依据,总价包死。此时承包方要承担工程的全部风险,而不管其实际支出如何,只能按投标总价结算,发包方也同意按合同总价付款而不管承包方是否遭受巨大损失或取得超额利润。这种合同方式主要适用于工期短、技术较简单、地质情况较清楚、隐蔽工程较少、工程设计已经达到施工图阶段的工程建设项目。

2. 可调总价合同

这种合同的特点是在招标文件中明确规定,中标人以招标文件规定的设计图纸、工程量清单为依据进行报价并签订总价承包合同,但在工程实施过程中,单项工程的设计修改超过报价工程量的一定百分比,同时在总价上超过合同规定的一定百分比,或者通货膨胀率达到一定的百分比时,允许投标人按照合同规定进行调价,其他情况一律不允许调价。这种合同方式适用于工期较长,但技术要求不高、地质条件不很复杂、现场条件较好的工程项目。

3. 固定单价合同

此类合同的特点是招标文件规定的工程量清单只是投标时统一报价基础,是评标时的比较基础,并非最终结算的依据,最终结算的工程量是以施工图设计为依据,经监理工程师审核,项目法人核准的工程量。对于实施过程中新增加项目,如果合同中有类似项目的,则参照类似项目结算,如果没有类似项目则重新申报单价经监理、项目法人审核后进行结算。这种合同主要适用于大中型、技术要求高、地质情况复杂、施工条件较差的建设项目。其合同风险的分担比较均衡、合理，项目法人和中标人均要承担一定的风险，缺点是工程结算比较复杂，需要比较有经验和负责的监理工程师。

4. 单价＋部分总价合同

这类合同的特点是招标文件中规定的工程量清单中永久工程的工程量只是投标报价和评标的基础，并非最终结算的工程量，而临时工程或部分工程的工程量规定采用总价承包，是中标人最终结算的工程量。其优点是项目法人对总包项目特别是临时工程的结算较简单，避免了临时工程的扯皮现象，同时对永久工程的风险分担比较合理。其适合于大中型项目、施工条件和临时工程不是特别复杂的工程招标承包。

5. 成本＋酬金合同

这类合同的特点是在招标文件中规定了具体的成本核算办法、酬金计算依据、奖励办法。招标文件规定的工程量清单只是报价评标的统一基础，一般是由于招标项目设计深度、精度达不到要求，或者是工程项目水文地质情况复杂、不可预见的风险较大时采用。采用此类合同一般都是用招标人与中标人协商一致的方式进行结算。

第三节　承包合同谈判

项目实行招标投标制的最终目的是为了选择到技术先进、质量过关、信誉良好、造价合理的承包单位。当招标评标工作结束后，招标人（项目法人，下同）和中标单位就进入了工程承包合同的谈判、签订和履行阶段。合同管理工作对项目法人和中标单位来说均非常重要，它关系到招标投标目的的实现，关系到合同能否顺利履行，项目能否顺利按计划完成，工程质量能否满足要求，投资效益能否实现。因此，合同管理工作实际上既是招标投标工作的延续，又是项目投资效益实现的过程。

项目承包合同的实施是一个较长的过程，合同文件的内容也较广泛，一般包括合同协议书、中标通知书、投标报价书、专用合同条件、通用合同条件、技术规范、招标图纸、标价的工程量清单、组成合同的其他文件（包括各种保函和其他招标投标文件资料等）。要做好合同管理工作，首先必须从合同谈判做起。

一、合同谈判目的

1. 项目法人参加合同谈判的目的

（1）为了进一步了解投标单位的基本情况、报价构成和其他商务条件。

（2）进一步明确和落实合同双方职责。

（3）深入了解备选中标单位施工组织设计方案、投入的人力和机械设备情况。

（4）深入了解备选中标单位优化设计和建议方案、类似工程实践经验如何。

2. 备选中标单位参加合同谈判的目的

（1）进一步改善与项目法人的关系，增进彼此间的了解和友谊。

（2）进一步明确双方的权利和义务。

（3）争取以合理的价格中标，但不能随意修改报价。

（4）进一步改善合同条件。

二、合同谈判前准备

1. 对于项目法人

（1）确定谈判组成员构成，选好主谈人（首席谈判代表）。

（2）制定好己方谈判的基本策略。

（3）谈判组成员都要熟读整个工程的招标文件和技术资料。

（4）进一步调查了解谈判对象的资质等级、机械设备、技术力量、履约能力、社会信誉、社会背景和类似工程经验等。

（5）安排好谈判的时间和议程。

2. 对于备选中标单位

（1）配备好谈判班子，选定主谈人（首席谈判代表）。

（2）认真研读招标文件和己方编制的投标文件以及有关技术文件资料和图纸。

（3）搜集类似工程的报价资料，深入现场了解施工条件和当地社会经济信息、物价水平等。

（4）通过各种途径了解对方谈判组成员的构成和决策人情况。

（5）熟悉有关法律文件和地方性法规，收集各种谈判有关的信息材料，制订好谈判的基本策略。

三、合同谈判组的构成

无论是项目法人还是备选中标单位，谈判组成员的选定与搭配非常关键，下面就一些共性的东西提出其基本要求。

1. 谈判者的素质要求

（1）个性。实践证明，谈判者的性格一般以外向型为宜。因为外向型的性格有助于人际间的沟通和接触。高明的谈判者应具有耐心、毅力、容忍、中庸、热情、机智、幽默识礼等吸引人的个性。

（2）机敏。谈判场上的气氛是千变万化的。因此，谈判者要具有对新情况、新事物和所涉及问题的敏感性，对谈判环境和气氛的灵敏性，能够从普通数据看趋势，透过现象看本质；要学会观察和注意事物，及时觉察谈判场上的微妙变化。

（3）忍耐。忍耐是谈判成功的一个重要因素。在谈判中，特别要注意对方用某些因素或所谓的事实来刺激你，使你一怒之下贸然行事，中了圈套。对于初次参加谈判的人更要注意。

（4）知识面。要求谈判者，特别是主谈人应具有一定的专业知识，阅历丰富，知识面广。既具有专业技术知识又懂经济法律的人担任主谈人最好。

（5）判断力。合同谈判，无非是实现两个目的：①明确双方的利益和要求；②摸清对方的真正需要。而后者对方是严格保密的，这就要求谈判者具有丰富的经验和全面的知识，善于透过现象看本质，从对方繁杂的问题中找出其真正的目的，要求主谈人有非凡的魄力，敢于看准时机当机立断。

2. 谈判组的组成

基于以上认识，谈判组成员必须具有鲜明的外向型个性、机敏的洞察力、坚强的忍耐性、宽广的知识面和果敢的判断力。对于水利水电工程合同谈判组成员，一般应由具有专业知识和丰富阅历的有关专业工程师、经济师、造价师、律师和会计师组成，以5～7人为宜。当然，随着谈判阶段的不同，谈判组成员可以有所增减，但基本人员不能随便变更，谈判前期主要是技术和经济问题，后期则主要为合同条款的最终审定和法律程序的履行等。

谈判组长的选择，最好由具有较为广阔的专业知识和丰富的工作经验，同时又具有经济法律知识和合同管理经验的35～55岁的中年干部担任。

四、合同谈判阶段

水利水电工程承包合同的谈判，一般可以分为决标前的谈判和决标后的谈判两个阶段。当然，根据项目法人和项目的情况，也可以只进行决标后的谈判。

1. 决标前的谈判

项目法人与经评标委员会选定的第一名推荐中标单位进行中标前的谈判。在正式决标前进行谈判，一般来说对项目法人较为有利，这一阶段主要是进行技术问题和付款条件的具体问题的谈判。但是必须注意，《招标投标法》第四十三条规定："在确定中标人前，招标人不得与投标人就投标价格、技术方案等实质性内容进行谈判。"因此作为项目法人，不能利用中标通知书此时未发，投标人由于渴望中标的原因，就乘机压价。过于强调价格、过于压低价格，不仅不合法，而且价格压得太低，即使投标单位接受，而在合同履行过程中，中标单位很可能采取偷工减料或挖空心思找依据索赔，最终受损害的还是项目法人自己。

对于投标单位来说，由于此时还不知道自己能否中标，或者就是知道自己是第一中标候选人，但中标通知书没有颁发，主动权仍掌握在项目法人手中，故此阶段则应具有很好的耐心，与项目法人进行有理有据的斗争，既要有原则性又要有灵活性，争取以合理的条件和价格接到工程，顺利签订合同，实现谈判目的。

2. 决标后的谈判

决标后的谈判是指项目法人发出中标通知书后与中标人的合同谈判。此时投标者的地位有所改善，应抓住时机，在双方过去基本达成的合同草案进行具体化的过程中，力争将某些合同条款有所改善，尽量争取有利的条件，但必须做到有理有节，以理服人，以诚感人。因为中标者的最终目的还是要搞好工程，与项目法人搞好关系，顺利完成合同任务，争取实现预期的利润。

当项目仅进行一阶段即决标后谈判时，双方的谈判地位较为平等。

五、合同谈判的主要内容

就水利水电工程合同谈判而言，涉及的主要内容包括如下：

(1) 工程项目、承建范围要进一步明确。虽然招标文件中有工程量清单，但有时不能包括全面，特别是采用初步设计图纸进行招标时更是如此，因此投标人与招标人要进一步明确具体的、较准确的工程范围和项目一览表，同时要明确当出现超出合同规定的施工范围增加工程项目时，与之相关的承包方式、计算方法、计价依据和结算支付办法。

(2) 对于招标单位在招标过程中的答疑纪要，即招标单位对各投标单位的质疑答复，或其他补充文件和通知，此时应作进一步的明确和落实。

(3) 对投标单位在书面答疑或技术答辩会上的答辩和承诺进行落实。

(4) 对技术条款中的工程质量要求、竣工和中间交工验收办法再行明确，不能出现模棱两可的不确定的要求。特别是涉及非水利水电行业的技术要求和规范时，更要注意明确执行哪一项具体的技术规范。

(5) 关于工程价款支付和结算的办法。这是合同谈判的重点之一，工程价款能否正常支付，能否按时结算，对中标单位来说直接关系到其经营利润的实现。目前在水利水电工程投资主体多元化的情况下，项目法人往往不能保证按时支付工程款，因此在合同谈判阶段必须明确出现此类问题时如何解决。对于工期在一年以上的工程，还必须进一步明确规定材料、人工价差的计算办法。

(6) 关于工程开工日期、中间阶段验收和竣工验收日期。合同何时开始生效，中间交工和竣工验收期限，直接关系到总工期的实现，关系到以后可能出现的工期索赔问题。特别需要在谈判中明确的是：当项目法人出现资金短缺，设计图纸未按时提供，移民问题，征地拆迁，气候因素以及其他不可抗力等原因影响工期时，或者是由于承包方原因引起工期延误时，怎样计算工期，如何解决。

(7) 关于工程的变更和增减问题。在谈判阶段必须明确，在合同履行过程中出现工程变更时如何变更，变更要履行哪些手续；变更和增减工程量是否按类似工程项目的单价结算，变更多少才能改变单价，改变单价按哪种定额进行计算，基础单价如何计算等；变更和增减工程量引起的工期变化如何解决；变更和增减工程量造成的超工期的材料、人工补差如何解决。

(8) 关于违约责任问题。违约责任是制裁违约当事人的法律手段，对于合同双方来说都应该是平等的，但在实践中往往存在有些项目法人或中标单位怕强调违约责任而影响双方关系，或者项目法人利用自己的有利身份，只强调对中标单位的违约责任，对自己方面的违约责任则轻描淡写，或者是随意对格式合同中己方责任进行删改。正确的做法应该是“先小人后君子”，应本着权利与义务相制约相平衡的原则去明确双方的职责和义务。

值得注意的是，违约金和质量保证金的规定，既要符合双方意愿又要符合国家有关法律法规的规定，具体可根据《合同法》、国务院颁发的《建设安装工程承包合同条例》以及地方法规和部门规章的有关规定来制定。

(9) 关于工程预付款问题。水利水电工程招标承包中，合同签订以后，根据合同的规定和工程需要，一般都在开工前先给承包单位一定金额的预付款。在水利部、国家电力公司和国家工商行政管理局联合颁发的《水利水电土建工程施工合同条件》(以下简称《合同条件》) 2000 年版中就明确规定了合同预付款，其预付款金额为不少于合同总价的10%，分两次支付给承包单位。但应用时应十分慎重，必须要由承包方提供了经项目法人确认的银行提供的预付款保函或其他经项目法人同意的担保措施，并经监理审核后由监理出具付款证书；预付款保函在预付款被发包方扣回前一直有效。同时，项目法人还应规定严格的拨款、用款手续，通过银行合作进行监督，防止某些承包单位诈骗预付款的行为发生。

但是，在地方水利水电工程建设项目中，由于建设单位受自筹资金和地方财政资金到位的影响，招标人往往减少预付款的比重，甚至变相取消预付款，此时中标人应在合同谈判中与项目法人明确预付款滞后或减少的补偿办法。

（10）关于不可抗力问题。不可抗力，是指不能预见、不能避免且不能克服的客观情况。不可抗力的规定，几乎是所有承包合同都会涉及的问题。在水利水电工程承包合同实施过程中，受政治、社会和自然因素的影响较大，特别是受天气水文因素、地质条件变化、征地移民等的影响巨大，不可预见性较多。因此，在合同谈判中要切实明确不可抗力的界定范围和方法，不可抗力如何界定，双方对不可抗力的认定有分歧时如何解决，根据什么，由谁来裁定。发生不可抗力后如何补偿，损失如何计算等。

有一点必须注意，如果合同的一方是因自己的原因引起迟延履行后发生不可抗力的，不能免除责任。

（11）关于施工组织设计问题。水利水电工程建设，受自然条件、地质条件、气候因素和自然环境、社会因素等条件的影响较大，再加上其特有的季节性强的特点，工程施工时间往往比较集中、施工强度大，投标单位在投标书中虽然都提出了初步的施工组织设计，但是在合同谈判阶段，应该对施工机构、机械设备进场数量和期限、技术人员和技术工人落实、施工方案、征地拆迁时间的落实和测量控制网的交付等问题进行具体的协商规定和细化，使之具有可操作性。

（12）关于保险和保修的问题。

1）工程保险。在水利部等三部门联合颁发的《合同条件》中，明确规定了工程保险包括工程和施工设备的保险、承包方和发包方各自雇用人员的工伤事故保险、第三者责任险。在合同谈判阶段，应进一步明确各种保险的具体范围。若招标文件中对保险费的负担没有明确，则在此时应确定保险费如何解决。在具体工程实践，特别是地方水利水电工程的招标中，工程量清单中往往没有将保险费专项列报，此时更要注意。

2）工程保修。工程保修范围和责任在合同谈判阶段应作出明确的界定，如承包方只承担由于材料、工艺不符合要求而产生的缺陷责任。此外承包方应争取以维修保函来代替工程价款的保留金（即通常所称的质保金），以提高资金的利用效益。

（13）关于纠纷的解决办法。在合同谈判阶段，对于双方发生纠纷时应如何解决的问题，必须作出明确规定。合同纠纷的解决一般如下几种方式：①双方友好协商；②争议评审组评审；③主管部门调解；④提交仲裁机构仲裁；⑤向人民法院提起诉讼。根据《仲裁法》的规定，对于仲裁和诉讼方式只能选择一种，因此谈判双方应考虑采用哪一种解决方式。如果选择仲裁方式，则应在合同中明确仲裁条款，或另外签订仲裁协议。

纠纷解决的法律依据和司法机关或仲裁机构的选择，在合同中也应有具体的要求和指定。但合同指定的司法机关和仲裁机构不能违反国家法律有关地域管辖和级别管辖的规定。

（14）关于税收问题。投标单位在编制投标文件前一定要到工程所在地全面了解当地的税费情况。招标人在招标文件中一般只规定一个综合税率，具体执行过程会有变化，在合同谈判阶段应加以进一步的明确，特别要明确当国家或地方性法规及管理规定引起税费增加时如何解决。

（15）关于指定分包商和协作配合的问题。水利水电工程建设中，由于专业种类较多，投标人可能对非主体工程指定分包商。在合同谈判阶段，项目法人应该对总包单位与分包商明确具体的职责和分工，明确总包单位对分包商的管理办法和措施，明确对分包商工程付款和验收、结算等办法。

对联合体投标的中标人，由于在投标时，一般联营协议都较为简单，此时项目法人与中标人应该对责任方和合作方的职责和分工明确规定下来。如土建单位与金属结构制安单位的分工协作配合，土建单位与机电设备安装单位的分工协作配合，责任方和合作方的各方责任、付款、结算办法、权利与义务等各方面的关系都应作出全面的界定，以免日后引起不必要的纠纷。

六、合同谈判策略简介

这里主要介绍在水利水电工程合同谈判过程中常用的几种策略和方法。

1. 一软一硬，软硬兼施

这种方法是指在合同谈判中处于主谈位置的人要故意显得“易于”谈判，唱红脸，但配置有能坚持我方条件的“强硬派”，做黑脸。这样一软一硬，相互配合，以达到己方预期目的。

例如，在谈判时，一般都是将工程技术部分和价格部分由两个人分别担任本单位主谈人的，此时，可由二人搭配唱红脸黑脸，让技术人员多提对方难于做到的技术或工艺质量要求，这样负责谈价格的人员就较容易得手。

2. 声东击西，转移视线

此法意思是，在谈判过程的一段时间内，出于某种目的，有意识地将会谈议题引导到对我方并不重要的问题上去，以达到迷惑对方的目的。这种策略可以在转移视线和缓兵之计时采用。

例如，谈判中讨论单价问题时，可以故意把问题引向工程量的确定、工程价款的支付方面，一旦我们在这方面作了让步时，便能使对方更满意，而在讨论单价时对我们所提要求就有利。

3. 巧施计策，先苦后甜

意思是，谈判时，一方除提出自己关心的问题外，还提出多个不很重要的次要问题，并且在讨论每一个次要问题时，都应对对方提出的条件采取强硬的立场，并坚持一段时间后再适时作出让步，让对方感到己方是忍痛割爱的，这时再讨论己方关注的主要问题时，就会容易谈成。

例如，一方在谈判中同时提出工程质量保证体系、机械设备的投入强度、材料供应、单价、工程款的支付等一系列的问题，但主要的是在工程款的支付方面，这时就应该先谈其他问题，坚持一段时间并在次要问题上作出让步后，最后才谈工程款的支付办法。

应注意的是，在施苦肉计时，要苦得有分寸，不能过于苛求，否则对方会认为己方缺乏诚意。

4. 真真假假，真假结合

意思是，在合同谈判过程中，不能一下子就把自己的计划方案全盘托出，应故意把自己的假计划、假方案通过某种渠道某种途径透露给对方一些情况，使对方不辨真假，注意力转移。

例如，在工程设备采购谈判中，要特别小心对方提供的以铅印或打印的“价目表”或“内部价或出厂价”，这些资料均可能有虚假成分，作为己方完全可以不予承认其合法性。又如，在谈判时，采购方可以故意把对设备的质量要求、价格、运输条件、维修保修条件以及己方所谓调查的“情况”，通过某些途径或会谈时好像不小心地透露给对方，使其摸不着我方的真正意图。

5. 折衷调和，以退为进

这种方法在实际谈判中较常见。意思是，在价格或者付款结算方式谈判中，在一方付款方式与另一方付款方式存在较大差距时，如果己方认为折衷的结果在自己的计划预算之内，就可以主动提出折衷方案，以求尽快签订合同，结束谈判。

例如，在工程付款结算谈判时，对方要求按进度60%付款，而己方坚持按进度80%付款，双方僵持不下。此时，我方可以提出折衷方案，同意按进度的70%付款，而实际上己方的计划是65%，这样对方往往容易接受。

6. 互相体谅，讲究风格

此法是指合同谈判在说说笑笑中讨价还价，刺耳的话不讲，制造轻松气氛，以谈心的方式，互相摆各自的困难，请对方体谅，用解决各自困难的提法代替生硬的讨价还价。说明既然有机会合作，就要讲友谊，要互相体谅，互相尊重，平等互利。此法对于彼此熟悉的老朋友或老主顾之间更为适用。

这种谈判方法的要点之一是在摆困难时要适当把自己的困难夸大一些，表达时态度要真诚，不留痕迹，使对方认为可信度大。

第四节 承包合同签订

水利项目承包合同签订过程，是项目法人（即发包人）和承包商双方互相协商并就双方的权利义务达成一致意见的过程。合同双方代表最后签字盖章，意味着双方意志的统一，意味着合同的最终成立。

水利项目承包合同的签订，实际上是从招标文件开始，经过招标公告、资格预审、投标、评标、决标等程序，直至合同谈判结束、最终订立合同为止的一段时间过程。

合同当事人，无论是发包单位还是承包单位，对合同签订时的管理，应着重检查以下几个方面：①签订合同时应遵循的原则；②合同文件的组成及其主要内容；③合同的生效审查。

一、签订合同原则的审查

水利工程合同签订前，构成合同关系的任何一方合同管理人员，必须根据《合同法》的有关规定，首先从订立合同的原则着手，对合同的平等性、自愿性、公平性、诚信性、合法性等五方面进行全面审查，检查合同是否有违反《合同法》规定的四大基本原则，然后才从合同的组成内容、合同有效性、有无违反国家强制性规范等方面进行审查。合同是否遵守《合同法》规定的四大基本原则，可以参考本章第一节内容进行检查。

二、水利工程合同文件的组成及主要内容

1. 合同文件的组成

根据水利部、国家电力公司、国家工商行政管理局联合颁发的2000版《水利水电土建工程施工合同条件》附件的有关规定，水利水电工程施工承包合同文件的组成及其优先顺序如下：

（1）协议书（包括协议书备忘录）。

（2）中标通知书。

（3）投标报价书。

（4）专用合同条款。

（5）通用合同条款。

（6）技术条款。

（7）图纸。

（8）已标价的工程量清单。

（9）组成合同的其他文件。

其他水利项目合同文件的组成，可参照上述有关内容适当取舍。

合同协议书由发包方和承包方的法定代表人或其授权代表签字和加盖双方单位公章后，如果双方没有约定需经公证或其他合同生效条件，则合同即时生效；如果双方代表签字时间不同，则以最后签字时间为生效时间。

此外，招标文件一般还规定，合同的生效还需承包方提交了履约保证才生效，若承包方收到中标通知后一定时间内（一般不超过28天）不提交履约保证，则发包方有权取消其中标资格。

合同协议书签署盖章（或办理公证）并收到履约保证后，发包方应尽快将投标保证退还中标单位和未中标单位。

2. 合同文件的主要内容

根据水利部、国家电力公司、国家工商行政管理局联合颁发的《水利水电土建工程施工合同条件》的通知要求，凡列入中央和地方建设计划的大中型水利水电土建工程应使用本合同条件，小型水利水电土建工程可参照使用。因此，国内所有大中型水利水电土建工程均应采用水利部等三部（局）联合颁发的《水利水电土建工程施工合同条件》。至于小型水利水电工程施工合同条件，根据《合同法》的规定，至少应包括如下主要条款：

（1）项目名称和地点。

（2）项目范围和内容。

(3) 项目开工、竣工日期及中间交工（交货）开工、竣工日期。

(4) 项目质量、保修期以及保修条件。

(5) 项目造价（承包总价）。

(6) 项目价款的支付、结算和交工（交货）验收办法。

(7) 设计文件和技术资料的提供日期。

(8) 材料和设备的供应责任和进场期限。

(9) 双方相互协作事项。

(10) 委托建设监理的权限。

(11) 违约责任。

(12) 解决争议的方法。

三、合同最终生效审查

水利水电工程建设项目的承发包双方就合同的条款达成一致，合同管理人员和法律顾问应对合同进行最终生效的审查，确保合同订立合法有效。

对合同进行审查，根据我国《民法通则》和《合同法》的有关规定，一般包括如下四个主要方面。

(1) 审查合同主体是否合格。主体合格，是指签订合同的双方必须是具有履行合同能力的合法的民事主体。无民事行为能力人签订的合同、限制民事行为能力的人其依法不能签订的合同，法人超越其资质等级和营业执照规定的经营范围所签订的合同无效。对于水利水电工程承包合同来说，合同双方必须是法人或其他组织，个人不能成为工程承包合同的主体。具体来说，发包方必须是工程项目法人或代表项目法人的建设单位，承包方必须是取得国家相应资质等级，经工商行政管理部门注册登记并领取营业执照的单位。

(2) 审查合同内容是否合法。合同的内容必须符合法律、法规的规定，不得违反法律，不得损害国家、集体等社会公共利益和第三人利益。签订合同时，要审查合同的内容有无与国家法律法规、强制性条款相抵触。此外，以合法形式（包括表面内容和目的）掩盖非法目的的合同也无效。

(3) 审查合同程序是否合法。指签订合同时，必须符合国家法律法规的规定和双方约定的程序。目前，对于国内水利工程承包合同的签订国家没有规定特别的程序，只要双方协商一致，要约与承诺相符，经双方法定代表或委托代表签字并加盖单位公章后合同即成立。但对于涉外工程，外经贸部规定必须经过批准或经过公证的才有效。对于发包方与承包方约定要经过公证的，则应履行了公证才有效。

(4) 审查合同当事人意思表示是否真实。其包括两个方面：①恶意串通，损害国家、集体或者第三人利益的合同无效；②一方以欺诈、胁迫的手段使对方在违背真实意思的情况下订立的损害国家利益的合同无效。

此外，代理人超越代理权限签订的合同，代理人以被代理人的名义同自己或者同自己所代理的其他人所签订的合同，当事人因重大误解而订立的合同，在订立合同时显失公平的合同，均为可撤销或可变更的合同。

第五节 承包合同履行

一、合同履行前准备

水利项目的发包方通过招标选定了中标单位，经过承发包双方进行合同谈判，按规定手续签订了正式承包合同后，就进入了合同履行阶段。在合同正式履行前应该做好如下准备工作。

1. 对于发包方

发包方（即项目法人）在合同履行前主要应做好以下工作：

（1）项目建设资金筹集与保证。

（2）协调做好与项目有关的移民、征地和拆迁。

（3）设计文件与技术资料的提供。

（4）办理政府规定的需经批准的开工报告手续。

（5）协调工程建设与当地政府部门和当地群众的关系。

（6）移交工程建设用地，三通一平和工程水准点的移交等。

2. 对于承包方

承包方（即中标人）在合同履行前主要应做好以下工作：

（1）做好施工人员、施工机械设备的组织和调配。

（2）建立项目现场生产、生活设施。

（3）领取有关技术文件、图纸和资料，接收发包方现场移交的工作。

（4）编制具体的项目（施工）组织设计，质量、进度、安全管理计划。

（5）进行项目所需材料和设备的采购。

（6）办理开工手续、劳务使用手续、保险手续、分包手续，进行其他施工前期准备工作等。

二、合同履行过程中各方的职责

根据水利部、国家电力公司、国家工商行政管理局三部（局）联合颁发的《水利水电土建工程施工合同条件》的有关规定，现将工程承包合同履行过程中发包方、承包方、监理工程师三方的职责分述如下，其他水利项目合同履行过程的职责可参照工程三方职责进行规定。

1. 发包方的主要职责

（1）根据国家建设程序的规定，向上级主管部门申请开工，委托建设监理单位按合同规定的日期向承包方发布开工令。

（2）在开工通知发布前，要求监理单位按合同规定时间进入工地现场开展监理工作。

（3）按合同规定向承包方预付款，收取预付款保函。

（4）按专用合同条款规定的承包方用地范围和时限，办理施工用地范围内的征地拆迁和移民手续，按时向承包方提供施工用地。

(5) 按技术条款的有关规定，完成应由发包方承担的施工准备工程，并按合同规定的时间提供承包方使用。

(6) 按照通用合同条件和技术条款的有关规定，委托监理单位向承包方工程现场测量基准点及其有关资料。

(7) 按合同规定负责办理应由发包方投保的保险。

(8) 向承包方提供已有的与本合同工程有关的水文和地质勘探资料，但只对列入合同文件的水文和地质勘探资料负责，不对承包方使用上述资料所作的分析和推论负责。

(9) 委托监理单位在专用合同条件和技术条款规定的时限内向承包方提供应由发包方负责提供的图纸。

(10) 按通用合同条件和专用合同条件的有关规定及时支付合同规定的价款给承包方。当水利项目采用财政集中支付时，应注意明确最终的支付以财政审核为准，并明确财政审核耽误时间不应由发包方承担延期支付的责任。

(11) 按国家和上级主管部门的有关规定负责统一管理本工程项目的文明施工，为承包方实现文明施工目标创造必要的条件。

(12) 按照通用合同条件的有关规定履行治安保卫和安全生产管理职责。

(13) 按环境保护、水土保持的法律、法规和规章的有关规定，统一规划本工程的环境保护和水土保持工作，负责或委托监理审查承包方按通用合同条件有关规定所采取的环境保护和水土保持措施并监督其实施。

(14) 按通用合同条件的规定主持和组织工程的完工验收工作。

(15) 承担本合同工程开采当地材料所应支付的矿区使用费。

(16) 如承包方违约，发包方有权按有关法律和合同规定终止合同，并授权其他单位去完成。

(17) 其他在专用合同条件中规定的发包方职责。

(18) 承发包双方通过协商订立的其他补充协议中规定的发包方应负的责任。

2. 承包方的主要职责

(1) 按通用合同条件和专用合同条件规定的时限向发包方提交履约担保证件和预付款保函。

(2) 承包方应在接到监理工程师发出开工令后，在合同规定的时间内调遣人员和调配施工设备、材料进入施工现场，按施工总进度要求完成施工准备工作。

(3) 认真执行监理工程师发出的与合同有关的任何指示，按合同规定的内容和时间完成全部合同工作。除另有规定外，承包方应提供为完成本合同工作所需的劳务、材料、施工设备、工程设备和其他物品。

(4) 按合同规定内容和时间要求，编制具体的施工组织设计、施工措施计划和由承包方负责的施工图纸提交监理工程师审批，并对现场作业和施工方法的完备和可靠负全部责任。

(5) 按合同规定负责办理由承包方投保的保险。

(6) 按国家和上级主管部门的有关规定，负责本单位承建项目的文明施工，在施工组织设计中提出全过程的文明施工措施和计划，报监理工程师审批。

(7) 建立完整的质量管理体系，严格按技术条件和国家技术规范要求完成合同项目的各项工作。

(8) 按通用合同条件、专用合同条件以及国家有关规定建立安全保证体系，制订施工安全计划，明确安全目标，确保工程安全和由其管辖的人员、材料、设施和设备的安全，并应采取有效措施防止工地附近建筑物和居民的生命财产遭受损害。

(9) 遵守国家和地方环境保护和水土保持的法律、法规和规章，制订严密的环境保护和水土保持计划，按合同条件的规定采取必要的措施保护工地及其附近的环境免受因其施工引起的污染、噪声和其他因素所造成的环境破坏以及人员伤害和财产损失。

(10) 在进行合同规定的各项工作时，应保障发包方和其他人的财产和利益以及使用公用道路、水源和公共设施的权利免受损害。

(11) 按监理工程师的指示为其他单位和人员在本工地或附近实施与本工程有关的其他各项工作提供必要的条件。除合同另有规定外，有关提供条件的内容和费用应在监理工程师的协调下另行签订协议；若达不成协议，则由监理工程师作出决定，有关各方遵照执行。

(12) 工程建成但未移交发包方前，承包方应负责管理和维护；移交后承包方应承担保修期内的缺陷修复工作。若工程移交证书颁发时尚有部分未完工程需在保修期内继续完成，则承包方还负责该未完工程的管理和维护工作，直至完工后移交给发包方为止。

(13) 接受监理工程师的工程变更指示并按期完工。

(14) 在合同规定的期限内完成工地清理并按期撤退人员、设备和剩余材料。

(15) 其他在专用合同条件中规定的承包方的职责。

(16) 承发包双方经协商一致补充签订的协议中规定承包方应承担的责任。

3. 监理工程师的主要职责

监理工程师在发包方与承包方订立的承包合同中属于独立的第三方，其职责由监理委托合同和承发包双方签订的承包合同中规定，主要职责是受项目法人委托对工程项目的质量、进度、投资、安全进行控制，对工程合同和项目信息进行管理，协调各方在合同履行过程中的各种关系，为顺利按计划实现工程建设目标而努力。监理工程师的主要职责如下：

(1) 按监理合同的规定协助发包方进行除监理招标以外的各项招标工作。如采用委托代理招标，则招标工作主要由招标代理机构负责。

(2) 按监理合同要求全面负责对工程的监督与管理，协调各承包方的关系，对合同文件进行解释（具体由监理合同明确），处理各方矛盾。

(3) 按合同规定权限向承包方发布开工令，发布暂停工程或部分工程施工的指示，发布复工令。审批由于发包方原因而引起的承包方的工期延误，核实承包方提前完工的时间。

(4) 负责核签和解释、变更、说明工程设计图纸，发出图纸变更命令，提供新的补充图纸，审批承包商提供的施工设计图、浇筑图和加工图。

(5) 得到发包方同意后，批准工程的分包。

(6) 有权要求撤换那些不能胜任本项目职责工作或行为不端或玩忽职守的承包方的任何人员。

(7) 有权检查承包方人员变动情况，可随时检查承包方人员上岗资格证明。

(8) 核查承包方进驻工地的施工设备，有权要求承包方增加和更换施工设备，批准承包方变更设备。

(9) 审批承包方提供的总进度计划、年度、季度和月进度计划或单位工程进度计划，审批赶工措施，修正进度计划，经发包方授权批准承包方延长完工期限。

(10) 审批承包方的质检体系，审查承包方的质量报表，有权对全部工程的所有部位及任何一项工艺、材料和工程设备进行检查和检验。

(11) 参与检查验收合同规定的各种材料和工程设备。

(12) 对隐蔽工程和工程的隐蔽部分进行验收。

(13) 指示承包方及时采取措施清除处理不合格的工程材料和工程设备。

(14) 按合同规定期限向承包方提交测量基准点、基准线和水准点及其书面资料，审批承包方的施工控制网。

(15) 批准或指示承包方进行必要的补充地质勘探。

(16) 检查、监督、指挥全工地的施工作业安全以及消防、防汛和抗灾等工作，审批承包方的安全生产计划。

(17) 审核和出具预付款证书，审核承包方每月提供的工程量报表和有关计量资料，核定承包方每月进度付款申请单，向发包方出具进度付款证书。

(18) 复核承包方提交的完工付款清单和最终付款申请单，或出具临时付款证书。

(19) 协调发包方与承包方因政策、法规引起的价格调整的合同金额。

(20) 根据工程需要和发包方授权，指示承包方进行合同规定的变更内容（协调和调整合同价格超过15%时的调整金额。此项授权范围具体由招标文件和合同规定)。

(21) 指令承包方以计日工方式进行任何一项变更工作，批准动用备用金。

(22) 对承包方违约发出警告，责令承包方停工整顿，暂停支付工程款。

(23) 按合同规定处理承发包方的违约纠纷和索赔事项。

(24) 审核承包方提交分部工程、单位工程和整体工程的完工验收申请报告并提出审核意见，根据发包方授权签署工程移交证书给承包方。

(25) 组织验收承包方在规定的保修期内应完成的日常维护和缺陷修复工作。根据发包方授权签署和颁发保修责任终止证书给承包方。

(26) 组织验收承包方按合同规定应完成的完工清场和撤退前需要完成的所有工作。

(27) 批准承包方提出的合理化建议。

(28) 监理委托合同中规定的监理工程师的其他权利以及在各种补充协议中发包方授权监理工程师行使的一切权利。

总之，无论是承包方、发包方还是监理工程师，都必须严格按彼此签订的合同行使权利和履行合同规定的各自义务，一切以合同为准绳，以事实（经审核确认的）为根据，处理好承发包双方与监理单位的关系，互相体谅，互相配合，共同完成合同任务，实现最大的社会效益和经济效益。

参 考 文 献

[1] 国家计委政法司，国务院法制办财政金融法制司．中华人民共和国招标投标法释义．北京：中国计划出版社，1999.
[2] 何伯森．国际工程招标与投标．北京：水利电力出版社，1994.
[3] 许高峰．国际招标投标．北京：人民交通出版社，2001.
[4] 宁素莹．建设工程招标与管理．北京：中国建筑工业出版社，2003.
[5] 刘钦．工程招投标与合同管理．北京：高等教育出版社，2003.
[6] 李显冬．中国合同法要义与案例释解．上下册．北京：中国民主法制出版社，1999.
[7] [匈] 涅尔基什．亚诺什，著．宣森，王英杰，等，译．谈判的艺术．北京：世界知识出版社，1992.
[8] 林日华．签订经济合同技巧．南宁：广西人民出版社，1993.
[9] 苏永青．最新谈判竞争术．北京：农村读物出版社，1990.
[10] 水利部，国家电力公司，国家工商行政管理局．水利水电工程施工合同和招标文件示范文本．2000.
[11] 中华人民共和国水利部．水利工程建设项目施工招标标底编制指南．北京：中国水利水电出版社，2003.
[12] 国际咨询工程师联合会（FIDIC），中国工程咨询协会，编译．施工合同条件．1999 年第 1 版．北京：机械工业出版社，1999.
[13] 国际咨询工程师联合会（FIDIC），中国工程咨询协会，编译．简明合同格式．1999 年第 1 版．北京：机械工业出版社，1999.
[14] 国际咨询工程师联合会（FIDIC）．中国工程咨询协会，编译．生产设备和设计—施工合同条件．1999 年第 1 版．北京：机械工业出版社，1999.
[15] 国际咨询工程师联合会（FIDIC），中国工程咨询协会，编译．设计采购施工（EPC）/交钥匙工程合同条件．1999 年第 1 版．北京：机械工业出版社，1999.
[16] GF—1999—0201 建设工程施工合同（示范文本）.
[17] GB/T 50358—2005 建设项目工程总承包管理规范．
[18] 钟鸣辉．签订水电工程承包合同应注意的问题．中国水利，1996.
[19] 钟鸣辉．水利工程施工招标评标办法探讨．水利水电科技进展，1999.
[20] 钟鸣辉．水利工程建设项目招标投标过程中的“三公”原则．水利建设与管理，2001.
[21] 钟鸣辉．论水利工程建设项目的合同管理制．水利经济，2002.
[22] 李敏．水利工程建设项目招标资格预审方法的探讨．广东水利水电，2005.
[23] 钟鸣辉．最低投标价法在水利工程招标投标中的应用分析．中国水利，2006.
[24] 钟鸣辉．水利工程代建单位招标问题初探．广东水利电力技术学院学报，2006.
[25] 钟鸣辉．水利工程实施代建制模式和方案探讨．中国水利，2007.
[26] 钟鸣辉．水利工程施工评标过程中成本价判定标准问题．中国水利，2009.
[27] 科技部发展计划司．科技项目招投标工作操作指南．2001.